JN029479

思考ツールとしての
数学

第**2**版

川添　充
岡本真彦　著

Mathematics for Thinking

$$+y^2+z^2-\frac{5}{4}\Big)\Big(x^2+y^2-\frac{z^4}{4}\Big)\Big(y^2+z^2-\frac{x^4}{4}\Big)\Big(z^2+x^2-\frac{y^4}{4}\Big)=0$$

$$x^2 \leqq 1$$

共立出版

まえがき

「数学の授業では，わけがわからないままに，勝手に進んでいく」という経験は，文系学生に限らず，多くの学生に共通する経験のようです．実際，私たちが文系大学生を対象に行った調査からもこのような事実が浮かび上がってきます．もちろん，数学を教える側の数学の先生は，授業を受ける学生がわかるように，と思って教えているはずです．では，なぜ，わけがわからないまま進んでしまう，と多くの学生が感じてしまうのでしょうか．それは，数学を教える側の先生が数学ということばを自由自在に操れる人であるのに対して，学生の皆さんは数学ということばをうまく話せない人だからだと，私たちは考えています．

簡単な例を 1 つ紹介してみたいと思います．

$\sum_{k=2}^{4}(2k-1)$ という式は，$2k-1$ という式の k に，$2, 3, 4$ を代入して，それを合計しなさい，という意味です．したがって，$(2 \times 2 - 1) + (2 \times 3 - 1) + (2 \times 4 - 1) = 3 + 5 + 7 = 15$ となります．こうして，「$2k-1$ という式の k に，$2, 3, 4$ をそれぞれ代入して，それを合計しなさい」とことばで表現すると，$\sum_{k=2}^{4}(2k-1)$ という式よりもずいぶんわかりやすいと思います．実際，私たちの調査では，文系大学生では約 4 割しか，$\sum_{k=2}^{4}(2k-1)$ という式の意味を正確に理解していませんでした．

これは，式だけに限ったことではありません．たとえば，$\frac{1}{4}$ という数は，数学ということばを使いこなせる人にとっては，頭の中では，0.25 という小数や，4 倍したら 1 になる数という意味，$\frac{1}{2}$ の 2 乗という意味，2 の -2 乗という意味など，様々な意味に結びついています．一方で，あまり数学ということばが得意でない人は，このような数字や数式が様々な意味に結びついていないために，数学の先生の説明が何を意味しているのかがわからず，結果として，数学の授業はわけがわからないまま，迷子のようにおいていかれるという

ことになるのです.

このような考え方に立つと, これまでの数学の授業やテキスト, 参考書などの問題点がみえてきました. それは, 数学を教える側がみている世界と数学を学ぶ側がみている世界が, 全く違っているのにもかかわらず, 教える側は自分がみえている世界が, 学ぶ側にも当然みえているだろうと考えて教えているということにあると思います. 言い換えると, 数学ということばを話せる人が, 数学ということばを話せない人に, 数学ということばで話しているというのが, これまでの数学の授業だったということができるのではないでしょうか.

私たちは, 本書を書くにあたって, 数学の用語をできるだけ身近な"ことば"に直して説明するように心がけました. そして, 考え方や解き方についても, 数学が得意ではない人でもわかるような記述にしています. このようなテキストを用いることで, 高校まであまり数学が得意ではなかった皆さんであっても, 多くの人は数学ということばを話すことができるようになると考えました.

本書は, 大学での数学のテキストとして書いたものです. 読者として想定しているのは, 高校で文系コースに所属していた方や理系コースではあったけれど数学が少し難しかったという方, あるいは, 社会人として活躍しているのだけれども数学の必要性を感じて数学をもう一度学び直してみようという方です. そして, それらの方々が数学という思考ツールを使いこなせるようになるというのが本書の目標とするところです. ですから, 本書では, 高校の数学 II・B から数学 III・C, そして, 大学で理系の学生が習う線形代数や微積分学の入門的な学習内容の中から, とくに, 現実場面を思考するためのツールとして役立つ数学の内容を取り上げて解説しました. 大学の数学の内容までも踏み込んだために, 少し難しいと思われる内容も含んではいますが, 数学をできるだけことばに直して書きましたので, 数学だから難しいと構える必要はありません. 数学的な説明とことばによる説明を自分なりに結びつけて, ことばとしての数学の習得をめざしてください.

さて, ここで, 本書の基本的な特徴を 3 つ示しておきたいと思います.

(1) 現実の問題を示して, その問題に隠れている数学的構造を探り当てることから始める.

一般に, 高校までの数学の教科書では, 最初に新しい数学の概念や解法, あるいは公式が紹介され, 例題を解き進めながら, それらの概念や解法を習得していくという流れに沿って書かれています. しかし, 本書では, 数学を使って現実場面を思考する力を身につけるということを目的にしているため, 各章の最初には, 考えるべき現実の問題を掲げ, そして, そのような現実の問題を数学を使ってどのように思考することができるのかを解説しました.

(2) 問題—解説—数学的なまとめの構成とする.

　本書では, 現実の問題を数学を使って考えるということを学習した後に, まとめとして数学的な定義や公式の解説を行いました. これは, 私たちが, 最初に学んだことばとしての数学が, 数学の世界ではどのように記述されているのかを理解してもらうためです. 数学的な解説は, 少し取っつきにくい印象を受けるかもしれませんが, 本文同様にできるだけことばに直して説明してありますので, 演習問題に取りかかる前のまとめとして活用してください.

(3) 数学の豊かなイメージをつくる練習問題を設定する.

　数学ができる人というのは, 式や数字を様々な意味としてとらえているということを先に述べました. 別の言い方をすると, 式や数字に豊かなイメージをもてるようになっていると, ことばとしての数学が扱いやすいということです. 皆さんがもっている, 1 つのことばに対するイメージは, これまでの様々な経験から得られたものであるように, 数学のことばに対するイメージもまた経験によって豊かになっていくのです. ですから, 単純な繰り返しになるかもしれませんが, イメージをつくる練習問題も用意してありますので, 少し時間を割いて取り組んでみてください.

　数学は, 世界を語るためのことばです. この数学ということばを学ぶことこそ, 思考ツールとしての数学を学ぶということであり, それによって, 現実世界で起こる様々な現象を数学的にとらえて, 思考することが可能になるのだといえます. もちろん, 現実の問題を解決するためには, それぞれの専門分野の知識や概念があってこそで, 本書で扱っているような数学的思考だけで, 現実の問題すべてに立ち向かうことはできません. しかし, 複雑な現実の問題を, 数学を使って思考してみることで, みえてくることが多いのもまた事実だと思っています. 本書によって, 多くの方が思考ツールとしての数学を使いこなせるようになる手助けになればさいわいです.

　最後になりましたが, 私たちと一緒に新しい授業に取り組み, 草稿の段階から様々なコメントをいただいた大阪府立大学の大内本夫氏, 數見哲也氏, 吉冨賢太郎氏に感謝申し上げます.

　2012 年　初秋

　　　　　　　　　　　　　　　　　　　　　　　川添　充, 岡本真彦

第2版に寄せて

　『思考ツールとしての数学』の初版発行から早八年が過ぎました．本書は，大学での数学のテキストとして書かれたもので，この間，本書を使った授業も著者たちの所属する大学で継続して行ってきましたが，喜ばしいことに他大学で教科書として使用されたりするだけでなく，高校の数学教育の関係者の方々からも興味をもっていただくことができました．

　本書では，数学を伝える "ことば" をわかりやすくすること，数学が現実場面で思考するためのツールとして役立つことを具体的な事例を通して伝えること，を大切にしています．しかし，初版発行から八年間，教室で実際に学生たちの反応を見ながら授業を積み重ねる中で，初版の記述の改善すべき点も見えてきました．また，現実場面で数学が使われている事例を用いた演習問題も初版執筆時点では十分に入れることができませんでしたが，八年間の授業を通してこうした問題も数多く蓄積することができました．今回の改訂ではこれらを踏まえて，全体の記述に手を入れるとともに，微分と積分の章は1つにまとめて構成を大幅に変更し，多変数関数の章にはラグランジュの未定乗数法の節を追加しました．また，各章に現実の事例を用いた演習問題を追加し，全体として演習問題を大幅に増やしました．

　今回の改訂では，2022年度から高校で始まる新しい学習指導要領のもとでのカリキュラムにも対応しています．高校の数学では，ベクトルがこれまでの「数学B」から「数学C」に移行するために，高校のいわゆる文系コースではベクトルを学ばなくなる可能性も出てきました．初版では，高校でベクトルを学んでいることを前提に書いていましたので，高校でベクトルを学んでいない読者でも十分理解できるように，ベクトルの部分は多くの加筆を行いました．

　今回の改訂によって，本書がさらに多くの方の数学の学びの手助けになればさいわいです．

　最後になりましたが，本書を使って一緒に授業をつくってきた仲間である大阪府立大学の數見哲也氏，吉冨賢太郎氏，水野有哉氏，大内本夫氏に感謝申し上げるとともに，第2版の発行を快く承諾してくださった共立出版の関係者の皆様に感謝申し上げます．

　　2021年1月

　　　　　　　　　　　　　　　　　　　　　　　　川添　充，岡本真彦

目　　次

第1章 文字と式，グラフ

1.1 文字を使う

まずは，次のような問題を考えてみよう．

例題 1.1　サークルでランチミーティングをすることになった．昼食は，出席者 30 人から 1 人 300 円の参加費を集めて，テリヤキバーガーとハンバーガーを買いにいくことにした．近くのハンバーガーショップでは，テリヤキバーガーが 250 円，ハンバーガーが 100 円である．集めたお金を使い切るとして，1 人あたり 2 個になるように買うとき，テリヤキバーガーとハンバーガーをそれぞれ何個買えばよいだろうか．

—どうやって解くか考えてから，次を読んでみよう．—

この問題の解き方として，どのようなものが思い浮かんだだろうか．この問題の解き方には，以下のように大きく分けて 3 種類あり，算数の問題として解くこともできるし，文字を使って方程式を立てて解くこともできる．

□ つるかめ算
□ テリヤキバーガーを x 個とおいて立式
□ テリヤキバーガーを x 個，ハンバーガーを y 個として立式

では，実際の解き方をみてみよう．

全部テリヤキバーガーで買うとどうなるか，から始めてもよい．この場合は予算を 6000 円超過することになるので，テリヤキバーガー 1 個をハンバーガーに置き換えると 150 円金額が下がることを使って計算する．

── つるかめ算で解く ──

　1 人 300 円ずつ 30 人に出してもらうので，予算は $300 \times 30 = 9000$ 円である．また，1 人 2 個ずつなので，購入する個数は $30 \times 2 = 60$ 個である．全部ハンバーガーにすると，

$$100 (円) \times 60 (個) = 6000 (円)$$

となるので予算を大幅に下回り，$9000 - 6000 = 3000$ 円 余る．

　ハンバーガー 1 個をテリヤキバーガーに取り替えると 150 円金額が上がるので，

$$3000 (円) \div 150 (円) = 20 (個)$$

より，20 個をテリヤキバーガーに取り替えることができる．

　よって，購入できるテリヤキバーガーは 20 個，ハンバーガーは 40 個となる．

　「つるかめ算」は未知数を使わないので，小学校で学習する算数の範囲に入るが，巧妙な解法であり，算数だからといって決して容易ではない．

　これに対し，わからない数を「未知数」として文字で表して解くのが方程式の考え方である．この問題の場合は，未知数を 1 つ使う方法と 2 つ使う方法がある．

　まず，未知数を 1 つ使った解法は次のようになる．

$\square x + \triangle = 0$ の形になる方程式を，「x についての 1 次方程式」という．

── 1 次方程式で解く ──

　1 人 2 個ずつなので，購入する個数は $30 \times 2 = 60$ 個である．テリヤキバーガーの個数を x とおくと，ハンバーガーの個数は $60 - x$ となる．250 円のテリヤキバーガー x 個と 100 円のハンバーガー $60 - x$ 個で集めた金額（$300 \times 30 = 9000$ 円）になればよいので，x について次の方程式が成り立つ．

$$250x + 100(60 - x) = 9000$$

　この 1 次方程式を解くために，左辺を展開して整理すると，

$$6000 + 150x = 9000$$
$$150x = 3000$$
$$x = 20$$

6000 を右辺に移項して計算

両辺を 150 で割る

となる．よって，購入できるテリヤキバーガーは 20 個，ハンバーガーは，$60 - 20 = 40$ より，40 個となる．

さらに，未知数を 2 つ使うと次のようになる．

連立 1 次方程式で解く

テリヤキバーガーの個数を x，ハンバーガーの個数を y と おく．1 人 2 個ずつなので，購入する個数は $30 \times 2 = 60$ 個である．x, y 合わせて 60 であるので，$x + y = 60$ が成り立つ．また，250 円のテリヤキバーガー x 個と 100 円のハンバーガー y 個で集めた金額（$300 \times 30 = 9000$ 円）になればよいので，$250x + 100y = 9000$ が成り立つ．よって，x, y について次の連立 1 次方程式が成り立つ．

$$\begin{cases} x + y = 60 & (1.1) \\ 250x + 100y = 9000 & (1.2) \end{cases}$$

これを解くために，式 (1.2) － 式 (1.1) × 100 より y を消去すると，

$$150x = 3000$$
$$x = 20$$

となる．よって，購入できるテリヤキバーガーは 20 個，ハンバーガーは，$y = 60 - x = 60 - 20 = 40$ より，40 個となる．

$\square\, x + \triangle\, y = \bigcirc$ の形になる方程式を，「x, y についての **1 次方程式**」という．x, y について成り立つ 1 次方程式が 2 個以上あるとき，これらを並べたものを**連立 1 次方程式**という．

$$\begin{array}{r} 250x + 100y = 9000 \\ -)\ 100x + 100y = 6000 \\ \hline 150x \qquad\quad = 3000 \end{array}$$

これまでの 3 つの解法のうち，つるかめ算は，この問題場面の中で数を具体的に操作して答えを導く解法であるのに対して，方程式を用いる 2 つの解法は，問題場面から離れた式の操作によって答えを導くという解法である．もう少しいうならば，後者は方程式を立てることによって，日常的な問題の世界から，文字と式によって抽象化された数学の世界へ移っている．方程式を用いる解法とは，方程式を立てることで，問題から独立した数学の世界の中だけでの式操作（式変形）によって，解決を導こうとする解法なのである．

　文字と式を使って方程式を立てるということは，問題を数式に翻訳することであり，問題に含まれている様々な情報をそぎおとして，単純化した数式として問題を表現することに他ならない．

1.2　グラフでみる

　数学では，数式を代数的に操作するだけなく，数式をグラフに表して視覚化することで，数式の意味をとらえたり，問題解決に応用したりする．

▌1.2.1　連立 1 次方程式の解を視覚化する

　例題 1.1 の連立 1 次方程式（3 ページ）をグラフで表すとどうなるかについて考えてみよう．例題 1.1 の連立 1 次方程式は，

$$\begin{cases} x + y = 60 & (1.3) \\ 250x + 100y = 9000 & (1.4) \end{cases}$$

であったが，式 (1.3) は，$x + y = 60$ の x を右辺に移項することで，

$$y = -x + 60$$

となり，式 (1.4) は，

$$250x + 100y = 9000$$
$$100y = -250x + 9000 \quad \text{250x を右辺へ移項}$$
$$y = -\frac{5}{2}x + 90 \quad \text{両辺を 100 で割る}$$

となるので，方程式 $x + y = 60$ は直線 $y = -x + 60$ を表し，方程式 $250x + 100y = 9000$ は直線 $y = -\frac{5}{2}x + 90$ を表している．それぞれの方程式が表す直線をグラフに描いてみると図 1.1 のようになる．

$x + y = 60$ が $y = -x + 60$ に変形されるということは，$x + y = 60$ をみたす (x, y) が直線 $y = -x + 60$ 上にあることを意味する．

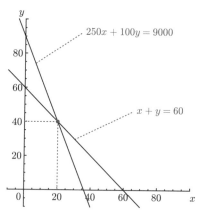

図 **1.1**　連立 1 次方程式と直線の交点

直線 $y = -x + 60$ と直線 $y = -\dfrac{5}{2}x + 90$ は平行でないので，図 1.1 のように交点をもつ．これらの直線は方程式 $x + y = 60$ と $250x + 100y = 9000$ を表しているから，この 2 直線の交点は，2 つの方程式 $x + y = 60$ と $250x + 100y = 9000$ をどちらもみたす点，つまり，連立 1 次方程式 (1.3)-(1.4) の解を表す点となっている．

連立 1 次方程式の解が，それぞれの方程式の表すグラフの交点である，ということを使うと，グラフから，解の有無や解の個数などを知ることができる．

条件の変化による答えの違いをみる

条件が変わったら答えがどう変わるかもグラフでみることができる．たとえば，例題 1.1 で，集めた金額の合計が 9000 円ではなく 12000 円であった場合は，式 (1.4) の代わりに

$$250x + 100y = 12000 \tag{1.5}$$

を考えることになり，集めた金額の合計が 6000 円であった場合は，

$$250x + 100y = 6000 \tag{1.6}$$

を考えることになる．式 (1.5) と式 (1.6) をそれぞれ，$y = \bigcirc\, x + \triangle$ の形に変形すると，$250x + 100y = 12000$ は，

$$y = -\dfrac{5}{2}x + 120 \tag{1.7}$$

となり，$250x + 100y = 6000$ は，

$$y = -\dfrac{5}{2}x + 60 \tag{1.8}$$

となる．

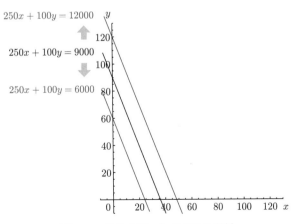

図 1.2　条件の違いとグラフの関係

式 (1.7) は，例題 1.1 での方程式 $250x + 100y = 9000$ が表す直線 $y = -\frac{5}{2}x + 90$ を，y 軸方向に 30 だけ平行移動したものであり，式 (1.8) は，y 軸方向に -30 だけ平行移動したものになっている（前ページの図 1.2）.

それぞれの場合，$x + y = 60$ を表す直線との交点がどうなるかをグラフでみてみよう．$250x + 100y = 12000$ の場合は，交点が右に移動するので，テリヤキバーガーの個数が増えることになり（図 1.3 左），$250x + 100y = 6000$ の場合は，交点が左に移動するので，テリヤキバーガーの個数が減ることになる（図 1.3 右）.

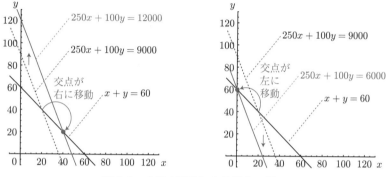

図 1.3　条件の変化による答えの違い

> 方程式をグラフで表すことで，方程式の問題をグラフやグラフ同士の交点の問題としてとらえることができ，方程式の解の個数や，解がどの範囲にあるのか，などを視覚的にとらえることができる.

演習 1.1　家族で焼き肉を食べようと，精肉店に焼き肉用の肉を 1000 g 買いにきた．上カルビとカルビの 2 種類を合わせて 2500 円分買いたい．買いにきた精肉店では，上カルビが 100 g あたり 300 円，カルビが 100 g あたり 200 円であった．このとき，次の問いを考えてみよう.

(1) 上カルビとカルビをそれぞれ何 g ずつ買えばよいだろうか.

(2) 総額 2500 円のままで，購入する肉の総量を変えると，答えがどのように変わるだろうか．購入する肉の総量を，（ア）1100 g に増やしたとき，（イ）900 g に減らしたとき，のそれぞれについて，条件をグラフで表し，グラフを用いて説明してみよう.

1.3 不等式で考える

例題 1.2　サークルで再びランチミーティングをすることになり，前回同様，出席者 30 人から 1 人 300 円の参加費を集めて，テリヤキバーガーとハンバーガーを買いにいくことにした．近くのハンバーガーショップはキャンペーン中で，テリヤキバーガーが 225 円，ハンバーガーが 90 円になっていた．1 人あたり 2 個になるように買うとき，テリヤキバーガーとハンバーガーをそれぞれ何個買えばよいだろうか．

この問題を，例題 1.1 と同じように連立 1 次方程式を使って解こうとすると，テリヤキバーガーの個数を x，ハンバーガーの個数を y とおいて，

$$\begin{cases} x + y = 60 \\ 225x + 90y = 9000 \end{cases}$$

を解くことになる．しかし，この場合，解は整数にはならず，

$$x = \frac{80}{3} = 26.66\cdots, \quad y = \frac{100}{3} = 33.33\cdots$$

となってしまう．現実場面では，例題 1.1 のように「使い切る」という仮定はあまりないことであり，「集めたお金を超えない」ように買うにはどうしたらよいかと考えることが多い．このとき，条件を「等式」で表すのではなく，「不等式」で表すことが必要になる．

---

30 人で 1 人 2 個 ⇒ 合わせてちょうど 60 個 ⇒ $x + y = 60$（等式）

予算は 9000 円　⇒ 代金は 9000 円以下 ⇒ $225x + 90y \leqq 9000$（不等式）

$\square\, x + \triangle\, y \leqq \bigcirc$ の形の不等式を「x, y についての 1 次不等式」という．

不等式 (1.11) や (1.12) の条件を**非負条件**という．これらの条件は問題文に明確に書いていないが，問題の条件を数式で表すときには忘れないようにしよう．

さらに，個数に「負の個数」はないので，上の 2 つの条件式に $x \geqq 0$ と $y \geqq 0$ を加える必要がある．これらのことから，例題 1.2 は，以下の条件をみたす整数の組 (x, y) を探す，という数学の問題に翻訳される．

$$\begin{cases} x + y = 60 & (1.9) \\ 225x + 90y \leqq 9000 & (1.10) \\ x \geqq 0 & (1.11) \\ y \geqq 0 & (1.12) \end{cases}$$

1.3.1　不等式を視覚化する

不等式で条件が表される問題はグラフを使って考えることができる．たとえば，$225x + 90y \leqq 9000$ をみたす (x, y) 全体は，

$$225x + 90y \leqq 9000$$
$$90y \leqq -225x + 9000$$
$$y \leqq -\frac{5}{2}x + 100$$

$225x$ を右辺へ移項

両辺を 90 で割る

より，図 1.4 の左のグラフに示される領域を表す．

また，$225x + 90y \geqq 9000$ をみたす (x, y) 全体は，

$$225x + 90y \geqq 9000$$
$$90y \geqq -225x + 9000$$
$$y \geqq -\frac{5}{2}x + 100$$

$225x$ を右辺へ移項

両辺を 90 で割る

より，図 1.4 の右のグラフに示される領域を表す．

それぞれ，$225x + 90y \leqq 9000$ の表す領域，$225x + 90y \geqq 9000$ の表す領域という．

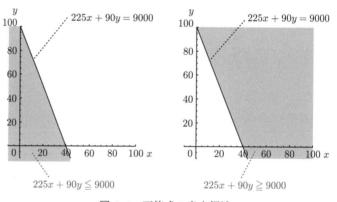

図 1.4　不等式の表す領域

2 個以上の不等式をみたす領域は，それぞれの不等式の表す領域の重なる部分となる．

たとえば，前ページの例題 1.2 の 3 つの不等式 (1.10)-(1.12)

$$\begin{cases} 225x + 90y \leqq 9000 \\ x \geqq 0 \\ y \geqq 0 \end{cases}$$

をみたす領域について考えてみよう．

不等式 (1.10), (1.11), (1.12) について，それぞれの不等式の表す領域は，図 1.5 のようになる.

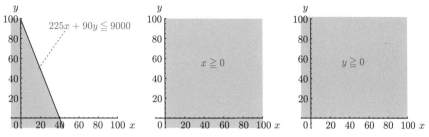

図 1.5 1 次不等式 (1.10), (1.11), (1.12) の表す領域

よって，不等式 (1.10), (1.11), (1.12) をすべてみたす領域は，図 1.5 の 3 つの領域の共通部分として，図 1.6 で表される領域になる.

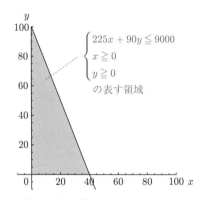

図 1.6 連立 1 次不等式 (1.10)-(1.12) の表す領域

演習 1.2　次の不等式や連立 1 次不等式が表す領域を図示してみよう.

(1)　$x + 2y \leqq 10$　　　(2)　$x + 2y \geqq 10$

(3)　$\begin{cases} x + 2y \leqq 10 \\ x \geqq 0 \\ y \geqq 0 \end{cases}$　　　(4)　$\begin{cases} x + 2y \geqq 10 \\ x \geqq 0 \\ y \geqq 0 \end{cases}$

(5)　$\begin{cases} x + 2y \leqq 10 \\ 0 \leqq x \leqq 8 \\ 0 \leqq y \leqq 4 \end{cases}$　　　(6)　$\begin{cases} x + 2y \geqq 10 \\ x \geqq 2 \\ y \geqq 2 \end{cases}$

1.3.2　グラフを使って解く

例題 1.2 をグラフを使って解いてみよう．条件式 (1.9)-(1.12) のうち，(1.10)-(1.12) の不等式をみたす領域は，前ページの図 1.6 のようになっていた．したがって，条件式 (1.9)-(1.12) をみたす整数の組 (x, y) は，図 1.7 の青色部分の中の直線 $x + y = 60$ 上の点 (x, y) で，x, y がともに整数であるもの，ということになる．

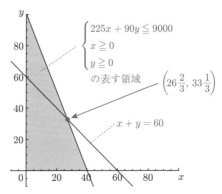

図 1.7　連立 1 次不等式 (1.10)-(1.12) の表す領域と式 (1.9) の表す直線

この問題では，$(0, 60), (1, 59), (2, 58), \ldots$ など，直線 $x + y = 60$ 上の複数の点が，不等式 (1.10)-(1.12) の表す青色の領域に入っているので，答えは 1 通りではなく，複数の答えが出てくる．

> 不等式はグラフで表すと，領域として表現できる．連立不等式では，各不等式の表す領域の重なり合う部分が条件に適合する範囲を示している．

ここで，もう 1 つ，たとえば「予算内でできるだけテリヤキバーガーを多く」という条件をつけると，図 1.7 で直線 $x + y = 60$ が青色の領域に入っている x の範囲の中でもっとも大きい整数をとればよいことになる．$0 \leqq x \leqq 26\frac{2}{3}$ の部分が青色の領域内に入っていることから，テリヤキバーガーの個数を表す x の値を $26\frac{2}{3}$ を超えない最大の整数 26 にとることによって，$(x, y) = (26, 34)$ という答えが得られる．

__演習 1.3__　カラーページを含む 1 冊 300 ページの資料をつくりたい．できるだけカラーページが多いほうがよいが，カラーの印刷費が 1 頁あたり 5 円で，白黒印刷の 2 円に比べて高い．印刷のための予算は 1 冊あたり 700 円である．できるだけカラーページを多く入れたいのだが，何ページ入れられるだろうか．

1.4 連立 1 次不等式と線形計画法

不等式を用いて問題を数学的に表すことによって，与えられた条件のもとでの「もっともよい解」を求めることができる．次の問題を考えてみよう．

この「もっともよい解」のことを数学では**最適解**という．最適解を求めることを**最適化**という．

例題 1.3 学園祭で模擬店として喫茶店を出していたが，最終日になり，主力商品のホットミルクとカフェオレに使う牛乳と砂糖が残り少なくなってきた．ホットミルク 1 杯には牛乳 200 cc と砂糖 3 g が必要で，カフェオレ 1 杯には牛乳 80 cc と砂糖 5 g が必要だが，牛乳は 1 L パックがあと 10 本，砂糖はあと 340 g だけ残っている．他の材料や調理時間などは十分にあるとし，また，それぞれの飲みものは，つくった分だけすべて売り切れるとする．ホットミルク 1 杯あたりの利益が 120 円，カフェオレ 1 杯あたりの利益が 150 円であるとき，利益を最大にするにはホットミルクとカフェオレをそれぞれ何杯つくるのがよいだろうか．

まずは，与えられた条件を表にまとめてみよう．材料ごとに，各飲み物に必要な分量と残っている量の条件をみてみると，牛乳は，ホットミルク 1 杯あたり 200 cc，カフェオレ 1 杯あたり 80 cc 必要で，残っている量は 1 L パック 10 本だから 10000 cc であるので，牛乳についての条件は，表 1.1 の①の行のようになる．また，砂糖は，ホットミルク 1 杯あたり 3 g，カフェオレ 1 杯あたり 5 g 必要で，残っている量は 340 g であるので，砂糖についての条件は，表 1.1 の②の行のようになる．また，各飲み物の 1 杯あたりの利益は，ホットミルクが 120 円，カフェオレが 150 円なので，材料の行の下にもう 1 行を加えて，各飲み物の列の最後に 1 杯あたりの利益を入れると，③の行のようになる．

まず，表を書いてみる，というのは，数式に表す前に行うこととして，今後たびたび出てくる基本的なステップである．

表 1.1 例題 1.3 の条件

	1 杯あたりに必要な分量		残っている分量	
	ホットミルク	カフェオレ		
牛乳 (cc)	200	80	10000	…①
砂糖 (g)	3	5	340	…②
1 杯あたりの利益 (円)	120	150		…③

この問題における残っている分量のような条件を，**制約条件**という．

　ホットミルクとカフェオレを何杯つくるかを求めたいのだから，文字 x, y を使って，ホットミルクを x 杯，カフェオレを y 杯つくるとして，前ページで作成した表をみながら，条件を式にしていこう．ホットミルクを x 杯，カフェオレを y 杯つくるときの牛乳の必要量の合計は $200x + 80y$ と表され，これが牛乳の残量の 10000 cc 以下にならないといけないことから，x, y は

$$200x + 80y \leqq 10000$$

をみたさなくてはならない．また，ホットミルクを x 杯，カフェオレを y 杯つくるときの砂糖の必要量の合計は $3x + 5y$ と表され，これが砂糖の残量の 340g 以下にならないといけないことから，x, y は

$$3x + 5y \leqq 340$$

をみたさなくてはならない．さらに，x, y は負の数にならないので，これら 2 つの不等式に，$x \geqq 0, y \geqq 0$ を加えた連立 1 次不等式

$$
\begin{cases}
200x + 80y \leqq 10000 & (1.13) \\
3x + 5y \leqq 340 & (1.14) \\
x \geqq 0 & (1.15) \\
y \geqq 0 & (1.16)
\end{cases}
$$

が x, y のみたさなくてはならない条件となる．

　条件 (1.13)-(1.16) のもとでの利益の最大化を考えるために，利益を表す式をつくっておこう．1 杯あたりの利益はホットミルクが 120 円，カフェオレが 150 円であるから，ホットミルク x 杯，カフェオレ y 杯とするときの利益の合計を表す式は，x と y の 1 次式

$$120x + 150y \tag{1.17}$$

となる．

　以上から，材料の残りに制約があるもとで利益を最大にする問題は，連立 1 次不等式 (1.13)-(1.16) をみたす整数の組 (x, y) の中で，$120x + 150y$ が最大になるものを見つける，という数学の問題に翻訳される．

　この数学の問題を，グラフを使って考えていこう．まず，条件 (1.13)-(1.16) をみたす (x, y) の領域を図に表すと図 1.8 のようになるので，図 1.8 の青色の領域内の点 (x, y) で x, y が整数になるもののうち，$120x + 150y$ の値が最大になるものを見つければよい，ということになる．

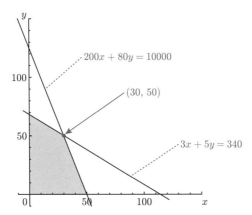

図 1.8 連立 1 次不等式 (1.13)-(1.16) の表す領域

ここで，$120x + 150y = k$ とおいてみると，

$$y = -\frac{4}{5}x + \frac{k}{150}$$

と変形できるので，$120x + 150y = k$ は図 1.9 のように，傾き $-\frac{4}{5}$，y 切片 $\frac{k}{150}$ の直線 $y = -\frac{4}{5}x + \frac{k}{150}$ を表し，k が大きくなるほど上のほうに平行移動していくことになる．

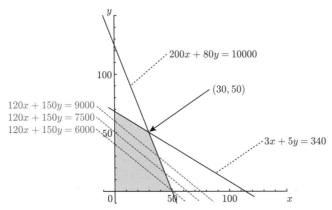

図 1.9 連立 1 次不等式 (1.13)-(1.16) の表す領域と
直線 $250x + 100y = k$

したがって，k が最大になる (x, y) を求めるためには，図 1.9 の青色の領域内の点 (x, y) を通る $120x + 150y = k$ のうちで，もっとも上にあるものを探せばよいことになるが，次ページの図 1.10 より，直線 $200x + 80y = 10000$ と直線 $3x + 5y = 340$ の交点 $(30, 50)$ を通るときが最大となる．

以上より，交点 $(30, 50)$ を通るとき，k は最大で，その値は，

$$120 \times 30 + 150 \times 50 = 11100$$

より，11100 となる．よって，ホットミルク 30 杯，カフェオレ 50 杯のとき

この例題では，交点の座標が整数であったが，もし，交点の座標が整数でないときは，交点の付近で座標が整数で与えられる点 (x, y) のうちで，$120x + 150y (= k)$ がもっとも大きくなるものを探すことになる．しかし，厳密に「もっとも大きくなる整数点」を探すことは**整数計画法**とよばれ，線形計画法の中でも非常に難しい問題である．このような場合，通常は，厳密に「もっとも大きくなる点」を探すことまではせず，交点の座標の小数部分を切り捨てるなどして，近似的な解を求めることが多い．

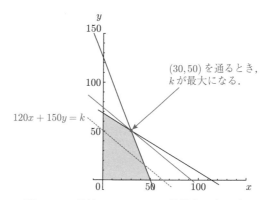

図 1.10　利益 $120x + 150y$ が最大になる点

利益が 11100 円で最大となる．

　例題 1.3 では，直線 $200x + 80y = 10000$ と直線 $3x + 5y = 340$ の交点が，利益 $120x + 150y$ の最大値を与える点となったが，残量の条件が同じで，不等式の表す領域が同じであっても，利益の条件が変わると，別の点が最大値を与える点になることがあるので注意が必要である．

　たとえば，ホットミルク 1 杯あたりの利益が 20 円で，カフェオレ 1 杯あたりの利益が 50 円だったとすると，利益を表す式は，$20x + 50y$ となる．例題 1.3 と異なり，$20x + 50y = k$ の傾きが $3x + 5y = 340$ の傾きよりも緩やかになるので，図 1.11 に示すように，k が最大となる点は $(0, 68)$ となり，そのときの k の値は 3400 となる．したがって，ホットミルク 0 杯，カフェオレ 68 杯のとき，利益が 3400 円で最大となる．

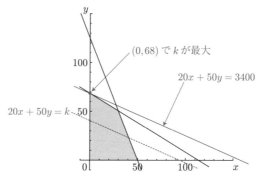

図 1.11　利益を表す式が $20x + 50y$ のとき

　また，ホットミルク 1 杯あたりの利益が 120 円で，カフェオレ 1 杯あたりの利益が 40 円だったとすると，利益を表す式は，$120x + 40y$ となる．$120x + 40y = k$ の傾きが $200x + 80y = 10000$ の傾きよりも急になるので，図 1.12 に示すように，k が最大となる点は $(50, 0)$ で，そのときの k の値は 6000 となる．よって，ホットミルク 50 杯，カフェオレ 0 杯のとき，利益が 6000 円で最大となる．

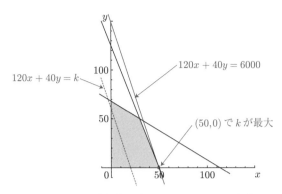

図 1.12　利益を表す式が $120x + 40y$ のとき

例題 1.3 の解き方の手順をまとめると次のようになる.

(i) 条件を整理して表をつくる

(ii) 求めたい数を未知数として文字でおいて表から条件式をつくる

(iii) 最大あるいは最小にしたい量を表す式（例題 **1.3** では利益を表す式）をつくる

(iv) 条件式を図示し, **(iii)** の式の最大値あるいは最小値を与える解を見つける

　上のように, 1 次不等式や 1 次方程式を連立させる形で条件を表し, 利益やコストを表す式を 1 次式で表して, 利益の最大化やコストの最小化を達成する解を求める方法を**線形計画法**という. また, 線形計画法の問題として数学的に定式化したものを**線形計画モデル**という. 例題 1.3 の例でいえば, 連立 1 次不等式 (1.13)-(1.16) をみたす整数の組 (x, y) で 1 次式 $120x + 150y$ の値を最大にするものを求める数学的問題が「ホットミルク・カフェオレ問題」の線形計画モデルということになる. なお, 線形計画法の分野では, 連立 1 次不等式 (1.13)-(1.16) をこの問題の**制約条件**, x, y の 1 次式 $120x + 150y$ を**目的関数**とよぶ.

　2 つの変数で表される線形計画法は, 図 1.8-1.12 で示したように, グラフを利用して解くことができるが, 3 つ以上の変数が必要な問題を解くためには別の方法が必要となる. 3 変数以上の線形計画法の解法はここでは解説せず専門書に譲るが, 3 変数の場合の線形計画モデルのつくり方についての基本的な考え方は同じである. そこで, 次の例題 1.4 を例にして, 線形計画モデルのつくり方を解説してみよう.

「1 次」と「線形」

線形計画法は英語では linear programming とよばれる. 1 次方程式, 1 次不等式, 1 次関数は英語ではそれぞれ linear equation, linear inequality, linear function とよばれるため, これら linear なものを使った問題解決の方法を linear programming とよぶのである. なぜか linear という単語には「1 次」と「線形」の 2 通りの訳し方があって訳語が統一されておらずわかりにくいが, linear programming に対しては線形計画法という訳語を当て, 1 次計画法とはいわない.

チャイとは，インドでよく飲
まれている甘く煮出したミ
ルクティのことである．とく
に，スパイスを加えたものは
マサラチャイとよばれる．

例題 1.4　学園祭で模擬店として喫茶店を出していたが，最終日になり，主力の 3 商品のホットミルクとチャイとカフェオレに使う牛乳と砂糖が残り少なくなり，さらに飲み物を入れて提供していた紙コップも残り少なくなってきた．ホットミルク 1 杯には牛乳 200 cc と砂糖 3 g が必要で，チャイ 1 杯には牛乳 100 cc と砂糖 4 g が必要で，カフェオレ 1 杯には牛乳 80 cc と砂糖 5 g が必要だが，牛乳は 1 L パックがあと 12 本，砂糖はあと 300 g しか残っていない．紙コップも残り 80 個しかない．他の材料や調理時間などは十分にあるとし，また，それぞれの飲料はつくった分だけすべて売り切れるものとする．1 杯あたりの利益は，ホットミルクが 100 円，チャイは 120 円，カフェオレは 150 円である．利益を最大にするにはホットミルク，チャイ，カフェオレをそれぞれ何杯つくるのがよいだろうか．

手順 (i)-(iii) にならって，この問題の線形計画モデルをつくってみよう．

(i)　条件を整理して表をつくる　条件を表にすると次のようになる．

表 1.2　例題 1.4 の条件

	必要な分量			残っている分量
	ホットミルク	チャイ	カフェオレ	
牛乳 (cc)	200	100	80	12000
砂糖 (g)	3	4	5	300
紙コップ (個)	1	1	1	80
1 杯あたりの利益 (円)	100	120	150	

(ii)　求めたい数を未知数として文字でおいて表から条件式（制約条件）をつくる　ホットミルクを x 杯，チャイを y 杯，カフェオレを z 杯とおくと，上の表から次の連立 1 次不等式がこの問題の**制約条件**として導かれる．

$$
\begin{cases}
200x + 100y + 80z \leqq 12000 & (1.18) \\
3x + 4y + 5z \leqq 300 & (1.19) \\
x + y + z \leqq 80 & (1.20) \\
x \geqq 0 & (1.21) \\
y \geqq 0 & (1.22) \\
z \geqq 0 & (1.23)
\end{cases}
$$

(iii)　最大あるいは最小にしたい量を表す式（目的関数）をつくる　1 杯あたりの利益は，ホットミルク 100 円，チャイ 120 円，カフェオレ 150 円だから，ホットミルクを x 杯，チャイを y 杯，カフェオレを z 杯としたときの利益の合計を表す 1 次式

$$100x + 120y + 150z$$

がこの問題の**目的関数**となる．

　以上により，目的関数 $100x + 120y + 150z$ の最大値を与える整数の組 (x, y, z) を連立 1 次不等式 (1.18)-(1.23) という制約条件のもとで探すという線形計画モデルが得られる．

　例題 1.3 では，このあと，手順 (iv) で条件式を図示して解いたが，例題 1.4 の条件式は変数が 3 つあるので，図を用いて解くことはできない．例題 1.4 のように変数が 2 個よりも多い線形計画法は，コンピュータを用いて解くことになる．

演習 1.4　A 社ではスマートフォンとタブレット型携帯端末を製造販売している．両製品は同じ生産ラインを使用して製造されており，組立工程には 2 つの工程「工程 1」と「工程 2」がある．製品を生産するために必要な各工程での作業時間は，スマートフォンの場合，工程 1 が 30 分，工程 2 が 1 時間であり，タブレット型携帯端末の場合，工程 1 が 1 時間，工程 2 が 1 時間である．また，各工程の 1 週間あたりの稼働可能時間は，工程 1 が 80 時間，工程 2 が 90 時間であり，商品単体あたりの利益は，スマートフォンが 2 万円，タブレット型携帯端末が 3 万円であるとする．今，どちらの商品も非常によく売れているため週あたりの生産計画を見直して利益の最大化をはかりたい．上記の条件のもとで利益を最大にするには各商品をどれだけ生産すればよいか．

（左欄）実際には，左のような生産ラインが複数（それもかなりたくさん）ないと十分な利益はあげられない．現実の採算性などが気になる人は，左の問題は生産ライン 1 本分に限定して考えているのだと思ってほしい．

(1) この問題の条件を整理して表をつくってみよう．

(2) 1 週間あたりのスマートフォンの生産個数を x，タブレット型携帯端末の生産個数を y とおいて，線形計画モデルをつくってみよう．

(3) (2) の線形計画モデルを用いて利益を最大にする生産計画を立ててみよう．

演習 1.5　4 月から大学生となり下宿生活を始めた A さんの毎日の朝食はグラノーラと牛乳である．節約のため朝食にかかる経費はできるだけ減らしたいが，一方でカルシウムとビタミン A はきちんと朝食で摂取したいと思っている．A さんが朝食で摂りたい量はそれぞれ，カルシウムが 300 mg，ビタミン A が 360 μg である．A さんが食べているグラノーラ 1 g あたりには，カルシウムが 0.3 mg，ビタミン A が 5.4 μg 入っている．また，牛乳 1 mL あたりには，カルシウムが 1.2 mg，ビタミン A が 0.6 μg 入っている．A さんが買っているグラノーラは 1 袋 1000 g 入りが 900 円（1 g あたり 0.9 円），牛乳は 1 L パック 1 本

（右欄）1 μg は 1 mg の 1000 分の 1.

が 150 円（1 mL あたり 0.15 円）である．1 食でカルシウムを 300 mg 以上，ビタミン A を 360 μg 以上摂取でき，かつ，1 食あたりの朝食費が最も安くなるようなグラノーラと牛乳の分量の組み合わせを線形計画法で求めてみよう．

演習 1.6　1000 万円を以下の投資先に投資することを考える．

投資先	期待される年あたりの収益率 (%)
株式	
家電メーカー A	5
家電メーカー B	6
医薬品メーカー C	7
医薬品メーカー D	6
債券	
外債	7
国債	3

以下の方針で投資配分を決めることにする．

- 株式への投資額の合計と債券への投資額の合計は，どちらも全体の 75% を超えないようにする．
- 株式の投資は，同一業種に偏らないように，同一業種の投資額の合計は株式への投資額全体の 80% を超えないようにする．
- 外債への投資額の合計は全体の 20% 以下に抑える．
- 国債への投資額は全体の 15% 以下に抑える．
- どの投資先にも最低 5% は投資額を割り振る．

このとき，年あたりの収益を最大にするような投資配分を決定する線形計画モデルをつくってみよう．

さらに勉強したい人のために

線形計画法について，さらに勉強したい人のために，おすすめの参考書をあげておく．

坂和正敏，矢野均，西崎一郎（著），『わかりやすい数理計画法』，森北出版．

第2章　数　列

2.1　数列で考える

> **例題 2.1**　同じ規格の鉄骨を組み合わせて立方体の枠を下図のようにつなげていくことを考える．立方体を 12 個つなげたものをつくりたいとき，鉄骨は何本必要だろうか．

> **例題 2.2**　年利 2% の単利型のスーパー定期預金に 100 万円を 5 年間預けることにした．5 年後には利子込みでいくらになっているだろうか．

> **例題 2.3**　年利 2% の複利型の定期預金に 100 万円を 5 年間預けることにした．5 年後には利子込みでいくらになっているだろうか．

> **例題 2.4**　みそ汁をつくるために容量 1 L の鍋いっぱいに湯を沸かして，ダシ入りのみそを 120 g 溶かしたところ，味が濃くなりすぎてしまった．お湯を足すとあふれるので，カップで 100 cc ずつくみ出してお湯と入れ替えては，かき混ぜて味をみることを繰り返したところ，5 回でようやくちょうどよい濃さになった．次回，1 L のみそ汁をつくるときは，何 g のみそを溶かせばちょうどよい味になるだろうか．

単利型と複利型の違い
1 年金利 5% で 100 万円預けるとする．単利型の場合は，利子は始めに預けた金額に対してつくので，利子 5 万円（= 100 × 0.05）が毎年つく．一方，複利型の場合，利子を含めた金額から翌年の利子が計算されるので，1 年後には 5 万円，2 年後には 105 万円の 5% 分で 52500 円，3 年後には 1102500 円の 5% 分の 55125 円が利子としてもらえる，というふうになる．

　これらの問題は，どのような数学の問題に翻訳できるだろうか．数学の問題に翻訳することによって，数学的に同じ問題とみなせる問題はないだろうか．

前ページにあげた問題について，その解き方を実際に考えてみよう．

── 例題 2.1 を数列の問題として解く ──

　必要な鉄骨の本数を数えると，立方体が 1 個だけの場合は 12 本で，2 個の場合は 20 本，3 個の場合は 28 本，…，と立方体が 1 個増えるごとに鉄骨が 8 本追加で必要となる．したがって，立方体の個数が n のとき，必要な鉄骨の本数を表す式は $12 + 8(n-1)$ で与えられる．

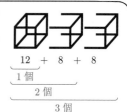

立方体の個数	1	2	3	$\cdots$	n
鉄骨の本数	12	20	28	$\cdots$	$12+8(n-1)$

よって，12 個の立方体をつなげたものをつくるためには，

$$12 + 8 \times (12 - 1) = 100$$

より，100 本の鉄骨が必要である．

── 例題 2.2 を数列の問題として解く ──

　単利なので，1 年ごとの利子は

$$100\,(万円) \times 0.02 = 2\,(万円)$$

で一定である．1 年ごとに 2 万円増えることになるので，1 年後，2 年後，3 年後，…，の金額（単位：万円）は，

年	1 年後	2 年後	3 年後	$\cdots$
預金額（単位：万円）	102	104	106	$\cdots$

で与えられる．したがって，n 年後の金額（単位：万円）は，

$$[預けたお金] + [1 \text{ 年分の利子}] \times [預けた年数]$$
$$= 100\,(万円) + 2\,(万円) \times n\,(年)$$

で表せるので，とくに 5 年後の金額は，

$$100 + 2 \times 5 = 110\,(万円)$$

となる．

─── **例題 2.3 を数列の問題として解く** ───

複利なので，毎年それまでの利子も含めた預金総額に 2% 分の利子がつく．よって，1 年後，2 年後，3 年後，...，の金額（単位：万円）は，

$$1 \text{ 年後：} \quad \underset{\displaystyle\downarrow}{100 \times 1.02}$$

$$2 \text{ 年後：} \quad (100 \times 1.02) \times 1.02 = \underline{100 \times 1.02^2}$$

$$3 \text{ 年後：} \quad (100 \times 1.02^2) \times 1.02 = 100 \times 1.02^3$$

$$\vdots$$

で与えられる．したがって，n 年後の金額は，

$$[\text{預けたお金}] \times \left(1 + \frac{\text{金利 (\%)}}{100}\right)^n = 100 \,(\text{万円}) \times 1.02^n$$

で表されるので，とくに 5 年後の金額は，

$$100 \,(\text{万円}) \times 1.02^5 \fallingdotseq 110.4081 \,(\text{万円})$$

より，1104081 円となる．

$100 \times 1.02^5 = 110.40808\cdots$ だが，1 円未満の金額はないので，小数第五位を四捨五入している．

─── **例題 2.4 を数列の問題として解く** ───

100 cc をくみ出して 100 cc のお湯を入れるのだから，みその量は，くみ出された 100 cc に含まれる分だけ減少する．100 cc は全体の量 1 L の 10 分の 1 であるから，みその量も全体に含まれる量の 10 分の 1 だけ減少する．最初のみその分量は 120 g であるから，1 回目，2 回目，3 回目，...，の入れ替えを行ったあとのみその量は，

$$1 \text{ 回目：} \quad \underset{\displaystyle\downarrow}{120 \times 0.9}$$

$$2 \text{ 回目：} \quad (120 \times 0.9) \times 0.9 = \underline{120 \times 0.9^2}$$

$$3 \text{ 回目：} \quad (120 \times 0.9^2) \times 0.9 = 120 \times 0.9^3$$

$$\vdots$$

となり，n 回目の入れ替えのあとの鍋の中のみその量は

$$120 \times 0.9^n \,(\text{g})$$

で表される．よって，とくに 5 回目の入れ替えのあとのみその量は，

$$120 \times 0.9^5 = 70.8588 \,(\text{g})$$

となるので，1 L のみそ汁をつくるには，約 70 g のみそを入れればよい．

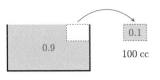

1 L

1 回ごとに $\frac{1}{10}$ だけみそが減るということは，1 回ごとにみその量は $\frac{9}{10} (= 0.9)$ 倍になる．

現実の問題には曖昧さがあるため，数学の問題への翻訳の際には，現実の問題に対してある程度の**単純化**や**近似**をおこなって数学の問題へと翻訳することになる．左では，「容量 1 L の鍋いっぱいに」という表現からみそ汁の量を約 1 L と**近似**してとらえ，また，味をみる際に減る量は少量なので無視するという**単純化**をおこなっている．

図 2.1 例題 2.1～2.4 を数列の問題としてみる

　例題 2.1 は立方体が 1 個増えるごとに 8 ずつ増える数の列，例題 2.2 は 1 年経つごとに 2 万ずつ増える数の列として表される．どちらも隣同士の数の差が一定の数の列，すなわち，**等差数列**として表されているのである．例題 2.1，例題 2.2 は，見かけは違うが，数学の問題としてみれば，どちらも等差数列で表される問題として本質的には同じ構造の問題ということができる．

　例題 2.3 は毎年 1.02 倍されていく数の列，例題 2.4 は 1 回ごとに 0.9 倍されていく数の列として表される．どちらも隣同士の数の比が一定の数の列，すなわち，**等比数列**として表されているのである．例題 2.3，問題 2.4 は，見かけは違うが，数学の問題としてみれば，どちらも等比数列で表される問題として本質的には同じ構造の問題ということができる．

　　見かけが違う問題でも，数列の問題としての構造を見抜くことで，数学として文脈の違いを超えた統一的な扱いをすることができるようになり，問題を解決する過程の見通しがよくなるなどの利点が生まれる．

2.2　数列のことば

　前節で，見かけが違う問題でも数列の問題としての構造を見抜くことで統一的に扱えることを学んだ．これから数列を使いこなすために，数列に関するいろいろな定義を復習しておこう．

▌2.2.1　数列の定義

$$2,\ 5,\ 1,\ 3,\ 8,\ 7,\ 6,\ \dots$$

や

$$1,\ \frac{1}{3},\ -\frac{2}{5},\ \frac{3}{7},\ \dots$$

のように，数を左から一列に並べたものを**数列**という．数列として並んでいるそれぞれの数を，左端から順に**第1項**（**初項**ともいう），**第2項**，**第3項**，…，という．

　一般に，数列の各項を表すには，

$$a_1,\ a_2,\ a_3,\ \dots,\ a_n,\ \dots$$

のように第何項であるかを添字の数字で表して文字で表記する．とくに，a_n は，n 番目の項を表し，特別な項ではなく，数列の項を一般的に扱うときに使う記号である．

　たとえば，数列

$$1,\ 3,\ 5,\ 7,\ 9,\ \dots$$

の場合，$a_1 = 1, a_2 = 3, a_3 = 5, a_4 = 7, a_5 = 9$ であり，n がどんな数であっても，a_n は，常に $2n-1$ という式で表せる．このように，どんな n に対しても a_n に当てはまる式をこの数列の**一般項**といい，

$$a_n = 2n - 1$$

のように表す．

　数列は，a_n があれば，$n = 1,2,3,\dots$ と代入していくことで，すべての項が得られるので，

$$a_1,\ a_2,\ a_3,\ \dots,\ a_n,\ \dots$$

と書く代わりに，$\{a_n\}$ で表すこともある．

添字を 0 から始める場合もある．その場合は，a_0 を第 0 項とよび，第 0 項が初項の数列となる．

$$a_0, a_1, a_2, \dots, a_n, \dots$$

数列の項を一般的に扱うときの a_n の添字は，k や j，m など，n 以外の文字を用いることもある．

　2.1 節で，例題を等差数列，等比数列で表される問題としてとらえたが，等差数列と等比数列について，数列のことばを使ってまとめ直しておこう．

▌2.2.2　等差数列

$$1,\ 3,\ 5,\ 7,\ 9,\ 11,\ 13,\ 15,\ 17,\ \ldots$$

は，隣り合う 2 項の差が常に 2 になっている．このように，隣り合う 2 項の差が常に一定である数列を**等差数列**という．

図 2.2　隣り合う 2 項の差はどこでも 2 になっている

　数列 $\{a_n\}$ が等差数列であるとき，すべての n に対して，

$$a_{n+1} - a_n = (一定)$$

となっている．この一定となっている差のことをこの等差数列の**公差**という．

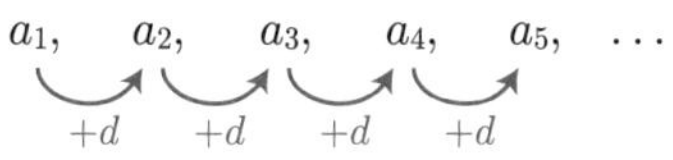

$$a_1,\quad a_2,\quad a_3,\quad a_4,\quad a_5,\ \ldots$$

図 2.3　公差 d の等差数列

　初項 a，公差 d の等差数列 $\{a_n\}$ の一般項は，

$$a_n = a + d(n-1)$$

で与えられる．

▌2.2.3　等比数列

$$3,\ 6,\ 12,\ 24,\ 48,\ 96,\ 192,\ \ \ldots$$

のように，隣り合う 2 項の比が常に一定である数列を**等比数列**という．

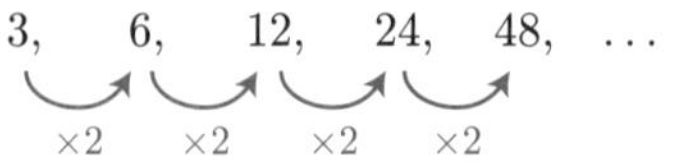

$$3,\quad 6,\quad 12,\quad 24,\quad 48,\ \ldots$$

図 2.4　隣り合う 2 項の比はどこでも 2 になっている

数列 $\{a_n\}$ が等比数列であるとき，すべての n に対して，

$$\frac{a_{n+1}}{a_n} = (一定)$$

となっている．この一定となっている比のことをこの等比数列の**公比**という．

$$a_1, \quad a_2, \quad a_3, \quad a_4, \quad a_5, \quad \cdots$$
$$\overset{\times r}{} \quad \overset{\times r}{} \quad \overset{\times r}{} \quad \overset{\times r}{}$$

図 2.5 公比 r の等比数列

初項 a，公比 r の等比数列 $\{a_n\}$ の一般項は，

$$a_n = ar^{n-1}$$

で与えられる．

演習 2.1 次の問題を数列の問題として表してみよう．（ただし，問題を解く必要はない．）

シャンパングラスを下図のようにピラミッド型に積み上げて「シャンパンタワー」をつくることを考える．7段のシャンパンタワーを積み上げようとするとき，一番下の段に並べるグラスはいくつ必要だろうか．

演習 2.2 次の問題を数列の問題として表してみよう．（ただし，問題を解く必要はない．）

コーヒー1杯に含まれるカフェインの量は約 100 mg である．成人男性の場合，平均的には，カフェインは体内に取り込まれてから約4時間で体内残量が 50% になることが知られている．さて，ある男性が眠気覚ましにコーヒーを1杯飲んだ場合，カフェインの体内残量が 5 mg 以下になるのにどれくらいの時間がかかるだろうか．（ただし，他にカフェインの入った薬や飲料などは飲まないものとする．また，体内残量は，4時間ごとの量で考えてよい．）

演習 2.3 次の問題を数列の問題として表してみよう．（ただし，問題を解く必要はない．）

最近の研究によれば，1年あたり平均で 2.5% ずつ昆虫の量が減少しているという．今後30年この傾向が続くとすれば，30年後の昆虫の量は現在に比べてどうなっているだろうか．

ちなみにカフェイン 100 mg というのは，栄養ドリンク2本分に含まれるカフェインの量と同じである．（栄養ドリンク1本 100 mL には無水カフェイン 50 mg が含まれている．）

薬の成分などが体内に取り込まれてから，代謝によって体内の残量（専門的には血中濃度で測る）が半分になるまでの時間を**血中濃度半減期**という（**消失半減期**ともいう）．

「昆虫の量」には，**バイオマス**（一定の空間内に存在する生物の量）という指標が用いられる．

2.3　数列の和でとらえられる現象

2.1 節では，現実の問題を数列の問題としてとらえ，数列の問題に翻訳したときに現れる数列の種類に着目して，同じ構造の問題を見出したが，数列の種類だけでなく，数列の問題としての解き方に着目して，同じ構造の問題を見出すこともできる．たとえば，次の例題を考えてみよう．

例題 2.5　輸入食品店の商品の陳列で，右図のように一番上を 3 個にして缶詰を台形状に積み上げることを考える．缶詰を 10 段に積み上げたい場合，必要な缶詰は何個だろうか．

例題 2.6　A 君がある店で毎月 20 時間のアルバイトをすることになった．この店では，最初の月は時給 750 円だが，1 ヶ月ごとに時給を 5 円上げてくれる．この店で 1 年間働くとき，1 年間の給与総額はいくらになるだろうか．

例題 2.5 を解いてみよう．

── 例題 2.5 を数列の和の問題として解く ──

1 番上の段から順に，各段に必要な缶詰の個数を並べてみると，

$$3, 4, 5, 6, \ldots,$$

と 1 個ずつ増えていくので，n 段目に必要な缶詰の個数は

$$3 + (n - 1)$$

で与えられることがわかる．よって，全部で 10 段に積む場合，必要な缶詰の個数は，

$$3 + 4 + 5 + 6 + 7 + 8 + 9 + 10 + 11 + 12 = 75 \,(個)$$

となる．

　例題 2.5 で求める缶詰の個数は，等差数列をなす各段の缶詰の個数の和を求める問題として表される．同様に，例題 2.6 で求める給与総額も，毎月一定額増加する等差数列をなす給与の和を求める問題として表される（演習 2.4）．例題 2.5，例題 2.6 も，見かけは違うが，数学の問題としてみれば，どちらも等差数列の和を求める問題として，本質的には同じ構造の問題ということができる．

演習 2.4　例題 2.6 を数列の和の問題として表し，解いてみよう．

▎2.3.1　$\sum$（シグマ）の意味

　例題 2.5 が，等差数列の和を求める問題として翻訳されることをみたが，数列のことばと記号を用いて表すと，例題 2.5 は，一般項が $a_n = 3 + (n-1)$ で与えられる等差数列 $\{a_n\}$ について，第 1 項 a_1 から第 10 項 a_{10} までの和を求める問題ということになる．

　数学では，数列の和を表すとき，

$$\text{「数列 } a_1, a_2, \ldots, a_{10} \text{ の和」}$$

とことばで表す代わりに，$\sum$ という記号を使って，

$$\sum_{k=1}^{10} a_k$$

と数式で表す．$\sum$ は「シグマ」と読み，$\sum$ の下の「$k=1$」は，数列の添字 k について「どこから和をとり始めるか」を表し，$\sum$ の上の「10」は k について「どこまで和をとるか」を表す．つまり，

$$a_1 + a_2 + \cdots + a_9 + a_{10}$$

$$\text{「数列 } a_1, a_2, \ldots, a_{10} \text{ の和」}$$

$$\text{「数列 } \{a_n\} \text{ の第 1 項から第 10 項までの和」}$$

$$\sum_{k=1}^{10} a_k$$

はすべて同じ意味である．

> k のかわりに，他の文字を用いてもよい．$\displaystyle\sum_{i=1}^{10} a_i, \sum_{t=1}^{10} a_t$ はどちらも $\displaystyle\sum_{k=1}^{10} a_k$ と同じ和を表す．ただし，数列の添字（a_k の k）と $\sum$ の変数（$k=1$ の k）は同じ文字を使わないといけないことには注意しよう．

　数列の和を $\sum$ を用いて表すことの利点は，単に，記号を使って簡略に表現できるということだけでなく，数列の和の計算上の性質を使いやすくなるという利点もある．このことを，再び，例題 2.5 の数列を用いてみてみよう．

　各項 a_n を幅 1 高さ a_n の棒グラフで表すと，例題 2.5 の数列 $a_n = 3 + (n-1)$ の和は棒グラフの面積の和として視覚的にとらえることができる（図 2.6）．

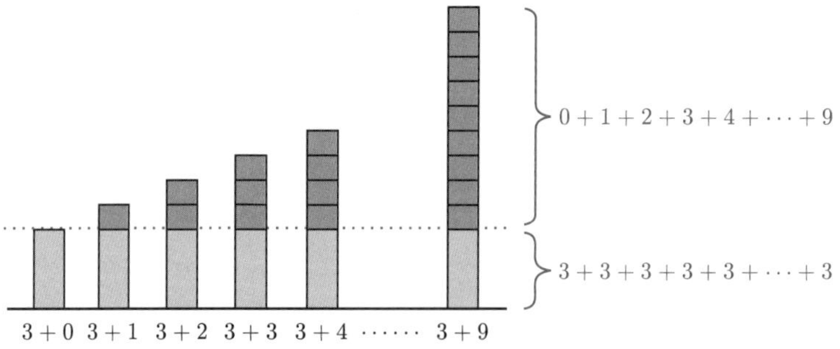

図 **2.6**　各段の缶詰の個数を表す棒グラフ

図 2.6 より，例題 2.5 の a_1 から a_{10} までの和は，

$$3 + 3 + 3 + 3 + \cdots + 3 \qquad (3 \text{ を } 10 \text{ 個足し合わせたもの})$$

と

$$0 + 1 + 2 + 3 + \cdots + 9 \qquad (0, 1, 2, 3, \ldots, 9 \text{ の和})$$

に分けられることがわかる．これを，$\sum$ を使って表すと，$a_k = 3 + (k-1)$ の $k = 1$ から $k = 10$ までの和が，$3, 3, 3, \ldots$ と 3 が 10 個続く数列の和と，初項が 0 で等差が 1 である等差数列の第 1 項から第 10 項までの和に分けられることから，

$$\sum_{k=1}^{10} \{3 + (k-1)\} = \sum_{k=1}^{10} 3 + \sum_{k=1}^{10} (k-1) \tag{2.1}$$

と表されることになる．式 (2.1) は，$\sum$ という記号について，文字式の分配法則 $a(b+c) = ab + ac$ のような操作ができることを示している．この操作を使うことで，もとの数列の和を，基本的な数列の和に分解して計算することが可能になる．

■ 2.3.2 $\sum$ のことば

前ページで注意したように，数列の添字を表す文字は k 以外の文字でよい．

数列 $\{a_n\}$ の第 1 項から第 n 項までの和は，$\sum$ を用いて，

$$\sum_{k=1}^{n} a_k$$

と書かれる．

数列の和を，第 1 項からではなく途中の項から考えたいこともある．そのような場合も $\sum$ を使えば簡潔に表現できる．第 m 項から第 n 項までの和は，

$$\sum_{k=m}^{n} a_k$$

で表される.

$\displaystyle\sum_{k=m}^{n} a_k$ は数列 $\{a_n\}$ の第 m 項 a_m から第 n 項 a_n までの和を表す.

$$\sum_{k=m}^{n} a_k = a_m + a_{m+1} + \cdots + a_n$$

数列の和については, 一般に次のことが成り立つ.

数列 $\{a_n\}$, $\{b_n\}$ と定数 α, β に対して,

$$\sum_{k=1}^{n} (\alpha a_k + \beta b_k) = \alpha \sum_{k=1}^{n} a_k + \beta \sum_{k=1}^{n} b_k \tag{2.2}$$

$\sum$ は, 統計などでのデータの集計にも用いられる. たとえば, 100 個の数値データが $x_1, x_2, \ldots, x_{100}$ と表されるとき, これら 100 個の数値の和は, $\displaystyle\sum_{k=1}^{100} x_k$ で表される.

式 (2.2) の性質を使うことで, 式の操作で, 数列の和を基本的な数列の和に分解して計算することが可能になる.

式 (2.2) を使って数列の和の計算をするためには, 基本的な数列の和について知っておく必要がある. 以下に, よく使われる基本的な数列の和を説明しておこう.

式 (2.2) の性質を $\sum$ の**線形性**という. 数学の記号では, このような性質をもつものが多い.

［定数の和］

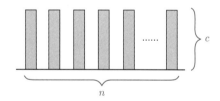

図 2.7　定数の和

$c, c, c, \ldots$ と, 定数 c が n 個続く数列の和は, 図 2.7 のような幅 1 の棒グラフ全体の面積であり,

$$\underbrace{c + c + c + \cdots + c}_{n \text{ 個の和}} = cn$$

であるから,

$$\sum_{k=1}^{n} c = cn \tag{2.3}$$

となる.

［**連続する自然数の和**］ 連続する自然数の和 $1+2+3+4+\cdots+n$ は，図 2.8 のような幅 1 の棒グラフ全体の面積である．

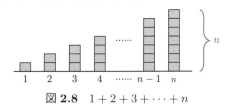

図 2.8 $1+2+3+\cdots+n$

ここで，図 2.9 のように，$1+2+3+\cdots+n$ を表す図 2.8 の棒グラフを 2 つ組み合わせて，長さ $n+1$ の棒グラフが n 本になるようにすることができる．

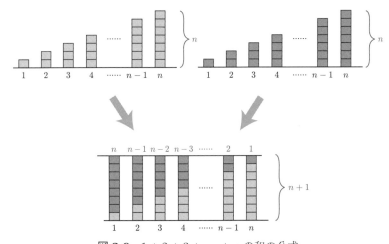

図 2.9 $1+2+3+\cdots+n$ の和の公式

図 2.9 の棒グラフ全体の面積は，定数 $n+1$ が n 個続く数列の和になるから，その面積は $n(n+1)$ である．よって，和 $1+2+3+\cdots+n$ を 2 つ合わせると $n(n+1)$ になることから，

$$2\sum_{k=1}^{n}k = n(n+1)$$

であり，したがって，このことから，

$$\sum_{k=1}^{n}k = \frac{n(n+1)}{2} \tag{2.4}$$

であることがわかる．

［**等差数列の和**］ 初項 a，公差 d（ただし，$d \neq 0$）の等差数列 $\{a+d(n-1)\}$ の第 1 項から第 n 項の和を考える．

$$a + (a+d) + (a+2d) + \cdots + (a+d(n-1)) \tag{2.5}$$

式 (2.5) の和の公式は，式 (2.2) と式 (2.3)，および式 (2.4) から得られる．

$$\sum_{k=1}^{n}(a + d(k-1)) = \sum_{k=1}^{n} a + d\sum_{k=1}^{n}(k-1) \qquad \text{式 (2.2) を適用}$$

$$= an + d \times \frac{(n-1)n}{2} \qquad \text{式 (2.3), (2.4) を適用}$$

$$\sum_{k=1}^{n}(k-1)$$
$$= 1 + 2 + \cdots + (n-1)$$
$$= \frac{(n-1)n}{2}$$

[等比数列の和]　初項 1，公比 r（ただし，$r \neq 1$）の等比数列 $\{r^{n-1}\}$ の第 1 項から第 n 項の和を考える．

$$1 + r + r^2 + \cdots + r^{n-1} \tag{2.6}$$

式 (2.6) の和の公式は，多項式の展開について，

$$(1-r)(1 + r + r^2 + \cdots + r^{n-1}) = 1 - r^n \tag{2.7}$$

が成り立つことを使って導かれる．式 (2.7) の両辺を $1 - r$ で割ると，

$$1 + r + r^2 + \cdots + r^{n-1} = \frac{1 - r^n}{1 - r}$$

となる．よって，等比数列 $\{r^{n-1}\}$ の和の公式

$$\sum_{k=1}^{n} r^{k-1} = \frac{1 - r^n}{1 - r} \tag{2.8}$$

が得られる．

初項 a，公比 r（$\neq 1$）の等比数列 $\{ar^{n-1}\}$ の和の公式は，式 (2.2) と式 (2.8) から，次のようになる．

$$\sum_{k=1}^{n} ar^{k-1} = \frac{a - ar^n}{1 - r}$$

$$\sum_{k=1}^{n} ar^{k-1} = a\sum_{k=1}^{n} r^{k-1}$$
$$= a \times \frac{1 - r^n}{1 - r}$$

　　$\sum$ の記号を用いることで，どんな数列について，どこからどこまで和をとるか，が簡潔に表現できる．また，

$$\sum_{k=1}^{n}(\alpha a_k + \beta b_k) = \alpha \sum_{k=1}^{n} a_k + \beta \sum_{k=1}^{n} b_k$$

を使うことで，数列の和を，基本的な数列の和に分けて計算することができる．

演習 2.5　演習 2.1（25 ページ）のシャンパンタワー（左図参照）について，7 段のシャンパンタワーを積み上げようとするときに必要となるグラスの個数を求める式を $\sum$ を用いて表してみよう．（計算をする必要はない．）

演習 2.6　次の □ に当てはまる数または式を答えてみよう．

(1) $1 + 3 + 5 + 7 + 9 = \displaystyle\sum_{k=\square}^{\square} \square$　　(2) $1 + 4 + 9 + 16 = \displaystyle\sum_{k=\square}^{\square} \square$

(3) $\displaystyle\sum_{k=1}^{4} 2^k = 2 + \square + \square + \square$　　(4) $\displaystyle\sum_{k=2}^{4} (3k - 5) = \square + \square + \square$

演習 2.7　$a_1 = 4, a_2 = 1, a_3 = 2, a_4 = 0, a_5 = 8, a_6 = 1, a_7 = 2, a_8 = 2, a_9 = 3, a_{10} = 1$ とする．このとき，次の値を求めてみよう．

(1) $\displaystyle\sum_{k=3}^{8} a_k$　　(2) $\displaystyle\sum_{k=1}^{5} a_{2k-1}$

演習 2.8　a_i を 2020 年 4 月 1 日時点での大阪府における i 歳の人口とするとき，$\displaystyle\sum_{i=0}^{120} a_i$ は何を表すか．ことばで答えてみよう．

演習 2.9　80 人のクラスで実施した数学の定期試験（満点 100 点）の結果のデータがある．学生に 1 番から 80 番までの番号を割り当て，各学生の点数を，1 番の学生の点数を t_1，2 番の学生の点数を t_2，$\cdots$，というように表すことにする．次の式を $\sum$ を使って表してみよう．

(1) クラス全体の平均点を表す式
(2) 偶数番号の学生全体の平均点を表す式

演習 2.10　例題 2.6（26 ページ）について，この節で例題 2.5 に対して行ったのと同様の手順にしたがって，1 年間の給与総額を求める式を $\sum$ を用いて表し，基本数列の和に分解にして計算してみよう．

演習 2.11　2015 年に 1000 万円であった年間売り上げ総額が，年ごとに 2 倍になり続けて急成長した会社がある．この会社の人件費は 2015 年には 500 万円であったが，その後は毎年 400 万円ずつ増えている．事務経費や工場の稼働費などその他の経費の合計は，2015 年には 400 万円であったが，その後は毎年 300 万円ずつ増えている．この会社の 2015 年から 2020 年までの 6 年間の純利益の合計はいくらだろうか．

(1) 2015 年を 1 年目とするとき，売り上げ総額，人件費，その他の経費について，2020 年までの推移を表にまとめてみよう．

(2) n 年目の純利益額（売り上げ額から諸経費を引いた額）を a_n 万円とおく．このとき，a_n を n の式で表してみよう．

(3) 2015 年から 2020 年までの純利益の合計を求める式を $\sum$ を用いて表してみよう．

(4) (3) の式を計算して，2015 年から 2020 年までの純利益の合計を求めてみよう．

演習 2.12　次の数列の和を求めてみよう．

(1) $\displaystyle\sum_{k=1}^{5}(2k-5)$

(2) $\displaystyle\sum_{k=1}^{8}(-3k+2)$

(3) $\displaystyle\sum_{k=1}^{7}\frac{1}{2^k}$

(4) $\displaystyle\sum_{k=1}^{6}3\cdot 2^k$

(5) $\displaystyle\sum_{k=1}^{10}\left(2+3k+\frac{1}{2^k}\right)$

(6) $\displaystyle\sum_{k=1}^{10}\left(2-10k+5\cdot 2^k\right)$

早割と一括払い割引を考えてみる

早期購入割引とお金の時間的価値　航空券には様々な早割料金が設定されている．ヨーロッパ方面への往復航空券で出発直前までの購入で20万円の料金設定のものがあるとする．この航空券を半年前に早期割引料金で購入するとき，どれくらいの割引であればお得といえるだろうか．これには経済学でいう**時間的価値**という概念が絡んでくる．

　たとえば，銀行にお金を預ければ，半年で3% の利子がつくという状況で考えてみる．このとき，20万円を銀行に半年預けると20万6千円になるので，現在の20万円の半年後の「価値」は20万6千円ということになる（今は20万円までの買い物しかできないけれど，半年後には20万6千円分の買い物ができる）．航空券を買う話では，半年後に20万円の価値をもつお金は現在のいくらに当たるか？ を考えることになる．半年後に20万円の価値をもつ現在のお金を x 万円とすると，x のみたすべき式は下のようになる．

$$x \times 1.03 = 20$$

これを解くと，x は約 19.4 と求まるので，半年後に20万円の価値をもつ現在のお金は19.4万円ということになる．したがって，半年後に20万円で買える航空券を早期割引で半年前の今購入するとしたら，19.4万円がちょうど妥当な金額で，それより安いときにお得といえる．19.4万円より高かったらお金を半年銀行に預けて後で買ったほうがよい．

分割払いと一括払い　保険料金の月払いと年払い，税金の分割納付と一括納付，クレジットカードの分割支払いと一括支払い，携帯電話端末代金の月賦払いと一括払い，等々，世の中には分割払いか一括払いかを選択できるものが多々ある．分割払いと一括払いのどちらが得かについても，上の「時間的価値」の概念をもとに考えることができる．

　月々1万円ずつ24回の支払いで購入できる商品を一括払いで購入する際の妥当な金額を考えてみよう．一括払いで購入するということは，何ヶ月か先に支払うはずの1万円分をすべて今すぐ支払うということだから，それぞれの未来の1万円の「現在の価値」を求めて足し合わせた金額が現在の一括支払額として妥当な金額ということになる．金利の条件を，月利0.5%，つまり，1ヶ月ごとに0.5% の利子がつくとする．n 回目に支払う1万円の現在の価値を a_n とおくと，$n-1$ ヶ月分の利子がついて1万円になる金額が a_n であるから，

$$a_n \times 1.005^{n-1} = 10000 \text{ (円)}$$

より，

$$a_n = 10000 \times \frac{1}{1.005^{n-1}}$$

となる．よって，一括払いするときの妥当な金額（月払いで24回支払うのと同じ価値をもつ現在の金額）は，31ページの公式 (2.8) を使って求めると，

$$\sum_{n=1}^{24} \left(10000 \times \frac{1}{1.005^{n-1}} \right) = 10000 \times \frac{1 - \frac{1}{1.005^{24}}}{1 - \frac{1}{1.005}} \fallingdotseq 226757 \text{ (円)}$$

となる．

　こんなところでも等比数列の和が役立つのである．

2.4　漸化式を使って考える

これまでみてきた問題では，n 番目を表す式を直接求めることができたが，数列として表される問題の中には，n 番目を表す式がすぐには求められない場合もある．そのような場合の解き方の 1 つとして，ここでは，「漸化式」というものを使って表される問題の解き方を紹介しよう．

■ 2.4.1　漸化式で考える問題

次の例題を考えてみよう．

例題 2.7　毎月 1 万円ずつ預金する定期積立預金を開始した．1 ヶ月複利で月々の利率が 0.25% であるとき，5 年後には利子込みでいくらになっているだろうか．

■ n 番目を探す

まずは，表をつくって考えてみよう．

表 2.1　月ごとの預金額の推移（例題 2.7）

月	預け始め	1 ヶ月後	2 ヶ月後	
預金額 （万円）	1	$1 \times 1.0025 + 1$ $= 2.0025$	$2.0025 \times 1.0025 + 1$ $\fallingdotseq 3.0075$	$\cdots$

1 ヶ月後は 2.0025 万円，つまり，2 万 25 円となる．なお，左の表では小数第五位を四捨五入している．

例題 2.7 では，5 年後，つまり，60 ヶ月後の預金額を知りたいのだが，表 2.1 から 60 ヶ月後を求めるにはどうしたらよいだろうか．表を 60 ヶ月後まで書けばもちろん求められるが，60 ヶ月分の表を書くのは非常に大変である．

2.1 節でみた問題のように，n ヶ月後の預金額を a_n として数列としてとらえ，a_n を表す式（一般項）が求められれば，$n = 60$ のときの値を求めることができるが，この問題の場合，等差数列でも等比数列でもないため，n ヶ月後の預金額 a_n を n の式で表すことはすぐにはできそうにない．

しかし，表 2.1 で，各月の預金額から翌月の預金額がどのように決まるかをよくみてみると，どの月も，その月の預金額の 1.0025 倍に 1 万円を加えたものが，翌月の預金額になっている．このように，翌月の預金額がある規則にしたがって決まっていることに注目して，そこから，一般項を求めることを考えてみる．

漸化式をつくる

　前ページで，どの月も，その月の預金額の 1.0025 倍に 1 万円を加えたものが，翌月の預金額になっていることをみた．この規則を数列のことばを使って，書き表してみよう．

数列では，問題の文脈によっては，最初の項を 0 番目から始めることがあり，初項として a_0 を使うことがある．

　n ヶ月後の積立金を入金した時点での預金額を a_n 万円とし，とくに，預け始めの月を 0 ヶ月後と考えて最初の項を a_0 とおくことにすると，a_0 から始まる数列 $\{a_n\}$ が得られ，$n+1$ ヶ月後の預金額は a_{n+1} で表される．上の観察から，n ヶ月後の預金額の 1.0025 倍に 1 万円を加えたものが，$n+1$ ヶ月後の預金額となるから，a_{n+1} は a_n から，

$$a_{n+1} = a_n \times 1.0025 + 1 \tag{2.9}$$

で求められる．式 (2.9) を，この数列 $\{a_n\}$ の**漸化式**という．

　$n = 0$ のときは最初の 1 万円を入れる月で利子がつかないから，$a_0 = 1$ である．この初項 a_0 から始めて，順番に漸化式 (2.9) を用いて計算していくと，

$$
\begin{aligned}
a_0 &= 1 \\
a_1 &= a_0 \times 1.0025 + 1 = 2.0025 \\
a_2 &= a_1 \times 1.0025 + 1 \fallingdotseq 3.0075
\end{aligned} \tag{2.10}
$$

$$\vdots$$

のように，数列 $\{a_n\}$ の各項が順番に求められていく．つまり，数列 $\{a_n\}$ は，初項と漸化式の組

$$a_0 = 1, \quad a_{n+1} = a_n \times 1.0025 + 1 \tag{2.11}$$

で決まる数列ということになる．

　さて，数列を決める規則（漸化式）は書けたが，このままでは，まだ一般項はわからないので，a_{60} を求めるためには，式 (2.10) のように，初項から順に漸化式を適用して，

$$a_0, a_1, a_2, \ldots$$

を求めていくしかなく，a_{60} を求めるのは大変手間のかかることになる．

　そこで，漸化式から，a_n を n で表す式（数学のことばでいうならば，**一般項**）を求める，という作業が必要になる．

漸化式を解く

　漸化式で表された数列について，漸化式からその数列の一般項を求めること
を「漸化式を解く」という．

　式 (2.11) の漸化式は次のようにして解くことができる．まず，漸化式

$$a_{n+1} = a_n \times 1.0025 + 1$$

の a_{n+1}, a_n をともに c で置き換えた，c についての方程式

$$c = c \times 1.0025 + 1 \tag{2.12}$$

を考える．方程式 (2.12) を解いて c を求めると，

$$\begin{aligned} c &= c \times 1.0025 + 1 \\ -0.0025c &= 1 \\ c &= -400 \end{aligned}$$

$c \times 1.0025$ を左辺に移項

両辺を -0.0025 で割る

となる．ここで，式 (2.12) に $c = -400$ を代入した式

$$-400 = -400 \times 1.0025 + 1 \tag{2.13}$$

をつくり，式 (2.9) − 式 (2.13) を行うと，

$$a_{n+1} + 400 = (a_n + 400) \times 1.0025$$

となって，$\{a_n\}$ の各項を 400 だけずらした数列

$$a_0 + 400, a_1 + 400, a_2 + 400, \ldots, a_n + 400, \ldots$$

が公比 1.0025 の等比数列となることを示している．ここで，$a_0 = 1$ であるこ
とより，この等比数列の初項は，$a_0 + 400 = 401$ である．したがって，$a_n +
400$ を第 n 項とする等比数列の一般項は，

$$\begin{aligned} a_n + 400 &= (a_0 + 400) \times 1.0025^n \\ &= 401 \times 1.0025^n \end{aligned}$$

となる．ここで，左辺の 400 を右辺に移項すれば，

$$a_n = 401 \times 1.0025^n - 400 \tag{2.14}$$

が得られ，数列 $\{a_n\}$ の一般項が求められる．

　5 年間は 60 ヶ月であるから，この数列の一般項に，$n = 60$ を代入すること
で，例題 2.7 で求めたかった答え，5 年後の預金額が求められる．

$$\begin{aligned} a_{60} &= 401 \times 1.0025^{60} - 400 \\ &\fallingdotseq 65.8083 \,(万円) \end{aligned}$$

漸化式を解く方法は，漸化式
のタイプによって異なる．

式 (2.9) と式 (2.13) の「+1」
が互いに打ち消しあって消え
る，というのが，ここでのポ
イントである．

$$a_{n+1} = a_n \times 1.0025 + 1$$
$$-) \underline{-400 = -400 \times 1.0025 + 1}$$
$$a_{n+1} + 400 = (a_n + 400) \times 1.0025$$

1.0025^{60} は関数電卓を使っ
て求められる．
（付録 A：241 ページ参照）

厳密にいうと，「5 年後の金
額」は，60 回目の利子がつい
た後で，61 回目の入金前
の金額，つまり，a_{60} から 1
万円を引いた金額である．し
たがって，厳密な金額を出
すならば，$n = 60$ を代入
して得られた数から 1 を引
いた 64.8083 (万円) が例題
2.7 の答えとなる．

解き方のまとめ

例題 2.7 の解き方をまとめると，次のようになる．

─── 例題 2.7 を漸化式を使って解く ───

n ヶ月後の積立金を入金した時点での預金額を a_n 万円（預け始めの月は 0 ヶ月後と考えて a_0 と表す）として，預金額を数列 $\{a_n\}$ としてとらえると，$n+1$ ヶ月後の預金額は a_{n+1} で表される．毎月，前月の預金額に 0.25% 分の利子がついて，それに新たな積立金 1 万円を加えたものがその月の預金額となるので，n ヶ月後の預金額の 1.0025 倍に 1 万円を加えたものが，$n+1$ ヶ月後の預金額となる．したがって，a_{n+1} は a_n から，

$$a_{n+1} = a_n \times 1.0025 + 1$$

で求められる．$n=0$ のときは最初の 1 万円を入れる月でまだ利子がつかないから，$a_0 = 1$ である．よって，$\{a_n\}$ は下の初項と漸化式で定められる数列となる．

$$a_0 = 1, \quad a_{n+1} = a_n \times 1.0025 + 1 \tag{2.15}$$

上の漸化式を解いて一般項を求めるために，まず，

$$c = c \times 1.0025 + 1 \tag{2.16}$$

を解く．方程式 (2.16) を解くと，解 $c = -400$ が得られるので，これを式 (2.16) に代入して，式 (2.15) − 式 (2.16) を計算することにより，

$$a_{n+1} + 400 = (a_n + 400) \times 1.0025$$

が得られる．第 n 項が a_n+400 である数列 $\{a_n+400\}$ は，初項（第 0 項）が $a_0 + 400 = 401$，公比 1.0025 の等比数列となるので，一般項は，

$$a_n + 400 = 401 \times 1.0025^n$$

と表される．よって，数列 $\{a_n\}$ の一般項は，

$$a_n = 401 \times 1.0025^n - 400$$

となる．とくに，$n = 60$ を代入することにより，5 年後（60 ヶ月後）の預金額

$$a_{60} = 401 \times 1.0025^{60} - 400 \fallingdotseq 65.8083 \,（万円）$$

が得られる．

　最後に，例題 2.7 と見かけは違うが，漸化式を用いる数列の問題としての構造が同じ例を紹介しよう．

例題 2.8　12 時間おきに 1 錠ずつ服用するようにともらった花粉症の薬がある．この薬に含まれるフェキソフェナジン塩酸塩という成分が効果があるのだが，フェキソフェナジン塩酸塩は 1 錠あたり 60 mg 含まれ，服用後 12 時間後に体内に残っているのは約 40% である．この薬をある日の朝 8 時に飲み始めたとして，5 日後の朝 8 時の服用直後に体内に残っているフェキソフェナジン塩酸塩の量はどれくらいだろうか．

用法・用量は大切です．
服用した薬の成分の体内残量は一定時間ごとにほぼ決まった割合で減少する．薬の効果を保つためには，体内残量が一定になるように（多すぎず，少なすぎず）コントロールしなくてはならない．1 回分の分量と服用間隔は体内残量を一定の幅に保つように考えて決められているのである．

　まず，12 時間ごとの体内残量の推移についての表をつくると次のようになる．

表 2.2　12 時間ごとの体内残量の推移（例題 2.8）

服用回数	1	2	3	4	$\cdots$
服用直後の体内残量 (mg)	60	$60 \times 0.4 + 60$ $= 84$	$84 \times 0.4 + 60$ $= 93.6$	$93.6 \times 0.4 + 60$ $= 97.44$	$\cdots$

　次に，表から体内残量の変化についての規則を見つけて，漸化式で表す．

── 例題 2.8 を表す数列を漸化式で表す ──

　n 回目の服用直後の体内残量を a_n(mg) として，12 時間ごとの体内残量を数列 $\{a_n\}$ としてとらえると，$n+1$ 回目の服用直後の体内残量は a_{n+1} で表される．体内残量は 12 時間ごとに 40% になり，これに新たな錠剤を服用して 60 mg を体内に入れるのだから，a_{n+1} と a_n の関係は

$$a_{n+1} = a_n \times 0.4 + 60$$

で表される．$n = 1$ のときは最初の 60 mg を服用した直後の残量なので $a_1 = 60$ である．よって，$\{a_n\}$ は下の初項と漸化式で定まる数列となる．

$$a_1 = 60, \quad a_{n+1} = a_n \times 0.4 + 60$$

　最後に，漸化式を解いて，数列 $\{a_n\}$ の一般項を求め，$n = 11$ を代入することで，例題 2.8 の答えを求める．

5 日後の朝 8 時には 11 回目の服用となる．

┌─── 漸化式を解いて一般項を求めることで，例題 **2.8** の答えを求める ───┐

$$a_1 = 60, \quad a_{n+1} = a_n \times 0.4 + 60 \tag{2.17}$$

を解いて一般項を求めてみよう．

$$c = c \times 0.4 + 60 \tag{2.18}$$

を解くと，$c = 100$ が得られるので，式 $(2.17) -$ 式 (2.18) より，

$$a_{n+1} - 100 = (a_n - 100) \times 0.4$$

$$\begin{aligned} a_{n+1} &= a_n \times 0.4 + 60 \\ -)\quad 100 &= 100 \times 0.4 + 60 \\ \hline a_{n+1} - 100 &= (a_n - 100) \times 0.4 \end{aligned}$$

となる．数列 $\{a_n - 100\}$ は初項（第 1 項）が $a_1 - 100$，公比が 0.4 の等比数列となるので，

$$a_n - 100 = (a_1 - 100) \times 0.4^{n-1}$$

である．$a_1 - 100 = 60 - 100 = -40$ であることより，一般項は，

$$a_n = 100 - 40 \times 0.4^{n-1} \tag{2.19}$$

となる．式 (2.19) に $n = 11$ を代入することにより，5 日後の朝の服用後の体内残量

$$a_{11} = 100 - 40 \times 0.4^{11-1} \fallingdotseq 99.996 \,(\text{mg})$$

が得られる．

└──┘

　すぐに数列の全体法則を見つけることができない場合でも，現在の数と次の数の関係を表す漸化式を立てて，一般項を求めることによって，数列全体の法則を見出すことができる．

▌2.4.2 漸化式のことば

前の項から次の項がどのように決まるかの規則を表す式を初項とともに与えることで数列を定めることができる．このとき，前の項から次の項がどのように決まるかの規則を表す式をこの数列の**漸化式**という．

たとえば，初項と漸化式が

$$a_1 = 1, \quad a_{n+1} = 2a_n + 3$$

であるとき，この規則によって定められる数列は次のような数列になる．

$$1, \ 5, \ 13, \ 29, \ \dots$$

公差 d の等差数列 $\{a_n\}$ の漸化式は，

$$a_{n+1} = a_n + d,$$

また，公比 r の等比数列 $\{a_n\}$ の漸化式は，

$$a_{n+1} = a_n r$$

で与えられる．

漸化式から a_n を n で表す式を求めて一般項を求めることを，**漸化式を解く**という．漸化式の解き方は，漸化式の形によって異なる．

また，漸化式には，

$$a_{n+2} = a_{n+1} + a_n$$

のように，直前の2つの項 a_n と a_{n+1} から次の項 a_{n+2} が定まるものもある．このように3つの項を使って表される漸化式を**3項間漸化式**とよぶ．なお，$a_1 = a_2 = 1$ と漸化式 $a_{n+2} = a_{n+1} + a_n$ で定まる数列を，数学では**フィボナッチ数列**という．

▌漸化式と一般項

一般項が，どの n に対しても，n 番目の数を直接表す式であるのに対し，漸化式は，どの n に対しても，次の数（$n+1$ 番目）がどうなるかの規則を表す式である．

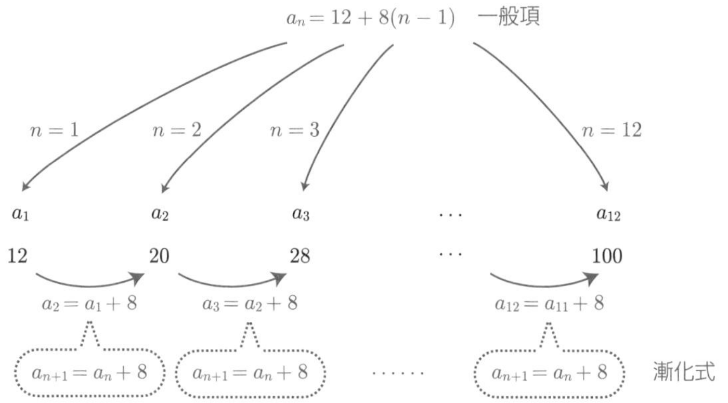

図 **2.10** 一般項と漸化式

この問題のように，毎月一定の金額ずつ返済していく返済方式を**元利均等返済**という．この方式では，毎月，前月の借入残高に月利分の利息がついて，そこから返済額を引くことになる．これと異なる返済方式として，**元金均等返済**というものがある．元金均等返済では，借入金額を返済期間の月数で均等割した金額に，前月の残高に対してかかる利子を加えた金額を返済していくため，残高が大きいはじめのうちは利子分の支払いが膨らんで月々の返済額が大きくなってしまうが，総返済額は元利均等方式に比べて抑えられるという特徴がある．一般的には，月々の返済額が一定である元利均等方式を選択する人が多い．なお，返済が完了することを「完済」という．

リボ払いとは，支払い残額にかかわらず，あらかじめ決めた金額を毎月支払っていく方法である．支払い残額に対して毎月利息がかかる．

演習 2.2（25 ページ）と同様に，1 杯あたりに含まれるカフェインは約 100 mg とし，また，他にカフェインを含む薬や飲料は飲まないものとする．

環境省と農林水産省は，2013 年 12 月に「抜本的な鳥獣捕獲強化対策」を発表しており，その中で北海道を除くニホンジカの頭数を 2023 年度末までに 130 万頭（2013 年度末の推定頭数 261 万頭の約半分）まで減らす目標を立てている．

演習 2.13　1000 万円を年利 2.4% 複利（月利に換算すると 0.2%）で借りたとして，月々 5 万円ずつ返済していく場合，完全に返済が終わるまで何ヶ月かかるかを考える．

(1) 1000 万円を借りた月を 0 ヶ月後として，3 ヶ月後までの借入残高の表をつくろう．

(2) 月ごとの借入残高を表す数列を $\{a_n\}$ として漸化式をつくろう．

(3) 漸化式を解いて一般項を求めてみよう．

(4) a_n の式から，何ヶ月後に支払いが完了するか調べよう．また，完済までの総返済額も調べてみよう．（電卓を使ってよい．）

(5) 月々の返済額を変えるとどうなるか．月々の返済額が，（ア）4 万円，（イ）8 万円，の各場合について，漸化式を解いて一般項を求めることで完済までの月数と総返済額を比較してみよう．

演習 2.14　クレジットカードで 20 万円の買い物をして「リボ払い」で支払うことを考える．リボ払いでは支払い残額に対して毎月 1% の利息がつくとし，月々 5000 円支払っていくことにすると，この買い物の代金の支払いに何ヶ月かかり，利息も含めた支払い金額はいくらになるだろうか．（ただし，支払い期間中，このクレジットカードには他の商品の支払いはないものとする．）

(1) 月々の支払い残額は，どのような数列として表すことができるか．月々の支払い残額の変化を表す数列を漸化式で表してみよう．

(2) (1) の漸化式を解いて一般項を求めてみよう．

(3) (2) の一般項がプラスからマイナスになるところを求めることで，支払い月数と，支払い総額を求めてみよう．（支払い総額はおよその金額でよい．）

演習 2.15　毎朝 7 時の朝食時に夜 7 時の夕食時にコーヒー 1 杯を飲む習慣を始めた．ある日の朝から飲み始めたとして，12 時間ごとの体内のカフェイン量はどのようになっていくだろうか．漸化式をつくって一般項を求めることで，1 日後，2 日後，3 日後，10 日後の体内カフェイン量を調べてみよう．ただし，体内のカフェイン量は 12 時間後には 20% になるとして考えてみよう．

演習 2.16　日本の森林にシカが増えすぎて森林被害を引き起こすなどの問題が起きている．2017 年度末の時点で，北海道を除く本州以南に 244 万頭のニホンジカがいると推定されている．環境省の報告によれば，捕獲しなければ 1 年あたり 20% の割合で頭数が増えていくという．一方，2017 年度のニホンジカ捕獲数は 60 万頭と発表されている．環境省と農林水産省は，本州以南のニホンジカを 130 万頭まで減らすことを目標にしているが，2018 年度以降もこの捕獲数が維持された場合，目標達成はいつになると推定されるか．

2.5 数列の行き着く先は？——極限を考える

　風邪などの一過性の病気では，3〜4日程度で飲み終わる薬をもらうだけだが，慢性的な病気の場合は，同じ薬を長期間にわたって服用し続けることになる．例題2.8（39ページ）で紹介した花粉症の薬も長期間服用し続けるものの一例である．12時間ごとに服用し続けるということは，前回服用した薬の成分の一部がまだ体内に残っている状態で，次の薬を服用することになるので，薬の成分が体内にどんどん溜まって増えていくように思える．薬とはいえ，体内に溜まる量が増え続けたら副作用などが出るのでは，と心配にならないだろうか．こういうとき，服用をずっと続けると体内の残量はどうなっていくか，を数列の問題として考察することができる．そのことを，次の例題で考えてみよう．

例題2.9　12時間おきに1錠ずつ服用するようにともらった花粉症の薬をずっと飲み続けるとすると，主成分であるフェキソフェナジン塩酸塩の体内残量はどのようになるだろうか．ただし，フェキソフェナジン塩酸塩は1錠あたり60 mg含まれ，服用後12時間後に体内に残っているのは約40%であるとする．

　例題2.8で考えたように，n回目の服用直後の体内残量をa_n(mg)とすると，数列$\{a_n\}$は

$$a_1 = 60, \quad a_{n+1} = a_n \times 0.4 + 60$$

で定められる数列である．

　「ずっと飲み続けると」というのは，数列のことばでいうと「nを限りなく大きくしていくと」に対応する．したがって，「ずっと飲み続けると体内残量はどうなるか」という問題は，「nを限りなく大きくしていくとa_nはどうなるか」という数学の問題に翻訳される．

　nを限りなく大きくしていくとa_nがどうなるかを，表とグラフを用いて観察してみよう．

表2.3　服用回数と体内残量の変化

服用回数	1	2	3	$\cdots$	10	$\cdots$	20	$\cdots$
服用直後の体内残量 (mg)	60	84	93.6		99.9895		99.999999	

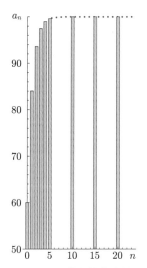

図 2.11　服用回数と体内残量の変化

　表 2.3 と図 2.11 から，ずっと飲み続けると（n を限りなく大きくすると），フェキソフェナジン塩酸塩の体内残量は 100 mg に近づいていくようにみえる．

　実際に 100 mg に近づくことを，数学を使ってきちんとみてみよう．この数列の一般項は，40 ページの式 (2.19) ですでにみたように，

$$a_n = 100 - 40 \times 0.4^{n-1}$$

となる．a_n は 100 から $40 \times 0.4^{n-1}$ を引いた数であるが，n を限りなく大きくしていくと，0.4^{n-1} は限りなく 0 に近づいていくので，$40 \times 0.4^{n-1}$ も 0 に近づいていく．100 から引く数が限りなく 0 に近づくので，a_n は 100 に近づいていくということになる．

$n = 1,\, 2,\, 3,\, 4,\, \ldots$ としていくと，0.4^{n-1} は，$1, 0.4,$ $0.16, 0.064, \ldots$ となっていく．

　上の問題のように，ずっと続けていったときどうなるか（ある一定の値に近づくのか，限りなく大きくなるのか，など）を調べることを，数列のことばでは **極限を調べる** という．とくにある一定の値に近づいていくとき，その値をその数列の **極限値** という．

　数列の極限とは，このままずっと続けたらどうなるか，ということを意味しており，極限を調べることで，数列が最終的にどんな状態になるのかを知ることができる．

▌2.5.1　基本的な数列の極限

数列の極限に翻訳される問題では，基本となる代表的な数列について，極限の状態を知っておくことは大事である．ここに，よく現れる基本的な数列の極限を紹介しておこう．

(1) $a_n = 3 + 2n$ で与えられる数列．

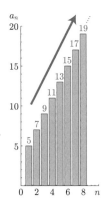

$$5, 7, 9, \ldots, 3 + 2 \cdot 1000 = 2003, \ldots$$

n を限りなく大きくすると，どこまでも果てしなく大きくなっていく．

公差が正の等差数列は果てしなく大きくなる.

(2) $a_n = 1 - n$ で与えられる数列．

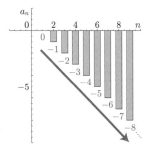

$$0, -1, -2, \ldots, -1000, \ldots, -100000, \ldots$$

n を限りなく大きくすると，果てしなく負の方向に大きくなる．

公差が負の等差数列は果てしなく負の方向に大きくなる.

(3) $a_n = \dfrac{1}{n}$ で与えられる数列．

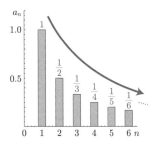

$$1, \frac{1}{2}, \frac{1}{3}, \frac{1}{4}, \ldots, \frac{1}{100}, \ldots, \frac{1}{1000000}, \ldots$$

n を限りなく大きくすると，限りなく 0 に近づく．

分子が一定で，分母が限りなく大きくなる数列は限りなく 0 に近づく.

(4) $a_n = 0.1^n$ で与えられる数列.

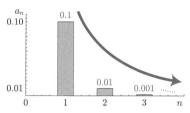

$$0.1, 0.01, 0.001, \ldots, 0.000000001, \ldots$$

n を限りなく大きくすると，限りなく 0 に近づく.

公比の絶対値が 1 より小さい等比数列は限りなく 0 に近づく.

(5) $a_n = 2^n$ で与えられる数列.

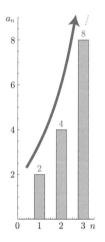

$$2, 4, 8, 16, \ldots, 2^{30} = 1073741824, \ldots$$

n を限りなく大きくすると，どこまでも果てしなく大きくなっていく.

公比が 1 より大きい等比数列は果てしなく大きくなる.

(6) $a_n = (-1)^n$ で与えられる数列.

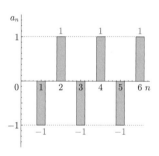

$$-1, 1, -1, 1, \ldots, -1, 1, \ldots$$

n をどこまで大きくしても，-1 と 1 が交互に出てくるだけでどこにも近づかないし，無限大にもいかない.

公比が -1 以下の負の数であるような等比数列は正と負を交互に繰り返してどこにも近づかない.

演習 **2.17**   次の数列について，n を $10, 100, 1000, 10000, 100000$ と大きくしていったときの a_n の値を計算して観察することで，n を限りなく大きくしていったときの極限がどうなるか考えてみよう.（計算には関数電卓を使ってよい.）

関数電卓によるべき乗計算の方法は付録 A（241 ページ）を参照.

(1) $a_n = 0.95^n$ 　　　　(2) $a_n = 1.05^n$

(3) $a_n = (-0.9)^n$ 　　　(4) $a_n = (-1.1)^n$

(5) $a_n = \dfrac{1}{n^2}$ 　　　　(6) $a_n = 1 + \dfrac{1}{n}$

2.5.2　数列の極限のことば

数列 $\{a_n\}$ において，n を限りなく大きくしていくと a_n が一定の値 α に限りなく近づいていくとき，この値 α を数列 $\{a_n\}$ の**極限値**といい，

$$\lim_{n \to \infty} a_n = \alpha \quad \text{または} \quad a_n \to \alpha \ (n \to \infty)$$

と書く．また，このとき，数列 $\{a_n\}$ は α に**収束**するという．

$$\lim_{n \to \infty} a_n = \alpha \quad \text{の意味}$$

n を大きくしていくと，a_n の値は α に限りなく近づいていく．

数列 $\{a_n\}$ が収束しないとき，$\{a_n\}$ は**発散**するという．とくに，n を限りなく大きくしていくと a_n が限りなく大きくなる場合は $\{a_n\}$ は**正の無限大に発散**するといい，

$$\lim_{n \to \infty} a_n = \infty \quad \text{または} \quad a_n \to \infty \ (n \to \infty)$$

と書く．n を限りなく大きくしていくと a_n が負になってその絶対値が限りなく大きくなる場合は $\{a_n\}$ は**負の無限大に発散**するといい，

$$\lim_{n \to \infty} a_n = -\infty \quad \text{または} \quad a_n \to -\infty \ (n \to \infty)$$

と書く．

$$\lim_{n \to \infty} a_n = \infty \quad \text{の意味}$$

n を大きくしていくと，a_n の値は正の方向に限りなく大きくなっていく．

$$\lim_{n \to \infty} a_n = -\infty \quad \text{の意味}$$

n を大きくしていくと，a_n の値は負の方向に限りなく大きくなっていく．

これら以外の発散の場合，その数列は**振動**するという．

数列の収束・発散の用語と記号をまとめると次のようになる．

$$\text{数列の極限} \begin{cases} \text{収束} \quad \lim_{n \to \infty} a_n = \alpha \quad \text{極限値は } \alpha \text{ である} \\ \text{発散} \begin{cases} \lim_{n \to \infty} a_n = \infty \quad \text{正の無限大に発散} \\ \lim_{n \to \infty} a_n = -\infty \quad \text{負の無限大に発散} \\ \text{上記以外} \qquad \text{振動} \end{cases} \end{cases}$$

演習 2.18　演習 2.17 の答えを極限の記号や用語を使って表してみよう．

利子をつける期間を分割していくと…

　金融では，利子をつける期間を短くすると，もとの期間に対する割合分だけ利子がつくという考え方をする．

　年利 7.3% の複利型の預金を，半年ごとに分割して利子がつくようにすると，半年ごとの利子は年利の半分の 3.65% となる．このとき，100 万円を 10 年間預けると，1 年ごとに利子がつく場合の 10 年後の預金額は

$$100 \,(万円) \times 1.073^{10} = 202.301 \,(万円)$$

である．半年ごとに利子がつく場合は 1 年に 2 回，10 年間では 20 回利子がつくから，10 年後の預金額は

$$100 \,(万円) \times 1.0365^{20} = 204.826 \,(万円)$$

である．これをみると，利子をもらう期間を分割したほうが満期時の金額が高くなっている．では，利子をもらう期間をどんどん細かく分割していったらどうなるだろうか．（1 ヶ月ごとの利子は $7.3 \times \frac{1}{12}$%，1 日では $7.3 \times \frac{1}{365}$% になる．）

表 2.4　100 万円預金したときの満期時（10 年後）の預金額の違い

金利の期間単位	1 年	半年	1 ヶ月	1 日	1 時間	1 分
10 年後の金額 (万円)	202.301	204.826	207.05	207.493	207.507	207.508

　表 2.4 からは，分割していくほど満期時の金額は増えていくが，無限に増えていくわけではなく，一定の金額に近づいていくようにみえる．

　上の問題は経済分野の基礎的な問題としてよく取り上げられるものであり，年利 100% で 1 年預けた場合が基準となる．年利 100% で a 円預けたとして，1 年を $\frac{1}{n}$ に分割して利子をもらうことにしたときの 1 年後の金額を a_n とおくと，a_n は，

$$a_n = a \times \left(1 + \frac{1}{n}\right)^n$$

で与えられる．この数列の n を限りなく大きくしていくことが金利の期間を限りなく細かく分割していくことに対応するが，もとの金額がどれくらい増えるかは，数列 $\left\{\left(1 + \frac{1}{n}\right)^n\right\}$ の $n \to \infty$ での極限がどうなるかでわかる．

　この極限の議論は大変難しいので結果だけ紹介するが，次のようになる．

$$\lim_{n \to \infty} \left(1 + \frac{1}{n}\right)^n = 2.718281\cdots$$

　期間を分割しない場合 1 年でちょうど 2 倍になり，期間を分割して利子をもらう回数を増やしていくと，$2.718281\cdots$ 倍に近づいていき，決してそれ以上にはならない．

　上の極限値 $2.7181281\cdots$ は分数で表せない数（いわゆる**無理数**とよばれる数）だが，応用上大変重要な数である．この数は**ネイピア数**とよばれ，アルファベットの小文字 e で表される．ネイピア数は対数（90 ページ参照）の概念と深い関係にあり，その名前は，対数の概念を発見したネイピア (John Napier, 1550-1617) に由来する．

▌2.5.3 漸化式を視覚化する

例題 2.9（43 ページ）では，漸化式から一般項を求めて極限を調べたが，漸化式から一般項が容易に求められない場合などに，グラフを用いて極限を調べる方法がある．ここでは，再び例題 2.9 を例にとって，漸化式をグラフで表して極限を調べる方法を紹介しよう．

まず，漸化式 $a_{n+1} = 0.4a_n + 60$ の a_n を x に，a_{n+1} を y に置き換えた関数 $y = 0.4x + 60$ のグラフを考える．$x = a_n$ であるとき，

$$y = 0.4a_n + 60 = a_{n+1}$$

であるから，関数 $y = 0.4x + 60$ は，$x = a_n$ のとき，$y = a_{n+1}$ となる関数である（図 2.12 左）．

次にもう 1 つ，補助線的に用いるものとして，関数 $y = x$ のグラフを考える．関数 $y = x$ は，$x = a_n$ のとき，$y = a_n$ となる関数である（図 2.12 右）．

$y = 0.4x + 60$
$(a_{n+1} = 0.4a_n + 60)$

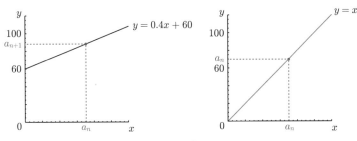

図 2.12 漸化式 $a_{n+1} = 0.4a_n + 60$ と $y = 0.4x + 60$, $y = x$ のグラフ

直線 $y = 0.4x + 60$ と直線 $y = x$ を 1 つのグラフにまとめて描くと，図 2.13 のようになる．ここで，直線 $y = 0.4x + 60$ と直線 $y = x$ の交点を計算して求めておくと，$(100, 100)$ である．

直線 $y = 0.4x + 60$ と直線 $y = x$ の交点を求めるには，$y = x$ を $y = 0.4x + 60$ に代入して，方程式 $x = 0.4x + 60$ を解けばよいが，これを解いて求められる x は，例題 2.8（39 ページ）で，漸化式 $a_{n+1} = 0.4a_n + 60$ から一般項を求めるときに，$c = 0.4c + 60$ を解いて求めた c と同じものである．

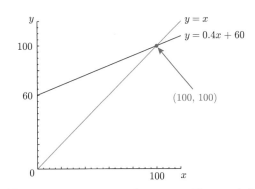

図 2.13 $y = 0.4x + 60$ と $y = x$ のグラフの交点

ここから，$y = 0.4x + 60$ のグラフに対して，$y = x$ のグラフを補助線として使いながら数列 a_n がどこに近づいていくかを調べていこう．

まず, x 軸上に $x = a_1 = 60$ をとり, ここをスタートとして, y 軸に平行な方向に $y = 0.4x + 60$ のグラフに向かって進む. すると, $y = 0.4x + 60$ のグラフとぶつかった点の y 座標は

$$y = 0.4a_1 + 60 = a_2$$

より, $y = a_2$ となる（図 2.14）.

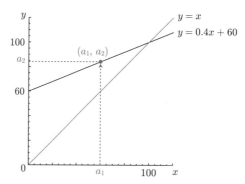

図 2.14　$x = a_1$ から上に向かい, $y = 0.4x + 60$ にぶつかるまで進む

ここで行っていることは, 直線 $y = x$ を使って, y 軸上にある a_2 を, x 軸上に写すという操作である.

ここから今度は, x 軸に平行な方向に直線 $y = x$ に向かって進む. 直線 $y = x$ とぶつかった点の y 座標は a_2 なので, x 座標は a_2 となる（図 2.15）.

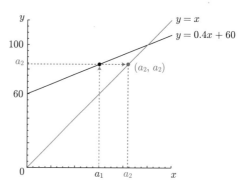

図 2.15　ぶつかった点から右に向かい, $y = x$ にぶつかるまで進む

次に, $y = x$ のグラフとぶつかった点（x 座標は a_2）から再び y 軸に平行な方向に $y = 0.4x + 60$ のグラフに向かい, これとぶつかった点（y 座標は a_3）から x 軸に平行な方向に直線 $y = x$ に向かって進んでぶつかった点をとると, その x 座標は a_3 である（図 2.16）.

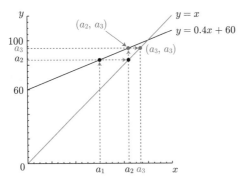

図 2.16 もう一度上へ進み，$y = 0.4x + 60$ にぶつかった点から
右へ進む

　この作業を繰り返して，縦方向に進んで $y = 0.4x + 60$ にぶつかったら横方
向に進み，$y = x$ にぶつかったら縦方向に進み，$\cdots$，を繰り返す．すると，直
線 $y = 0.4x + 60$ にぶつかったときの点の x 座標を順にみると，

$$a_1, a_2, a_3, \ldots$$

となっており，さらに，数列 $\{a_n\}$ は，$y = 0.4x + 60$ と $y = x$ の交点の x 座
標に限りなく近づいていくことが図からみてとれる（図 2.17）．

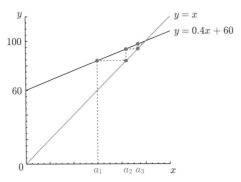

図 2.17 $y = 0.4x + 60$ にぶつかったら右に，$y = x$ にぶつかっ
たら上に，$\cdots$ と繰り返すと，次第に交点に近づいていく

　このようにして，漸化式 $a_{n+1} = 0.4a_n + 60$ をみたし，初項が $a_1 = 60$ であ
る数列 $\{a_n\}$ の極限は，直線 $y = 0.4x + 60$ と直線 $y = x$ の交点の x 座標に一
致する，つまり，

$$\lim_{n \to \infty} a_n = 100$$

であることがわかるのである．

社会科学のモデルへの応用

　数理社会学の分野で**ベッカーの依存症モデル**とよばれる有名な例がある. タバコの消費量（喫煙量）に関して, 人は喫煙に関する様々なこと（気分が落ち着くなどのメリットと, 肺がんのリスクが高くなったり購入費用がかさむなどのデメリット）をふまえて, 効用（本人にとっての満足度）を最大にするように合理的に選択しているというもので, この仮説に基づくモデルでは, 今年の喫煙量が前年の喫煙量の関数として $a_n = f(a_{n-1})$ で表され,（その関数の具体的な式はないが）グラフは図2.18のような S 字型の曲線になるとされている.

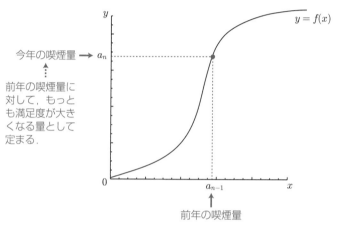

図 **2.18** ベッカーの依存症モデルのグラフ

　このとき, $a_n = f(a_{n-1})$ は, 喫煙量の変化を表す数列 $\{a_n\}$ の漸化式とみることができる. 関数 $y = f(x)$ の具体的な式はないが, グラフの形から数列 $\{a_n\}$ の挙動や極限を議論することができる.

（ア）直線 $\boldsymbol{y = x}$ と $\boldsymbol{y = f(x)}$ のグラフが交わっているとき.

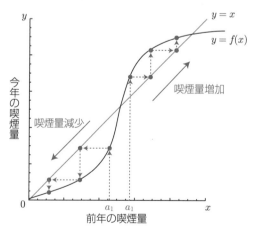

図 **2.19** 直線 $y = x$ と $y = f(x)$ のグラフが交わっているとき

　図2.19のように交わっているとすると，真ん中の交点を境にして，それよりも右側に a_1 があれば喫煙量は増え続けてヘビースモーカーに近づいていき，左側にあるときは喫煙量は減り続けて非喫煙者に近づいていく．

（イ）直線 $y = x$ の下側に $y = f(x)$ のグラフがあって交わらないとき.

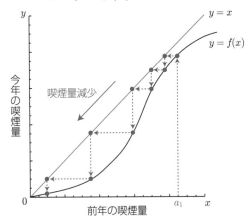

図 2.20　直線 $y = x$ と $y = f(x)$ のグラフが交わらないとき

　図2.20のようになっているときは，前年の喫煙量にかかわらず喫煙量は減るので，全員が非喫煙者に近づいていくことになる．

　この数学的考察の示していることは，何らかの方法（社会的政策など）で，喫煙者の「満足度最大点」を表す関数 f のグラフを下に押し下げることができれば，多くの喫煙者の喫煙行動を変えさせて禁煙に向かわせることができる，ということである．その方法の例として，タバコの増税や，喫煙による健康被害の周知徹底などがよくあげられる．

> 　漸化式を表すグラフと $y = x$ のグラフを組み合わせることで，数列の動きや極限を視覚的にとらえることができる．

演習 **2.19**　毎朝夕，午前7時と午後7時に欠かさず栄養ドリンクを飲むことを始めた人がいる．栄養ドリンク1本に含まれるカフェインの量が50mgであるとき，この習慣をずっと続けたらこの人の体内のカフェインの量はどのようになるだろうか．体内に取り込まれたカフェインの減り方は演習2.15（42ページ）を参考にして，12時間ごとの飲んだ直後の体内のカフェイン量を数列で表し，一般項を求めたうえで数列の極限の問題として考察してみよう．

演習 **2.20**　次の等比数列の漸化式 $(a_{n+1} = ra_n)$ について，直線 $y = x$ と直線 $y = rx$ のグラフを用いて数列の極限を調べてみよう．

(1) $a_1 = 10, a_{n+1} = 1.5a_n$

(2) $a_1 = 30, a_{n+1} = 0.5a_n$

演習 **2.21**　次の $a_{n+1} = \alpha a_n + \beta$ の形の漸化式で与えられる数列について，直線 $y = x$ と直線 $y = \alpha x + \beta$ のグラフを用いて数列の極限を調べてみよう．

(1) $a_1 = 10, a_{n+1} = 1.5a_n - 8$

(2) $a_1 = 10, a_{n+1} = 0.5a_n + 8$

演習 **2.22**　あるテーマパークの人気アトラクションは，たくさんの人が並んで列が長くなると，入場者が他のアトラクションへ回るため待ち人数が減り，また，待ち人数が減ってくると，このアトラクションの列に人が集中し始めて待ち人数が増加する，というように待ち人数が変動する．下のグラフは，このテーマパークのアトラクションの待ち人数を変化の規則を表したものである．30分ごとの待ち人数を数列としてとらえて，開園時の0人を初項としたとき，このグラフを使って，開園後，待ち人数がどういう状態に近づいていくか調べてみよう．

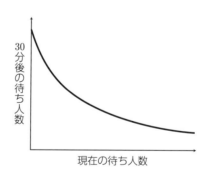

あるテーマパークのアトラクションの待ち人数の変化

さらに勉強したい人のために

ベッカーの依存症のような社会科学のモデルについて，さらに勉強したい人のために，おすすめの参考書をあげておく．

数理社会学会（監修），『社会を〈モデル〉でみる—数理社会学への招待—』，勁草書房．

また，数列でとらえることのできる社会科学の現象について，本章で紹介した以外の例を知りたい人には，下記の本をあげておく．

平井裕久，韓尚憲，皆川健多郎，丹波靖博（著），『経済・経営を学ぶための数学入門』，ミネルヴァ書房．

（数列については，第2章，第3章で扱っている．）

ベクトルと行列

3.1 集計表の計算式について考える

次の問題を考えてみよう．

例題 3.1 本店と駅前店の 2 店舗をもつパン屋があり，2 店舗のある日の商品別の売り上げ個数について，次のようなデータがある．

本店	2020-06-01	駅前店	2020-06-01
クロワッサン	450 個	クロワッサン	180 個
ベーグル	100 個	ベーグル	60 個
ロールパン	150 個	ロールパン	100 個

各商品の販売価格，1 個あたりの利益額（単位：円）は，どちらの店舗も同じで，クロワッサンの売価は 120 円で 1 個あたりの利益は 40 円，ベーグルの売価は 180 円で 1 個あたりの利益は 60 円，ロールパンの売価は 120 円で 1 個あたりの利益は 60 円である．

各店ごとの売り上げ額と利益の集計を求めてみよう．

まずは，本店と駅前店の販売データと，各商品の売価と 1 個あたりの利益のデータについて表をつくって整理してみると，次のようになる．

表 **3.1**　2 店舗の売り上げ個数（例題 3.1）

店舗	クロワッサン	ベーグル	ロールパン
本店	450	100	150
駅前店	180	60	100

表 **3.2**　各商品の売価と 1 個あたりの利益（例題 3.1）

商品名	売価（円）	1 個あたりの利益（円）
クロワッサン	120	40
ベーグル	180	60
ロールパン	120	60

　各店ごとの売り上げ額と利益を集計したい場合，上の 2 つの表から，次のような集計表をつくることになる．

表 **3.3**　各店舗の売り上げ総額と利益総額（例題 3.1）

店舗	売り上げ総額（円）	利益総額（円）
本店	（ア）	（ウ）
駅前店	（イ）	（エ）

この表の各欄（ア）～（エ）の数値を求める計算式を書いてみよう．

（ア），（イ）は，次のような式になる．

（ア）　$450 \times 120 + 100 \times 180 + 150 \times 120$

（イ）　$180 \times 120 + 60 \times 180 + 100 \times 120$

（ア），（イ）は，売り上げ個数の表の**店舗ごとのデータの入った行**と，売価と 1 個あたりの利益の表における各商品の**売価のデータの入った列**を用いて，各商品の**個数に売価をかけて足し合わせる**という式になっている．

$$\begin{bmatrix} クロワッサン \\ の個数 \end{bmatrix} \times [売価] + \begin{bmatrix} ベーグル \\ の個数 \end{bmatrix} \times [売価] + \begin{bmatrix} ロールパン \\ の個数 \end{bmatrix} \times [売価]$$

また，（ウ），（エ）は，次のような式になる．

（ウ）　$450 \times 40 + 100 \times 60 + 150 \times 60$

（エ）　$180 \times 40 + 60 \times 60 + 100 \times 60$

（ウ），（エ）は，売り上げ個数の表の**店舗ごとのデータの入った行**と，売価と 1 個あたりの利益の表における各商品の**利益のデータの入った列**を用いて，各商品の**個数に利益をかけて足し合わせる**という式になっている．

$$\begin{bmatrix} クロワッサン \\ の個数 \end{bmatrix} \times [利益] + \begin{bmatrix} ベーグル \\ の個数 \end{bmatrix} \times [利益] + \begin{bmatrix} ロールパン \\ の個数 \end{bmatrix} \times [利益]$$

2種類の数をかけて足し合わせる，という計算はいろいろな問題に現れる．数学では，このような計算を表示するための表現として，数値を並べて表す特別な表し方がある．それが，次に説明するベクトルと行列である．

3.1.1　ベクトルと行列で表す

例題 3.1 での 2 つの表，表 3.1，3.2 から，売り上げ総額と利益総額の集計表（表 3.3）の各欄の数値を求める計算を，数学では，

$$\begin{pmatrix} 450 & 100 & 150 \\ 180 & 60 & 100 \end{pmatrix} \begin{pmatrix} 120 & 40 \\ 180 & 60 \\ 120 & 60 \end{pmatrix} = \begin{pmatrix} (ア) & (ウ) \\ (イ) & (エ) \end{pmatrix} \tag{3.1}$$

のように，表から一番上の行と一番左端の列を取り去って，数値だけにしたものを使って表す．このように**表から各数値を説明している行と列を取り去って，数値だけにしたもの**のことを数学では**行列**という．

式 (3.1) の左辺の 2 つの行列から右辺の行列を求める計算は，例題 3.1 でみたように，次のようにして行われる．

$$\begin{pmatrix} 450 & 100 & 150 \\ 180 & 60 & 100 \end{pmatrix} \begin{pmatrix} 120 & 40 \\ 180 & 60 \\ 120 & 60 \end{pmatrix}$$

$$= \begin{pmatrix} 450 \times 120 + 100 \times 180 + 150 \times 120 & 450 \times 40 + 100 \times 60 + 150 \times 60 \\ 180 \times 120 + 60 \times 180 + 100 \times 120 & 180 \times 40 + 60 \times 60 + 100 \times 60 \end{pmatrix}$$

$$= \begin{pmatrix} 90000 & 33000 \\ 44400 & 16800 \end{pmatrix}$$

数学では，行列 $\begin{pmatrix} 450 & 100 & 150 \\ 180 & 60 & 100 \end{pmatrix}$ と行列 $\begin{pmatrix} 120 & 40 \\ 180 & 60 \\ 120 & 60 \end{pmatrix}$ を横に並べた

行列の積は，× の記号や，· の記号を間にはさまないで表す．

$\begin{pmatrix} 450 & 100 & 150 \\ 180 & 60 & 100 \end{pmatrix} \begin{pmatrix} 120 & 40 \\ 180 & 60 \\ 120 & 60 \end{pmatrix}$ を**行列の積**といい，その計算は上のようにして行う．

行列の横の並びを**行**，縦の並びを**列**という．とくに 1 列しかない行列や 1 行しかない行列を**ベクトル**という．

行列の積の計算のルールは，左の行列の行と，右の行列の列を組み合わせて，行の中の数と，列の中の数を，先頭から順にかけて足し合わせるというものである．

たとえば，前ページの計算で左の行列の 1 行目（本店の商品ごとの売り上げ個数）と右の行列の 1 列目（商品ごとの売価）を組み合わせると，**売り上げ個数と売価をかけて足し合わせる**ことに対応し，その結果は右辺の行列の 1 行目の 1 列目の場所に入る．これが 2 行目と 1 列目なら右辺の行列の 2 行目の 1 列目，2 行目と 2 列目なら右辺の行列の 2 行目の 2 列目の場所に結果の数値が入ることになる．何行目と何列目を組み合わせたかによって，右辺の行列のどの場所に入るかが決まるので注意しよう．

ベクトル同士の積，行列とベクトルの積の形もいろいろな問題で現れる．たとえば，本店の売り上げ総額だけを求めたいときは，

表 3.4　本店の売り上げ個数

店舗	クロワッサン	ベーグル	ロールパン
本店	450	100	150

表 3.5　各商品の売価

商品名	売価（円）
クロワッサン	120
ベーグル	180
ロールパン	120

という 2 つの表から

$$450 \times 120 + 100 \times 180 + 150 \times 120$$

という計算で求めることになるが，この計算はベクトルの積として，

$$\begin{pmatrix} 450 & 100 & 150 \end{pmatrix} \begin{pmatrix} 120 \\ 180 \\ 120 \end{pmatrix} = 450 \times 120 + 100 \times 180 + 150 \times 120 = 90000$$

と表される．

また，本店と駅前店の利益総額だけを求める計算を，行列を用いて表すと，行列とベクトルの積として，

行列の積が計算できるためには，左側の行列の列の個数と右側の行列の行の個数が一致していないといけない．

$$\begin{pmatrix} 450 & 100 & 150 \\ 180 & 60 & 100 \end{pmatrix} \begin{pmatrix} 40 \\ 60 \\ 60 \end{pmatrix} = \begin{pmatrix} 450 \times 40 + 100 \times 60 + 150 \times 60 \\ 180 \times 40 + 60 \times 60 + 100 \times 60 \end{pmatrix}$$

$$= \begin{pmatrix} 33000 \\ 16800 \end{pmatrix}$$

と表されることになる.

もう1つ, 行列の積で表される問題を紹介しておこう.

例題 3.2　ある都市で, 携帯電話の契約者数が20万人いるとする. この都市では, 携帯電話のサービスを提供している会社がA社, B社, C社の3社あり, 毎年, 以下の表のような契約変更があるとする.

A社

契約継続	91%
B社へ変更	3%
C社へ変更	6%

B社

契約継続	93%
A社へ変更	3%
C社へ変更	4%

C社

契約継続	90%
A社へ変更	5%
B社へ変更	5%

現在の契約者数が, A社が7万人, B社が5万人, C社が8万人であるとき, 1年後の各社の契約者数はどうなると予測されるだろうか. ただし, 新規加入や契約解除などはないものとし, また, 小数第一位を四捨五入するものとする.

まず, 契約者の移動傾向と, 現在の契約者数を表にまとめてみよう.

表 3.6　各社の契約者の1年後の移動傾向（例題 3.2）

	A社から	B社から	C社から
A社へ	91%	3%	5%
B社へ	3%	93%	5%
C社へ	6%	4%	90%

表 3.7　各社の契約者数（例題 3.2）

	現在の契約者数（人）
A社	70000
B社	50000
C社	80000

　　表 3.6 と表 3.7 から，1 年後の各社の契約者の予測数を求めるには，契約変更の割合を示す表の**各社への移動割合（継続割合）**のデータの入った**行**と，各社の現在の**契約者数**のデータの**列**を用いて，各社の**契約者数と移動割合（継続割合）をかけて足し合わせる**という計算を行えばよい．たとえば，A 社の 1 年後の人数を計算する式は

$$\begin{bmatrix} \text{A 社から} \\ \text{の} \\ \text{継続割合} \end{bmatrix} \times \begin{bmatrix} \text{A 社の} \\ \text{契約者数} \end{bmatrix} + \begin{bmatrix} \text{B 社から} \\ \text{A 社への} \\ \text{変更割合} \end{bmatrix} \times \begin{bmatrix} \text{B 社の} \\ \text{契約者数} \end{bmatrix} + \begin{bmatrix} \text{C 社から} \\ \text{A 社への} \\ \text{変更割合} \end{bmatrix} \times \begin{bmatrix} \text{C 社の} \\ \text{契約者数} \end{bmatrix}$$

となるので，1 年後の各社の契約者数を求める式は下記のようになる．

右の計算式では，割合を小数に直している．

（A 社）　　$0.91 \times 70000 + 0.03 \times 50000 + 0.05 \times 80000$

（B 社）　　$0.03 \times 70000 + 0.93 \times 50000 + 0.05 \times 80000$

（C 社）　　$0.06 \times 70000 + 0.04 \times 50000 + 0.90 \times 80000$

この計算を行列の積の形で表すと，次のようになる．

$$\begin{pmatrix} 0.91 & 0.03 & 0.05 \\ 0.03 & 0.93 & 0.05 \\ 0.06 & 0.04 & 0.90 \end{pmatrix} \begin{pmatrix} 70000 \\ 50000 \\ 80000 \end{pmatrix}$$

$$= \begin{pmatrix} 0.91 \times 70000 + 0.03 \times 50000 + 0.05 \times 80000 \\ 0.03 \times 70000 + 0.93 \times 50000 + 0.05 \times 80000 \\ 0.06 \times 70000 + 0.04 \times 50000 + 0.90 \times 80000 \end{pmatrix} \tag{3.2}$$

▌3.1.2　表の縦・横と行列の行・列の対応

　　表の計算を行列の積の形に表すとき，表の縦と横を，行列の行と列のどちらに対応させるかについては注意が必要である．表の書き方によっては，行列の形に表すとき，縦と横を入れ替えないと正しい計算にならない場合がある．

　　たとえば，例題 3.2 で，表 3.6 の代わりに次のような表を書いたとする．

表 3.8　各社の契約者の 1 年後の移動傾向（例題 3.2）

	A 社へ	B 社へ	C 社へ
A 社から	91%	3%	6%
B 社から	3%	93%	4%
C 社から	5%	5%	90%

この表から，数値だけをとり出してつくられる行列は，

$$\begin{pmatrix} 0.91 & 0.03 & 0.06 \\ 0.03 & 0.93 & 0.04 \\ 0.05 & 0.05 & 0.90 \end{pmatrix}$$

表 3.8 の割合を小数に直して行列をつくっている.

であるが，これと表 3.7 からつくられるベクトル $\begin{pmatrix} 70000 \\ 50000 \\ 80000 \end{pmatrix}$ をかけると，積の計算は，

$$\begin{pmatrix} 0.91 & 0.03 & 0.06 \\ 0.03 & 0.93 & 0.04 \\ 0.05 & 0.05 & 0.90 \end{pmatrix} \begin{pmatrix} 70000 \\ 50000 \\ 80000 \end{pmatrix}$$

$$= \begin{pmatrix} 0.91 \times 70000 + 0.03 \times 50000 + 0.06 \times 80000 \\ 0.03 \times 70000 + 0.93 \times 50000 + 0.04 \times 80000 \\ 0.05 \times 70000 + 0.05 \times 50000 + 0.90 \times 80000 \end{pmatrix} \tag{3.3}$$

となる．しかし，この計算は，たとえば右辺の一番上の式をみると，

$$\begin{bmatrix} \text{A 社から} \\ \text{の} \\ \text{継続割合} \end{bmatrix} \times \begin{bmatrix} \text{A 社の} \\ \text{契約者数} \end{bmatrix} + \begin{bmatrix} \text{A 社から} \\ \text{B 社への} \\ \text{変更割合} \end{bmatrix} \times \begin{bmatrix} \text{B 社の} \\ \text{契約者数} \end{bmatrix} + \begin{bmatrix} \text{A 社から} \\ \text{C 社への} \\ \text{変更割合} \end{bmatrix} \times \begin{bmatrix} \text{C 社の} \\ \text{契約者数} \end{bmatrix}$$

を計算してしまっているので，1 年後の契約者数を求める計算にはならない．

この例が示しているように，行列の積で計算を表すときには，行列の縦と横が正しい計算に対応するものであるかどうか注意する必要がある．

> 　行列やベクトルは，複数のデータを組にして扱うための表記法である．
> 　行列やベクトルはかけ合わすことができる．表にまとめられたデータの組み合わせから，別の表をつくりだすとき，行列やベクトルの積として表すことができる．

3.2　ベクトル・行列のことばと計算

▊3.2.1　ベクトルと行列の用語

縦に並べたベクトルと横に並べたベクトルを区別するときには，**列ベクトル**（または**縦ベクトル**），**行ベクトル**（または**横ベクトル**）とよんで区別する．行ベクトルの場合は，数字の間にカンマ（,）を入れて表すことが多い．

数を縦，または横に並べて括弧でくくったものを**ベクトル**という．

$$\begin{pmatrix} 1 \\ 3 \\ -2 \\ 5 \end{pmatrix} \qquad (1,\ 3,\ -2,\ 5)$$

数を縦横に長方形状に並べて括弧でくくったものを**行列**という．

ベクトルや行列の括弧を（ ）ではなく［ ］で表している本もある．

$$\begin{pmatrix} 1 & 3 \\ 5 & -2 \end{pmatrix} \qquad \begin{pmatrix} 2 & 1 & -1 & 0 \\ 1 & 5 & 4 & 2 \\ 3 & 2 & 0 & 7 \end{pmatrix} \qquad \begin{pmatrix} 1 & 3 \\ 2 & 1 \\ 1 & 4 \end{pmatrix}$$

　行列の中の横の並びを**行**といい，縦の並びを**列**という．ベクトルは，行または列が 1 つしかない行列であり，行列の特別な場合である．行列の行と列の個数を，**サイズ**（または**型**）といい，たとえば，行が 2 個，列が 3 個の行列を 2×3 行列などという．ベクトルでは，並んでいる数の個数を**次元**という．たとえば，数が 2 個並んだベクトルを 2 次元ベクトル，数が 3 個並んだベクトルを 3 次元ベクトルという．

行列の成分は，小数や分数など，整数以外の数であることもある．

　ベクトルや行列の括弧の中に並んでいる数を，そのベクトルや行列の**成分**という．

▊3.2.2　ベクトル・行列の足し算とかけ算

　型の同じベクトル，型の同じ行列同士は足し合わせることができる．足し合わせ方のルールは，対応する位置の数同士を足し合わせるというものである．

ベクトル同士の足し算をベクトルの**和**，行列同士の足し算を行列の**和**とよぶ．

$$\begin{pmatrix} 1 \\ 2 \end{pmatrix} + \begin{pmatrix} 2 \\ 3 \end{pmatrix} = \begin{pmatrix} 1+2 \\ 2+3 \end{pmatrix} = \begin{pmatrix} 3 \\ 5 \end{pmatrix}$$

$$\begin{pmatrix} 1 \\ 2 \\ 3 \end{pmatrix} + \begin{pmatrix} 2 \\ 3 \\ 1 \end{pmatrix} = \begin{pmatrix} 1+2 \\ 2+3 \\ 3+1 \end{pmatrix} = \begin{pmatrix} 3 \\ 5 \\ 4 \end{pmatrix}$$

$$\begin{pmatrix} 1 & 2 \\ 2 & 3 \end{pmatrix} + \begin{pmatrix} 1 & 1 \\ 1 & 1 \end{pmatrix} = \begin{pmatrix} 1+1 & 2+1 \\ 2+1 & 3+1 \end{pmatrix} = \begin{pmatrix} 2 & 3 \\ 3 & 4 \end{pmatrix}$$

ベクトルや行列には数をかけることもできる.

$$2 \begin{pmatrix} 1 \\ 2 \end{pmatrix} = \begin{pmatrix} 2 \times 1 \\ 2 \times 2 \end{pmatrix} = \begin{pmatrix} 2 \\ 4 \end{pmatrix}$$

$$3 \begin{pmatrix} 1 \\ 2 \\ 3 \end{pmatrix} = \begin{pmatrix} 3 \times 1 \\ 3 \times 2 \\ 3 \times 3 \end{pmatrix} = \begin{pmatrix} 3 \\ 6 \\ 9 \end{pmatrix}$$

$$5 \begin{pmatrix} 1 & 2 \\ 2 & 3 \end{pmatrix} = \begin{pmatrix} 5 \times 1 & 5 \times 2 \\ 5 \times 2 & 5 \times 3 \end{pmatrix} = \begin{pmatrix} 5 & 10 \\ 10 & 15 \end{pmatrix}$$

ベクトルや行列に数をかけることを**スカラー倍**という. ベクトルや行列に数をかけるときは, 数をベクトルや行列の左側に書く, というルールがある.

左の計算は逆に使うこともある. たとえば,

$$\begin{pmatrix} 2 \\ 4 \end{pmatrix} = 2 \begin{pmatrix} 1 \\ 2 \end{pmatrix}$$

のように, 2 をくくりだすのに使われたりする.

行列にはかけ算もある. 行列のかけ算は, 3.1.1 項で説明したように, 左の行列は行ごとに, 右の行列は列ごとにみて, <u>左の行列の行の成分と, 右の行列の列の成分を, 先頭から順にかけて足し合わせていく</u>ことで, 行の位置と列の位置に対応する成分の値を計算していく(図3.1).

行列のかけ算を行列の**積**という.

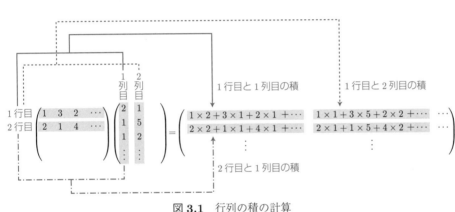

図 **3.1** 行列の積の計算

$$\begin{pmatrix} 1 & 2 & 3 \end{pmatrix} \begin{pmatrix} 5 \\ 3 \\ 2 \end{pmatrix} = 1 \times 5 + 2 \times 3 + 3 \times 2 = 5 + 6 + 6 = 17$$

$$\begin{pmatrix} 1 & 2 \\ 2 & 3 \end{pmatrix} \begin{pmatrix} 1 & 2 \\ 3 & 1 \end{pmatrix} = \begin{pmatrix} 1 \times 1 + 2 \times 3 & 1 \times 2 + 2 \times 1 \\ 2 \times 1 + 3 \times 3 & 2 \times 2 + 3 \times 1 \end{pmatrix} = \begin{pmatrix} 7 & 4 \\ 11 & 7 \end{pmatrix}$$

$$\begin{pmatrix} 1 & 2 & 1 \\ 2 & 3 & 1 \\ 1 & 1 & 1 \end{pmatrix} \begin{pmatrix} 1 \\ 2 \\ 3 \end{pmatrix} = \begin{pmatrix} 1 \times 1 + 2 \times 2 + 1 \times 3 \\ 2 \times 1 + 3 \times 2 + 1 \times 3 \\ 1 \times 1 + 1 \times 2 + 1 \times 3 \end{pmatrix} = \begin{pmatrix} 8 \\ 11 \\ 6 \end{pmatrix}$$

積の結果が 1×1 行列になる場合は, 括弧を外して数字として表してよい.

行列の積を表すときは, × や · などの記号は使わず, 単に 2 つの行列を並べて表すのがルールとなっている.

縦と横が同じサイズの行列(数が正方形状に並んでいる行列)は, 自分自身とかけ合わせることができ, 数と同じように, 2 乗, 3 乗ができる.

このような行列を**正方行列**という.

$$\begin{pmatrix} 1 & 2 \\ 3 & 1 \end{pmatrix}^2 = \begin{pmatrix} 1 & 2 \\ 3 & 1 \end{pmatrix} \begin{pmatrix} 1 & 2 \\ 3 & 1 \end{pmatrix}$$

$$= \begin{pmatrix} 1 \times 1 + 2 \times 3 & 1 \times 2 + 2 \times 1 \\ 3 \times 1 + 1 \times 3 & 3 \times 2 + 1 \times 1 \end{pmatrix}$$

$$= \begin{pmatrix} 7 & 4 \\ 6 & 7 \end{pmatrix}$$

$$\begin{pmatrix} 1 & 2 \\ 3 & 1 \end{pmatrix}^3 = \begin{pmatrix} 1 & 2 \\ 3 & 1 \end{pmatrix}^2 \begin{pmatrix} 1 & 2 \\ 3 & 1 \end{pmatrix}$$

$$= \begin{pmatrix} 7 & 4 \\ 6 & 7 \end{pmatrix} \begin{pmatrix} 1 & 2 \\ 3 & 1 \end{pmatrix}$$

$$= \begin{pmatrix} 7 \times 1 + 4 \times 3 & 7 \times 2 + 4 \times 1 \\ 6 \times 1 + 7 \times 3 & 6 \times 2 + 7 \times 1 \end{pmatrix}$$

$$= \begin{pmatrix} 19 & 18 \\ 27 & 19 \end{pmatrix}$$

▌3.2.3 式による表現と行列による表現

$$\begin{cases} x = 3a + 5b + 8c + 2d \\ y = a - 2b + 3c - d \\ z = 2a + 3b + 7c + 4d \end{cases} \tag{3.4}$$

という式があるとき，この式は，実は行列でも表すことができる．実際，式 (3.4) の a, b, c, d の係数を取り出した行列をつくって，それに a, b, c, d を並べたベクトルをかけてみると，

$$\begin{pmatrix} 3 & 5 & 8 & 2 \\ 1 & -2 & 3 & -1 \\ 2 & 3 & 7 & 4 \end{pmatrix} \begin{pmatrix} a \\ b \\ c \\ d \end{pmatrix} = \begin{pmatrix} 3a + 5b + 8c + 2d \\ a - 2b + 3c - d \\ 2a + 3b + 7c + 4d \end{pmatrix}$$

であることから，式 (3.4) は，

$$\begin{pmatrix} x \\ y \\ z \end{pmatrix} = \begin{pmatrix} 3 & 5 & 8 & 2 \\ 1 & -2 & 3 & -1 \\ 2 & 3 & 7 & 4 \end{pmatrix} \begin{pmatrix} a \\ b \\ c \\ d \end{pmatrix}$$

と表すことができる.

　同様に，連立 1 次方程式も行列とベクトルを用いて表現できる．たとえば,

$$\begin{cases} 3x + y - 5z = 1 \\ x - 2y + 3z = 2 \\ 2x + 4y + z = 3 \end{cases}$$

という連立 1 次方程式は,

$$\begin{pmatrix} 3 & 1 & -5 \\ 1 & -2 & 3 \\ 2 & 4 & 1 \end{pmatrix} \begin{pmatrix} x \\ y \\ z \end{pmatrix} = \begin{pmatrix} 3x + y - 5z \\ x - 2y + 3z \\ 2x + 4y + z \end{pmatrix}$$

であることから,

$$\begin{pmatrix} 3 & 1 & -5 \\ 1 & -2 & 3 \\ 2 & 4 & 1 \end{pmatrix} \begin{pmatrix} x \\ y \\ z \end{pmatrix} = \begin{pmatrix} 1 \\ 2 \\ 3 \end{pmatrix}$$

と表せる.

このような表し方は，第 6 章で扱う問題を考える際に用いられる.

演習 3.1 　ある日の A さん，B さん，C さんの 3 人の 3 時のおやつは果物（イチゴとキウイフルーツ）と果汁（濃縮還元オレンジジュース）であった．3 人の飲食した量と，それぞれの食品に含まれるビタミン C およびカロリーは次の表のようになっている．このとき，各人のビタミン C の摂取量および全体のカロリー量を求める式を行列を用いて表してみよう．ただし，オレンジジュース 1 杯分は 200 mL であるとする.

3 人の飲食した量

	イチゴ（個）	キウイフルーツ（個）	オレンジジュース（杯）
A	10	1	1
B	6	2	1
C	3	2	2

各食品に含まれるビタミン C とカロリー

	ビタミン C (mg)	カロリー (kcal)
イチゴ 1 個あたり	10	5.5
キウイフルーツ 1 個あたり	50	38
オレンジジュース 1 杯（200 mL）あたり	100	100

Apple は 2019 会計年度から商品カテゴリー別の販売台数の公表をやめている．価格の表は実際の価格とは異なる．iPhone や iPad には，実際には仕様の異なる複数のモデルがあり，モデルごとに価格が違うが，ここでは，計算を簡略にするため，価格が統一されているものとして扱っている．

演習 3.2　次の表は，Apple 社の 2018 年度（2017 年 10 月〜2018 年 9 月）の iPhone, iPad の各四半期の売り上げ台数を示している．

2018 年度（2017 年 10 月〜2018 年 9 月）の売り上げ台数　（単位：千台）

	第 1 四半期	第 2 四半期	第 3 四半期	第 4 四半期
iPhone	77,316	52,217	41,300	46,889
iPad	13,170	9,113	11,553	9,699

(`https://www.apple.com/newsroom/archive/` より)

iPhone と iPad の価格が次の表のようになっているとき，iPhone と iPad を合わせた各四半期の売り上げ総額を求める式を，各商品の価格を表すベクトル $\begin{pmatrix} 766 \\ 432 \end{pmatrix}$ と行列との積として書いてみよう．

価格（単位：ドル）

	価格
iPhone	766
iPad	432

FIFA ランキングの方式は過去に何度か変更されている．2020 年現在のランキング方式は，2018 年 FIFA ワールドカップ ロシア大会後から用いられており，チェスなどで使われているイロレーティングという方式に基づいている．この問題の方式とは数学的に異なる方式なので，興味のある人は調べてみるとよいだろう．

演習 3.3　サッカーの男子代表チームの FIFA ランキングの基礎となるランキングポイントは，2006 年から 2018 年の FIFA ワールドカップ ロシア大会直前までの計算方式では，直近の 48 ヶ月を 12 ヶ月ごとに 4 つの期間に区切り，各期間での代表の試合結果からルールにしたがって算出された期間ごとのポイントを，直近の 12 ヶ月間から順に 100%，50%，30%，20% の割合で合算して求められていた．次の表は，2014 年の FIFA ワールドカップ ブラジル大会終了直後の 2014 年 7 月 17 日に FIFA が発表したデータから，ブラジル大会で準決勝まで進んだ 4 カ国の過去 48 ヶ月における 12 ヶ月ごとのポイントを抜き出したものである．このとき，表中の各国のランキングポイントを求める式を，行列とベクトルの積を用いて表してみよう．

FIFA ランキングポイント（2014 年 7 月 17 日発表）

	1～12 ヶ月前	13～24 ヶ月前	25 ヶ月～36 ヶ月前	37～48 ヶ月前
ドイツ	1113	497	818	583
アルゼンチン	1029	651	577	390
オランダ	964	629	264	696
ブラジル	731	637	352	429

演習 3.4　次の計算をしてみよう.

(1) $\begin{pmatrix} 1 \\ 2 \\ 3 \end{pmatrix} + \begin{pmatrix} 2 \\ -1 \\ 1 \end{pmatrix}$
　　　　(2) $2\begin{pmatrix} 2 \\ 1 \\ 5 \end{pmatrix} - 3\begin{pmatrix} 1 \\ 2 \\ 3 \end{pmatrix}$

(3) $\begin{pmatrix} 2 & 3 \end{pmatrix}\begin{pmatrix} 2 \\ -1 \end{pmatrix}$
　　　　(4) $\begin{pmatrix} 1 & -1 & 1 \end{pmatrix}\begin{pmatrix} 1 \\ 2 \\ 1 \end{pmatrix}$

(5) $\begin{pmatrix} 2 & 1 \\ 3 & 2 \end{pmatrix}\begin{pmatrix} 2 \\ 5 \end{pmatrix}$
　　　　(6) $\begin{pmatrix} 1 & 3 & 1 \\ 2 & 1 & 2 \\ 1 & 1 & 3 \end{pmatrix}\begin{pmatrix} 1 \\ 2 \\ 3 \end{pmatrix}$

(7) $\begin{pmatrix} 2 & 1 \\ 1 & 3 \end{pmatrix}\begin{pmatrix} 3 & 1 \\ 2 & 5 \end{pmatrix}$
　　　　(8) $\begin{pmatrix} 1 & 0 & 1 \\ 2 & 1 & 1 \\ 1 & 1 & 0 \end{pmatrix}\begin{pmatrix} 1 & 2 & 2 \\ 2 & 1 & 3 \\ 3 & 2 & 1 \end{pmatrix}$

(9) $\begin{pmatrix} 2 & 1 \\ 1 & 1 \end{pmatrix}^3$
　　　　(10) $\begin{pmatrix} 1 & 1 & 1 \\ 2 & 1 & 1 \\ 1 & 2 & 3 \end{pmatrix}^2$

演習 3.5　次の式について，行列の積で書かれているものは連立 1 次方程式の形に，連立 1 次方程式の形で書かれているものは行列の積の形にそれぞれ書き直してみよう.

(1) $\begin{pmatrix} 5 & 2 & 1 \\ 1 & 1 & 2 \\ 2 & 0 & 1 \end{pmatrix}\begin{pmatrix} x \\ y \\ z \end{pmatrix} = \begin{pmatrix} 5 \\ 1 \\ 1 \end{pmatrix}$
　　　　(2) $\begin{cases} 2x + 3y + z = 0 \\ -x + 7y - 3z = 0 \\ 3x + 2y + 2z = 1 \end{cases}$

3.3 人間関係を行列でとらえる —— 社会ネットワーク分析

どんな集団であれ，ある程度の人数が集まると，リーダーや中心的グループ，派閥が生まれたりする．集団の中でいさかいが起きたとき，正しいほうの主張が認められるとは限らず，リーダーと親しいとか，力のある派閥に属しているとかが勝敗を分けることもある．このような人間社会における人間関係の構造を科学的に分析することを**社会ネットワーク分析**という．

たとえば，大学のゼミナールで，同じクラスになった 10 名の学生がいたとしよう．授業に出るうちに，10 名の中に，お互いによく話をする人，仲が悪いわけではないけどそれほど頻繁に会話しない間柄にある人，などの関係がだんだんできてくる．数ヶ月くらいたったところでの人間関係について，挨拶以上の親しい会話をする関係を線で結んで表現することで，人間関係を表す図をつくることができる（図 3.2）．

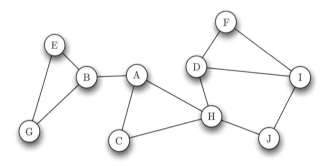

図 3.2 人間関係を図に表す

図 3.2 の人間関係の中での中心的人物は誰だろう，ということを考えるとき，より多くの人と親しい会話をする関係にある人物が中心的人物であろう，というのは自然な考え方である．図 3.2 では，挨拶以上の親しい会話をする関係を線で結んで表現しているので，この考え方にしたがって中心的人物を探すには，図中でもっとも多くの線が出ている人を探せばよいことになる．しかし，10 人程度の人数ならともかく，もっと人数が多くなると複雑になりすぎて，図を描くこと自体も難しくなる．

このようなとき，社会ネットワーク分析では，人間関係を数値化して，数学を使って考える．以下では，6 人からなるグループの例を使って，社会ネットワーク分析で用いられる数学について紹介しよう．

3.3.1 人間関係のモデル図と隣接行列

A, B, C, D, E, F の 6 人の人間関係を表した図（親しい間柄を線で結ぶ）が次のように与えられているとする.

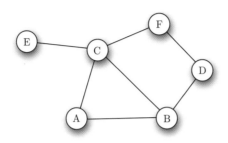

図 3.3 A, B, C, D, E, F の関係

まず，挨拶以上の親しい会話をする関係（図 3.3 の線で結ばれた関係）を 1，そうでない関係を 0 として人間関係を数値で表し，表 3.9 のようにまとめる.

表 3.9 図 3.3 の人間関係

	A	B	C	D	E	F
A	0	1	1	0	0	0
B	1	0	1	1	0	0
C	1	1	0	0	1	1
D	0	1	0	0	0	1
E	0	0	1	0	0	0
F	0	0	1	1	0	0

左上から右下への対角線上の数値は，自分自身との関係を表すことになるので，0 を入れる．つくり方から，この表はこの対角線をはさんで対称になっている.

表 3.9 から，数値だけを取り出して行列をつくると，次のような行列が得られる.

$$\begin{pmatrix} 0 & 1 & 1 & 0 & 0 & 0 \\ 1 & 0 & 1 & 1 & 0 & 0 \\ 1 & 1 & 0 & 0 & 1 & 1 \\ 0 & 1 & 0 & 0 & 0 & 1 \\ 0 & 0 & 1 & 0 & 0 & 0 \\ 0 & 0 & 1 & 1 & 0 & 0 \end{pmatrix}$$

図 3.4 A,B,C,D,E,F の関係（図 3.3）を表す隣接行列

図 3.4 の行列を，社会ネットワーク分析では**隣接行列**とよぶ．隣接行列は，図 3.3 のような人間関係を数値に翻訳したものであるので，この行列を使って計算することで，人間関係に関する様々な情報を引き出すことができる.

▌3.3.2　中心的人物は？（その 1）—— 次数

　前述したように，グループの中心的人物がもつと考えられる特徴として，
「親しい人が多い」（つまり，直接的な関係を築いている間柄が多い）がある．
親しい人が多いかどうかは，図 3.3 でその人から出ている線の本数を数えるこ
とでわかる．社会ネットワーク分析では，この線の本数を**次数**とよび，組織の
中での各人物の重要度を測る尺度として用いる．

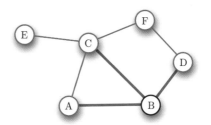

図 3.5　B の次数は 3

　隣接行列は人間関係を数値に翻訳したものなので，図で数えるのではなく，
隣接行列からも各人物の次数が得られるはずである．以下では，隣接行列から
次数を求める計算を紹介しよう．

　図 3.4 の隣接行列の 1 行目の成分が 1 のところは，A が誰と親しいかを表し
ているので，1 行目の 1 の個数は，A と親しい関係にある人物の人数，すなわ
ち，A の次数を表している．同様にして，2 行目の 1 の個数は B の次数，3 行
目の 1 の個数は C の次数，…，を表している．

　ここで，図 3.4 の隣接行列に，すべての成分が 1 であるようなベクトルをか
けることを考えると，隣接行列の各行において，すべての成分に 1 をかけて足
し合わせる計算になっている．

$$\begin{pmatrix} 0 & 1 & 1 & 0 & 0 & 0 \\ 1 & 0 & 1 & 1 & 0 & 0 \\ 1 & 1 & 0 & 0 & 1 & 1 \\ 0 & 1 & 0 & 0 & 0 & 1 \\ 0 & 0 & 1 & 0 & 0 & 0 \\ 0 & 0 & 1 & 1 & 0 & 0 \end{pmatrix} \begin{pmatrix} 1 \\ 1 \\ 1 \\ 1 \\ 1 \\ 1 \end{pmatrix} = \begin{pmatrix} 0+1+1+0+0+0 \\ 1+0+1+1+0+0 \\ 1+1+0+0+1+1 \\ 0+1+0+0+0+1 \\ 0+0+1+0+0+0 \\ 0+0+1+1+0+0 \end{pmatrix} = \begin{pmatrix} 2 \\ 3 \\ 4 \\ 2 \\ 1 \\ 2 \end{pmatrix}$$

　隣接行列の成分は 0 か 1 なので，すべての成分に 1 をかけて足し合わせる
ことで，その行にある 1 の個数が計算されることになる．したがって，1 を並
べたベクトルをかけるという計算で，各人物の次数が求まることになる．

表3.10 図3.3における各人物の次数

	A	B	C	D	E	F
次数	2	3	4	2	1	2

表3.10より，次数がもっとも大きいのはCなので，Cが中心的人物であることがわかる．

■ 3.3.3 中心的人物は？（その２）—— 距離

直接的な人間関係だけでなく，グループの中の人物同士が間に何人かの人を介してつながっている間接的な関係も大切である．二人の人物同士が間に何人の人を介してつながるかは，この二人の関係の近さを表している．直接的な関係をつないで二人がつながる経路があるとき，その経路をつくるのにつながっている直接的な関係の個数をその経路の**長さ**という．

長さ1の経路　　　　長さ2の経路　　　　　長さ3の経路

図3.6 人物同士を結ぶ経路

二人を結ぶ最短経路の長さをその二人の間の**距離**とよぶ．たとえば，図3.3のAとDを結ぶ最短経路は，A-B-Dと結ぶ長さ2の経路である（図3.7）ので，AとDの距離は2である，ということになる．

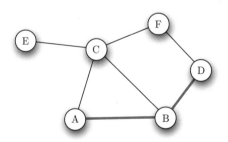

図3.7 AとDを結ぶ最短経路

グループ内の中心的人物は，多くの人と短い経路でつながっていると考えられるので，他のメンバーとの距離の総和が小さい人を探すことで，中心的人物を見出すことができる．

メンバー間の距離は，次数と同様，人数が少ない場合は，図を用いて，すべ

中心的人物を「指導者」と考えてみると，グループ内の「指導者」の指示は速やかに全体に伝達されるべきであるから，「指導者」と他のメンバーとの距離の総和は，指導者でない人に比べて小さくなっているはずだし，逆に組織構築の面から考えれば，指導的立場の人は，他のメンバーとの距離の総和が小さくなるような位置におかれなければならない，ということになる．

ての経路の長さを測ることで調べることができるが，人数が多くなるとこの方法では難しくなる．実は，距離の場合も，すべてのメンバー間の距離を行列を使って計算できる．その方法をこれから紹介しよう．

距離の計算には，隣接行列をベキ乗することで，各メンバー間を結ぶ経路について，どの長さのものが何本あるかを計算できることを利用する．実際に，隣接行列 R のベキ乗 R, R^2, R^3 で長さ 1, 2, 3 の経路の本数が求められることをみてみよう．

長さ 1 の経路があるかないかは，二人のメンバーの間に直接の関係があるかないかに対応している．隣接行列 R の各成分は，二人のメンバー間に直接の関係があるかないかを 1, 0 で表したものであるから，R の各成分は，メンバー間に長さ 1 の経路があるかどうかを表している．長さ 1 の経路は，あれば 1 本しかないから，R の成分は，メンバー間の長さ 1 の経路の本数を表していることになる．

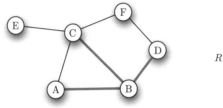

$$R = \begin{array}{c@{}c} & \begin{array}{cccccc} A & B & C & D & E & F \end{array} \\ \begin{array}{c} A \\ B \\ C \\ D \\ E \\ F \end{array} & \left(\begin{array}{cccccc} 0 & 1 & 1 & 0 & 0 & 0 \\ 1 & 0 & 1 & 1 & 0 & 0 \\ 1 & 1 & 0 & 0 & 1 & 1 \\ 0 & 1 & 0 & 0 & 0 & 1 \\ 0 & 0 & 1 & 0 & 0 & 0 \\ 0 & 0 & 1 & 1 & 0 & 0 \end{array}\right) \end{array}$$

図 3.8　長さ 1 の経路の本数と隣接行列 R の成分

なお，R の左上から右下への対角線上の成分はすべて 0 であるが，これは，自分自身への長さ 1 の経路が存在しないことに対応している．

表 3.11　長さ 1 の経路の本数

	A	B	C	D	E	F
A	0	1	1	0	0	0
B	1	0	1	1	0	0
C	1	1	0	0	1	1
D	0	1	0	0	0	1
E	0	0	1	0	0	0
F	0	0	1	1	0	0

次に，長さ 2 の経路について考えてみよう．長さ 2 の経路は，中継点をとって，長さ 1 の経路を 2 本つないだものとして考えると，たとえば，C から D への長さ 2 の経路の本数は，中継点ごとに分けて数えた経路の本数を足し合わせて，

中継点として考える点には C, D も含めて，C-C-D や C-D-D といった経路も考える．

$$(\text{C-A-D の本数}) + (\text{C-B-D の本数}) + \cdots + (\text{C-F-D の本数})$$

を計算することで求められる．ここで，C-A-D の本数は，

$$(長さ1のC\text{-}Aの本数) \times (長さ1のA\text{-}Dの本数)$$

で計算でき，B, C, D, E, F を中継する経路も同様に考えられるので，C から D への長さ 2 の経路の本数を求める式は次のようになる．

$$
\begin{aligned}
&(長さ1のC\text{-}Aの本数) \times (長さ1のA\text{-}Dの本数) \\
&+ (長さ1のC\text{-}Bの本数) \times (長さ1のB\text{-}Dの本数) \\
&+ \cdots + (長さ1のC\text{-}Fの本数) \times (長さ1のF\text{-}Dの本数)
\end{aligned}
\tag{3.5}
$$

隣接行列 R の 3 行目の成分は，C から他のメンバーへの長さ 1 の経路の本数を表し，また，R の 4 列目の成分は，他のメンバーから D への長さ 1 の経路の本数を表していることから，式 (3.5) は，R と R をかけて得られる行列 R^2 の 3 行目と 4 列目の交差するところの成分を求める式になっている（図 3.9）．

左の計算は道順の場合の数を求める計算と同じである．たとえば，C から A に行く経路が 3 本，A から D に行く経路が 2 本あるとき，C から A を通って D に行く経路は全部で $3 \times 2 = 6$ 本ある.

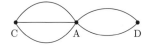

$$
R^2 =
\begin{pmatrix}
0 & 1 & 1 & 0 & 0 & 0 \\
1 & 0 & 1 & 1 & 0 & 0 \\
1 & 1 & 0 & 0 & 1 & 1 \\
0 & 1 & 0 & 0 & 0 & 1 \\
0 & 0 & 1 & 0 & 0 & 0 \\
0 & 0 & 1 & 1 & 0 & 0
\end{pmatrix}
\begin{pmatrix}
0 & 1 & 1 & 0 & 0 & 0 \\
1 & 0 & 1 & 1 & 0 & 0 \\
1 & 1 & 0 & 0 & 1 & 1 \\
0 & 1 & 0 & 0 & 0 & 1 \\
0 & 0 & 1 & 0 & 0 & 0 \\
0 & 0 & 1 & 1 & 0 & 0
\end{pmatrix}
=
\begin{pmatrix}
2 & 1 & 1 & 1 & 1 & 1 \\
1 & 3 & 1 & 0 & 1 & 2 \\
1 & 1 & 4 & 2 & 0 & 0 \\
1 & 0 & 2 & 2 & 0 & 0 \\
1 & 1 & 0 & 0 & 1 & 1 \\
1 & 2 & 0 & 0 & 1 & 2
\end{pmatrix}
$$

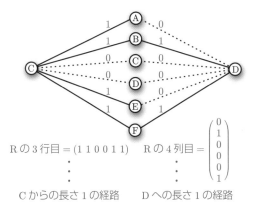

$$R の 3 行目 = (1\ 1\ 0\ 0\ 1\ 1) \qquad R の 4 列目 = \begin{pmatrix} 0 \\ 1 \\ 0 \\ 0 \\ 0 \\ 1 \end{pmatrix}$$

$$C からの長さ1の経路 \qquad D への長さ1の経路$$

CからDへの長さ2の経路の本数 $= 1 \cdot 0 + 1 \cdot 1 + 0 \cdot 0 + 0 \cdot 0 + 1 \cdot 0 + 1 \cdot 1 = 2$

図 3.9 2 点間の長さ 2 の経路の本数と R^2

他の経路についても同じように考えると，R^2 の各成分は，行と列に対応する二人の人物を結ぶ長さ 2 の経路の本数となる．なお，次ページの表 3.12 で，左上から右下への対角線上の成分が 0 でないのは，A-B-A など，自分自身へ戻ってくる長さ 2 の経路が存在することに対応している．

表 **3.12**　長さ 2 の経路の本数

	A	B	C	D	E	F
A	2	1	1	1	1	1
B	1	3	1	0	1	2
C	1	1	4	2	0	0
D	1	0	2	2	0	0
E	1	1	0	0	1	1
F	1	2	0	0	1	2

長さ 3 の経路は，長さ 2 の経路と長さ 1 の経路をつないだものとして考える．たとえば，B から D への長さ 3 の経路の本数は，長さ 2 の経路のときと同様に考えると，次の式で求められる．

$$(長さ 2 の B\text{-}A の本数) \times (長さ 1 の A\text{-}D の本数)$$
$$+ (長さ 2 の B\text{-}B の本数) \times (長さ 1 の B\text{-}D の本数) \qquad (3.6)$$
$$+ \cdots + (長さ 2 の B\text{-}F の本数) \times (長さ 1 の F\text{-}D の本数)$$

R^2 の 2 行目の成分は，B から他のメンバーへの長さ 2 の経路の本数を表し，また，R の 4 列目の成分は，他のメンバーから D への長さ 1 の経路の本数を表しているから，式 (3.6) は，R^2 と R をかけて得られる行列 R^3 の 2 行目と 4 列目の交差するところの成分を求める式になっている（図 3.10）.

$$R^3 = (R^2)R = \begin{pmatrix} 2 & 1 & 1 & 1 & 1 & 1 \\ 1 & 3 & 1 & 0 & 1 & 2 \\ 1 & 1 & 4 & 2 & 0 & 0 \\ 1 & 0 & 2 & 2 & 0 & 0 \\ 1 & 1 & 0 & 0 & 1 & 1 \\ 1 & 2 & 0 & 0 & 1 & 2 \end{pmatrix} \begin{pmatrix} 0 & 1 & 1 & 0 & 0 & 0 \\ 1 & 0 & 1 & 1 & 0 & 0 \\ 1 & 1 & 0 & 0 & 1 & 1 \\ 0 & 1 & 0 & 0 & 0 & 1 \\ 0 & 0 & 1 & 0 & 0 & 0 \\ 0 & 0 & 1 & 1 & 0 & 0 \end{pmatrix} = \begin{pmatrix} 2 & 4 & 5 & 2 & 1 & 2 \\ 4 & 2 & 7 & 5 & 1 & 1 \\ 5 & 7 & 2 & 1 & 4 & 6 \\ 2 & 5 & 1 & 0 & 2 & 4 \\ 1 & 1 & 4 & 2 & 0 & 0 \\ 2 & 1 & 6 & 4 & 0 & 0 \end{pmatrix}$$

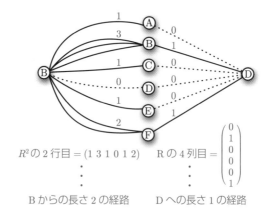

$R^2 の 2 行目 = (1\ 3\ 1\ 0\ 1\ 2)$　　$R の 4 列目 = \begin{pmatrix} 0 \\ 1 \\ 0 \\ 0 \\ 0 \\ 1 \end{pmatrix}$

B からの長さ 2 の経路　　D への長さ 1 の経路

B から D への長さ 3 の経路の本数 $= 1\cdot 0 + 3\cdot 1 + 1\cdot 0 + 0\cdot 0 + 1\cdot 0 + 2\cdot 1 = 5$

図 **3.10**　2 点間の長さ 3 の経路の本数と R^3

他の経路についても同じように考えると，R^3 の各成分は，行と列に対応する二人の人物を結ぶ長さ 3 の経路の本数となる．なお，表 3.13 で，左上から右下への対角線上の成分が 0 でないのは，A-B-C-A など，自分自身へ戻ってくる長さ 3 の経路が存在することに対応している．

表 3.13　長さ 3 の経路の本数

	A	B	C	D	E	F
A	2	4	5	2	1	2
B	4	2	7	5	1	1
C	5	7	2	1	4	6
D	2	5	1	0	2	4
E	1	1	4	2	0	0
F	2	1	6	4	0	0

これまでみてきたことは，長さが 4 以上の経路の本数についても成り立ち，一般に，<u>隣接行列 R に対して，R^n の成分は，メンバー間を結ぶ長さ n の経路の本数を表す．</u>

このことから，$R, R^2, R^3, \ldots$ を求めて，各位置の成分について，何乗したときはじめて 0 でない数になるかを調べることで，各メンバー間の距離が調べられる．たとえば，R^n の 4 行目と 5 列目の交差するところの成分は，D と E の間の長さ n の経路の本数を表すが，R, R^2 では 0 で，R^3 で 2 となることから，D と E の間には長さ 1 と長さ 2 の経路はなく，長さ 3 の経路が D と E を結ぶ最短経路であることがわかり，D と E の距離が 3 であることがわかる．このようにして，はじめて 0 でない数が現れるベキ乗を各成分の位置でみていくことで，各メンバー間の距離がわかる（表 3.14）．

表 3.14　メンバー間の距離

	A	B	C	D	E	F	他メンバーまでの距離の総和
A	0	1	1	2	2	2	8
B	1	0	1	1	2	2	7
C	1	1	0	2	1	1	6
D	2	1	2	0	3	1	9
E	2	2	1	3	0	2	10
F	2	2	1	1	2	0	8

表 3.14 では，自分自身との距離は 0 として記入している．

表 3.14 より，他メンバーまでの距離の総和がもっとも小さいのは C なので，距離でみたときも C が中心的人物であることがわかる．

この社会ネットワーク分析の手法は，人間関係の構造に関する研究だけでなく，Web サイトのリンクによるつながりなどにも応用され，活発に研究されている．

テロ組織のネットワーク分析

　社会ネットワーク分析はあらゆる集団，組織を分析対象にする．そして，その対象には，犯罪組織やテロ組織も含まれる．

　犯罪組織やテロ組織の分析では，地道な捜査で得た情報をもとに，捜査対象の組織のネットワークを分析することで，活動のパターンや特質をとらえたり，鍵となる重要人物を見つけ出したりすることができる．このような研究の中で，実在する組織を分析したものとして有名なものに，クレブズによるテロ組織（アルカイダ）の分析がある（V. E. Krebs, 2002）．

　クレブズは，2001 年 9 月 11 日に 4 機の民間航空機を乗っ取ってアメリカを攻撃したテロ事件（いわゆる 9.11 事件）のハイジャック犯 19 名と，その 19 名につながるアルカイダ組織のメンバー 43 名を合わせた 62 名について，公開されている捜査情報だけをもとに人間関係のネットワーク図（図 3.11）をつくり上げ，本節でも紹介した「次数」や「距離」などの指標を用いて，次数や他のメンバーまでの距離の総和などによるランキング表の上位に，ハイジャック実行の中心となった人物たちが現れることを示した．とくに，どの指標でもトップになったのは，9.11 における現場指揮者をつとめた最重要人物であった．クレブズは，9.11 で主要な役割を果たした人物たちを，メンバーのネットワークの構造だけをたよりに，「数学的に」見つけ出せることを示したのである．

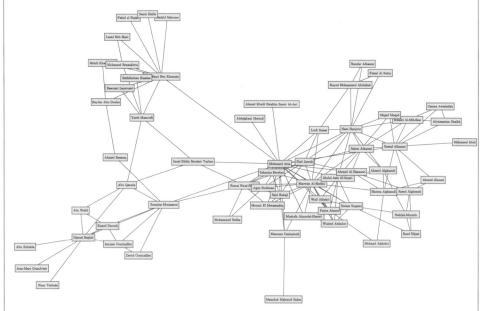

図 3.11　19 人のハイジャック犯を含むネットワーク
（V. E. Krebs (2002) のデータより Mathematica を用いて作成）

　クレブズの論文の内容について日本語で読むことのできるものとして，『数学で犯罪を解決する』（キース・デブリン，ゲーリー・ローデン（著），山形浩生，守岡桜（訳））を紹介しておこう．この本は，数学者が主人公のアメリカのテレビドラマ「NUMB3RS」に登場する数学を題材にした一般向けの本であり，ネットワーク分析も含め，犯罪捜査に役立つ数学の実例が数多く紹介されている．

演習 **3.6**　　下図で表される 5 人のグループの人間関係があるとき，以下の問い
を考えてみよう．

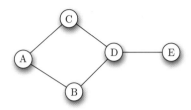

(1) 隣接行列をつくろう.

(2) (1) でつくった隣接行列を R とするとき，R と $\begin{pmatrix} 1 \\ 1 \\ 1 \\ 1 \\ 1 \end{pmatrix}$ の積を計算して，

各人の次数を求め，次数によるランキング表をつくろう.

(3) R^2, R^3 を計算することで，各人物間の距離を計算し，他のメンバーとの距
離の総和によるランキング表をつくろう.

演習 **3.7**　　下図で表される 5 人のグループの人間関係があるとき，以下の問い
を考えてみよう．

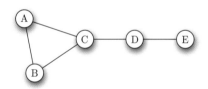

(1) 隣接行列をつくってみよう.

(2) (1) でつくった隣接行列を R とするとき，R と $\begin{pmatrix} 1 \\ 1 \\ 1 \\ 1 \\ 1 \end{pmatrix}$ の積を計算して，

各人の次数を求め，次数によるランキング表をつくろう.

(3) R^2, R^3 を計算することで，各人物間の距離を計算し，他のメンバーとの距
離の総和によるランキング表をつくろう.

この問題は隣接行列の計算は使わなくてよい．社会ネットワーク分析を実例で体験する演習と思ってやってみてほしい．

演習 3.8　下図は，中世イタリアの都市フィレンツェでの有力一族同士の婚姻関係を図示したものである．この図から各一族の次数や他の一族との距離の総和を求めることで，メディチ家がフィレンツェの権力の中心にいた理由について考察してみよう．

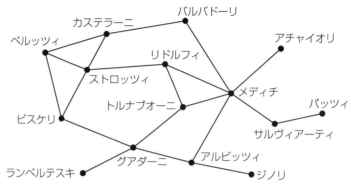

（J. F. Padgett & C. K. Ansel (1993) のデータより作成）

さらに勉強したい人のために

　この章の後半で紹介した社会ネットワーク分析について，さらに勉強したい人のために，おすすめの参考書をあげておく．

　金光淳（著），『社会ネットワーク分析の基礎』，勁草書房．

第4章　関　　数

4.1　関数で現象を表すモデルをつくる

4.1.1　直線で表されるモデル

　下の図に書かれた3つの文字は，いずれも容易に「あ」であるとわかるのだが，どのような仕組みでこのようなことが可能になっているのであろうか.

図 4.1　いろいろな向きの文字

　「あ」という文字について，すべての大きさや傾きの記憶を頭の中に貯えているというのは，ありえそうにもない話であり，1つの考え方として，傾いていない普通の状態の「あ」という文字のイメージを頭の中で回転させているのではないかという仮説が有力である.

　このような心のはたらきについて，大学生を対象に調べた研究がある（権藤ほか，1998）．権藤たちは，「か，す，は，も，7」の5つの文字を用い，普通の状態で表した正立文字と鏡文字にした鏡映文字の2種類について，0°（回転させていない状態）の文字，そして，40° や 80° などに回転させた文字を用意し，コンピュータ上に出てきた文字が正立文字か鏡映文字かを判断させて反応時間を記録するという実験を行った.

　彼らの実験で用いられた「刺激」と実験の結果を次ページに示す.

心的回転（mental rotation）という．シェパード（Roger N. Shepard, 1929-）とメッツラー（Jacqueline Metzler）による3次元図形を使った実験ではじめて報告された.

心理学では，実験で被験者に提示して反応をみるために用いる画像や音などの素材を「刺激」とよぶ.

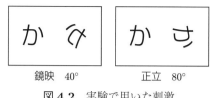

鏡映　40°　　　　　正立　80°

図 4.2　実験で用いた刺激

表 4.1　大学生の平均反応時間（単位：msec，権藤ほか (1998) より）

	0°	40°	80°
正立	513	548	593
鏡映	638	654	670

1秒の 1000 分の 1 の単位を ミリ秒 とよび，msec で表す．

さて，ここで次のような問題を考えてみよう．

権藤たちの実験では 120° も調べられているが，ここでは 80° までのデータから予想してみよう．

> **例題 4.1**　表 4.1 には，0°，40°，80° の 3 つの角度の結果しか示されていないが，120° ではいったい何秒ぐらいになると考えられるだろうか？

でたらめに予想することは科学的とはいえないので，何らかの方法で妥当性の高そうな予想を立てる必要がある．そこで，横軸 (x) に角度，縦軸 (y) に反応時間 (msec) をとったグラフにプロットして，図的に考えてみることにする．

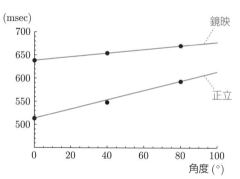

図 4.3　角度と反応時間の関係

ここでは，反応時間の増え方の平均で傾きをとって直線を引いているが，統計学では，**最小 2 乗法**とよばれる数学の手法を用いて，誤差を最小にするようにして求める．最小 2 乗法を用いて求められた直線を**回帰直線**とよぶ．回帰直線の求め方は付録 B（251 ページ）に示しているが，詳しくは統計学の本を参照．

　そうすると，どうやら 3 つの角度のデータは，ほぼ直線的に並んでいるようにみえる．そこで，これを確かめてみると，正立の場合は，角度が 40° 増えるごとに反応時間が平均 40 ミリ秒，鏡映の場合は，角度が 40° 増えるごとに反応時間が 16 ミリ秒遅くなっている．すなわち，正立の 3 つのデータは 1 次関数 $y = x + 513$ のグラフである直線に，鏡映の 3 つのデータは 1 次関数 $y = 0.4x + 638$ のグラフである直線に沿って，ほぼ並んでいることがわかる．

このことから，角度が 120° のときは，80° から 40° 増えているので，正立の場合で反応時間が 40 ミリ秒，鏡映の場合で 16 ミリ秒遅くなって，正立では 633 ミリ秒，鏡映では 686 ミリ秒になるであろうと予想することができる.

これらの実験結果からは，我々がいろんな角度の文字をみるときには，正立文字のイメージを頭の中で回転させていることがわかる．というのも，データが 1 次関数的に増加するということは，どこでも同じことを頭の中で行っているはずだからであり，直線の傾きは一定の角度だけイメージを回転させるために必要な時間だと考えることができるのである.

前ページで求めた，角度と反応時間の関係を表す 1 次関数の式 $y = x + 513$, $y = 0.4x + 638$ を用いて，これらに $x = 120$ を代入することでも求められる.

> **例題 4.2** ところで，権藤たちは，75 歳以上の高齢者でも実験を行っているのだが，高齢者の結果は，大学生と比べてどのように違っているのだろうか？

この問いに答えるためには，先ほどのデータの意味を考えてみる必要がある．まず，傾きは，上で述べたように，文字のイメージを回転させるための時間である．この時間は高齢者になるとどうなるだろうか？ たぶん高齢者は，大学生よりもイメージの回転に時間がかかるだろうと予想される．また，y 切片にはどんな意味があるのかを考えてみると，y 切片は 0°，つまり全く回転させていない状態のときの反応に要する時間である．0° のときには，イメージを回転させる必要がないために，単純に，左右が同じ文字かどうかを判断してボタンを押すための時間であると考えられる．高齢者は，この時間もやはり大学生よりも遅くなってしまうだろうと予想される.

まとめてみると，高齢者は正解のボタンを押す時間が遅くなり，かつ，頭の中のイメージを回転させるのも遅くなると考えられるので，図のように，y 切片も傾きも大学生のデータよりは大きくなると予想されるのである.

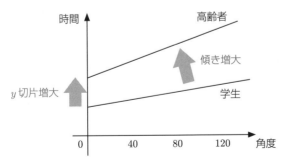

図 **4.4** 角度と反応時間の関係の年齢による違い

権藤たちの実験では，高齢者のデータも調べられており，実際に図 4.4 のようになることが確かめられている.

▌4.1.2　データと数学モデル

　前項では，0°，40°，80° と傾いた文字を判別する反応時間を測定した実験データから，文字の傾いている角度 x (度) と文字を判別するのにかかる反応時間 y (msec) の間の関係についての法則を見出し，一般の角度 x (度) に対する反応時間 y を予測する式を見出した．このように，実験で測定したいくつかのデータから，現象についての法則を見出して，その法則を数式で表したものを現象の**数学モデル**という．

> **数理モデル**ともいう．英語では mathematical model という．

　心的回転の例では，文字の傾いている角度 x (度) と文字の判別にかかる反応時間 y (msec) の間に成り立つ関係（法則）が，1 次関数を用いて表された．この 1 次関数が，心的回転という現象を表す数学モデルである．

　数学モデルをつくることにはどのような意味があるのだろうか．心的回転の場合の例でいうと，表 4.1（82 ページ）では，角度については，0°，40°，80° という 3 つのとびとびの値に対してしか反応時間のデータが示されていないが，これらのデータから，角度と反応時間の関係が 1 次関数で表されるという法則を見出した結果，30° や 50°，70° といった，実験では測定していない中間の角度や，120° などのデータの範囲外にある角度に対しても，反応時間を予測できるようになったのである．

> 測定したデータをもとに，データの間の数値を求めることを**内挿**（または**補間**），データの範囲外の数値を求めることを**外挿**という．ただし，データから予想される傾向はどこまでも範囲外に延長できるわけではないので，外挿はとくに注意が必要である．

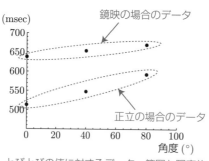
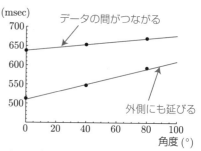

図 4.5　データと数学モデル（心的回転）

> 　2 つの量の関係を関数としてとらえ，グラフを用いて表すことで，片方の量を変化させたとき，もう一方がどのように変化するかなどの法則を見出すことができる．そして，この法則を定式化することで，現象の数学モデルをつくることができる．

4.1.3 曲線で表されるモデル

例題 4.3 コーヒー 1 杯に含まれるカフェインの量は約 100 mg である. 成人男性の場合, 平均的には, カフェインは体内に取り込まれてから約 4 時間で体内残量が 50% になることが知られている. さて, ある男性が 眠気覚ましにコーヒーを 1 杯飲んだ場合, カフェインの体内残量が 5 mg 以下になるのに何時間かかるだろうか. ただし, 他にカフェインの入った薬や飲料などは飲まないものとする.

この問題を第 2 章で学んだ数列で考えるときは, $4n$ 時間後の体内残量を a_n で表して, 4 時間ごとの体内残量を数列としてとらえることができる (25 ページの演習 2.2). しかし, 実際には, カフェインの量は時間とともに連続的に変化しており, 4 時間経ったところで突然半分になるわけではない. では, 時間とともに連続的に変化するカフェインの体内残量はどのように表すことができるだろうか.

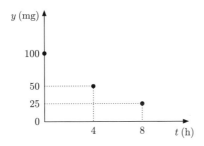

図 4.6 カフェインの体内残量の推移

図 4.6 は, 横軸に時間 t (h), 縦軸に体内残量 y (mg) をとって, 0 時間後, 4 時間後, 8 時間後の量をプロットしたものである. 横軸に沿って点の動きをみると, 次第に右下に下がっていくので, 心的回転のデータのように, この変化を直線的ととらえて, 各点の近くを通る直線で変化を表して考えることもできそうに思える (図 4.7).

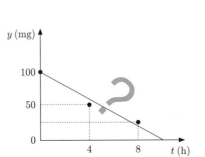

図 4.7 直線で変化をとらえると…？？

時間の単位には「時間」「分」「秒」などがあるが, 単位の記号にはそれぞれ「h」「min」「s」が用いられる.

　そこで，図4.7のような直線モデルを当てはめてみると，10時間程度で0
mgになることになる．しかし，実際は，12時間後で12.5 mg，16時間後で
も6.25 mgが残っているので，時間の経過とともに直線的に減少していくわ
けではないようである．したがって，直線でこの現象を表すのはふさわしくな
く，曲線で表すことが必要になる．

　例題4.3の現象を曲線で表すために，もう少し詳しく変化を様子を調べる
と，$x = 0$のとき$y = 100$で，xが4増えるごとに，yは，

$$100,\ 50,\ 25,\ 12.5,\ 6.25,\ \dots$$

と減っていくが，次第に減り方が緩やかになっていく．このことから，例題
4.3の現象を表す曲線は，図4.8のように，次第に緩やかになりながら0に近
づいていく曲線になる．

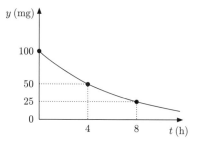

図4.8　カフェインの体内残量の減少を表す曲線

　社会科学など，現実の問題を扱う科学では，2つの量の関係をグラフで表し
てとらえることが多い．2つの量の関係を表すグラフは，それらの関係によっ
て，様々な形の曲線で表される．曲線の形をみることで，片方の量を変化させ
たとき，もう一方がどのように変化するかなどを知ることができる．よく現れ
る曲線の例をいくつか以下にあげておこう．

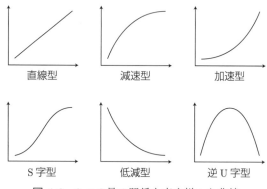

図4.9　2つの量の関係を表す様々な曲線

4.1.4　指数関数で表される現象

> **例題 4.4**　夕方の調理で，まな板にサルモネラ菌が 10 個付着したまま残った．翌朝の調理で使用するまでの間にこのサルモネラ菌の個数はどのように変化するだろうか．

厚生労働省の食中毒統計資料によれば，2010 年度，2011 年度に日本で発生した食中毒の発生原因となった細菌のうち，もっとも患者数が多かったのが，このサルモネラ菌である．

サルモネラ菌による食中毒を防ぐためには，食品や調理器具に菌が付着しないよう，徹底的に菌を排除する必要がある．例題 4.4 のように，サルモネラ菌が付着するとどういうことになるのだろうか．

サルモネラ菌は，発育・増殖に適した温度下（30〜40℃）では 20 分に 1 回の割合で 2 分裂するという．要するに 20 分ごとに 2 倍になるということであるから，1 時間では 3 回分裂して 2^3 倍，つまり 8 倍になることになる．よって，$t = 1, 2, 3, \ldots$ に対して，t 時間後を考えると，8^t 倍となる．

最初の 10 個のサルモネラ菌が 20 分ごとに一斉に 2 分裂するならば，個数の動きを数列でとらえることもできるが，現実には，最初の段階から，個々のサルモネラ菌が約 20 分後の分裂まで残り何分の状態にあるかにはばらつきがある．そこで，このサルモネラ菌の増殖を考える際には，実数 t に対して，t 時間後のおよその個数 y を，

$$y = 10 \times 8^t$$

という数学モデルで表して個数の変化をみることになる．ここで登場した関数 $y = 10 \times 8^t$ は，関数 $y = 8^t$ を 10 倍したものであるが，$y = 8^t$ のように，ある定数の t 乗の形で表される関数を **指数関数** という．

ここで，$y = 10 \times 8^t$ のグラフがどんな形になるか調べてみよう．$t = 0$ から $t = 1$ まで，t を $\dfrac{1}{12} (= 5 分)$ ずつ動かしたときの y の値を求めてみると，次の表のようになる．

表 4.2　$y = 10 \times 8^t$ の値

t	0	$\frac{1}{12}$	$\frac{2}{12}$	$\frac{3}{12}$	$\frac{4}{12}$	$\frac{5}{12}$	$\frac{6}{12}$
y	10	11.89	14.14	16.82	20	23.78	28.28

t	$\frac{7}{12}$	$\frac{8}{12}$	$\frac{9}{12}$	$\frac{10}{12}$	$\frac{11}{12}$	1	
y	33.64	40	47.57	56.57	67.27	80	

一口にサルモネラ菌といっても，実は 2000 以上の種類があり，中には無害のものもある．食中毒の原因としてよく取り上げられているのは，サルモネラ・エンテリティディスという菌である．

とくに卵については，「近年，鶏卵に起因するサルモネラ食中毒が問題視されている」（農林水産省）として，農林水産省が特別に「鶏卵のサルモネラ総合対策指針」を定めている．

発育・増殖に適した温度を **至適温度** という．一般に，サルモネラ菌の至適温度は 30〜40℃ で，ピークは 37℃ 付近である．8℃ 以下では増殖しないが死にもせず，また，62℃ 以上で死滅することが知られている．

各 t に対する 8^t の値は，関数電卓で計算できる．（付録 A，241 ページ参照）

　　表4.2の値をグラフにプロットして曲線でつないでみると，図4.10のような曲線になる．

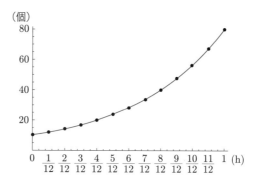

図4.10　サルモネラ菌の増殖を表す曲線モデル

　　さて，図4.10のグラフから，この後，サルモネラ菌はどのように増えていくと予想されるだろうか．

サルモネラ・エンテリティディスの場合は，もっと少ない個数で食中毒が起こるという報告もあるようなので，さらに大変なことになる．

　　グラフを描く t の範囲を広げてみよう．範囲を広げていくと（図4.11，図4.12），徐々に増殖スピードが上がっていって数時間で爆発的に増え，7時間後には2千万個にも達することになる．一般に，サルモネラ菌は，大人の場合で10万個～100万個以上が身体に入ると食中毒を引き起こすといわれているので，一夜明けた翌朝にはどれだけ恐ろしい数になっているかがわかるだろう．指数関数はこのように急激に増加したり，あるいは急激に減少したりする（演習4.1）という特徴がある．

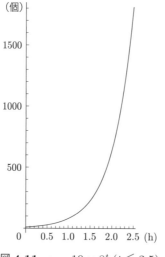

図4.11　$y = 10 \times 8^t \ (t \leqq 2.5)$

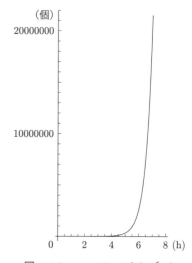

図4.12　$y = 10 \times 8^t \ (t \leqq 8)$

　最初の1時間の状態から，サルモネラ菌の増え方を緩やかな曲線状だと考えてしまうと，その後の爆発的な変化とは大きくずれてしまうため，危険性の予測を誤ることになり大変危険である．指数関数的な変化を正しくとらえることは大変重要なのである．

> 　現実の現象における2つの量の関係の中には，指数関数を用いて表されるものがたくさんある．指数関数で表される増加現象は爆発的な増加となり，また，指数関数で表される減少現象は急激な減少となる．指数関数的な量の変化の感覚を身につけることで，指数関数で表される現象についての将来予測が正しくできるようになる．

演習 4.1　例題 4.3（85 ページ）で，カフェインの体内残量の変化が曲線で表されることをみたが，その曲線を実際に求めてみよう．

(1) カフェインの体内残量の変化については，平均的な成人男性の場合，体内残量や計測開始時点にかかわらず，4時間後には常に 50%（0.5 倍）になるという特徴がある．同様にして，1時間ごとにみた場合も，1時間ごとに何 % になるか（何倍になるか）は常に一定である．1時間後に r 倍になるとすると，4時間後に r^4 倍になることから，$r^4 = 0.5$ をみたす．このことを利用して，$0.5^{\frac{1}{4}}$ を計算することで r を求めてみよう．（計算は関数電卓を使用してよい．）

$0.5^{\frac{1}{4}}$ は，4乗したら 0.5 になる数を表す．

(2) (1) で求めた r を用いると，t 時間後の体内残量 y (mg) は，関数 $y = 100 \times r^t$ として表される．この関数について，次の表の空欄を埋めてみよう．（計算は関数電卓を使用してよい．）

t	1	2	3	4	5
y					
t	6	7	8	9	10
y					
t	11	12	13	14	15
y					

(3) (2) の結果をプロットして，関数 $y = 100 \times r^t$ のグラフを描いてみよう．

4.2　対数を使って現象をみる，考える

4.2.1　指数関数のグラフと対数の役割

　指数関数のグラフを描いてみてわかることは，指数関数の値は非常に早く大きくなったり，あるいは逆に小さくなったりするので，広い範囲の x の値に対する y の値の動きをグラフでつかむのは難しいということだ．

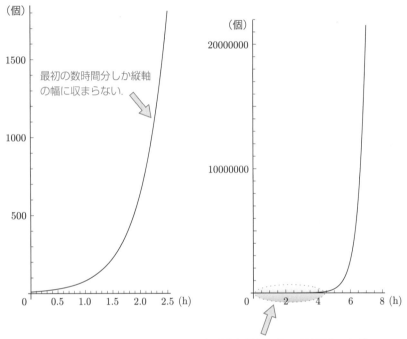

図 **4.13**　$y = 10 \times 8^t$ のグラフ（y 軸の範囲 0〜2000 と 0〜22000000）

　たとえば，4.1.4 項で学んだサルモネラ菌の増殖の例でやってみると，図4.13 のように，最初の数時間の変化をとらえられるような目盛りを縦軸にとると，すぐにグラフがはみ出してしまうし，もっと広範囲の x での変化をとらえられるような目盛りを縦軸にとると，今後は逆に最初の数時間分がほぼ 0 にしかみえない，ということになってしまう．

　このようなとき，y 軸の目盛りのつけ方を y の対数をとった値に変えてみる，ということがよく行われる．対数は，$\log_{10} y$ のような記号で書かれるが，$\log_{10} y$ は，y が 10 の何乗であるかを表す．

これまでは，グラフといえば，目盛りの値は一定ずつ増えていくものであったが，対数をとった目盛りは，原点から遠ざかるほど，1目盛り分が表している量が大きくなる特殊なものさしのようなものである．このような目盛りを**対数目盛り**という．対数目盛りを使うことで，y が極端に大きな値になるところもグラフに表しつつ，y の値が 0 に近いところの挙動もみえるようにグラフを描くことができるようになる．

対数目盛りでは，y 軸上に書かれた数値は，それらの対数値をとった位置に置かれている．したがって，対数目盛りでは，y 軸上の数値の間の距離は，それらの対数値の差になる．

人間の感覚も対数目盛り
人間の感覚は外界の刺激の大きさの対数になっているものも多い．たとえば，音は 110 ページで紹介するように空気の振動であり，振動の速さ（1 秒間に振動する回数）が音の高さとして知覚されるが，振動の速さが，

　2 倍，　2^2 倍，　2^3 倍，　$\cdots$

となるとき，人間の感覚はそれぞれ，

1 ($= \log_2 2$) オクターブ，
2 ($= \log_2 2^2$) オクターブ，
3 ($= \log_2 2^3$) オクターブ，

と対数的に増加する．このように，人間の感覚が外界の刺激の大きさの対数になっていることを，心理学では，**ウェーバー・フェヒナーの法則**とよぶ．

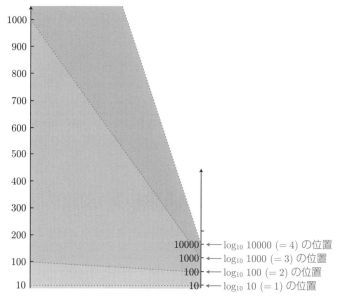

図 4.14　普通の目盛り vs. 対数目盛り (1)

図 4.15 に，対数目盛りを使った例を示す．

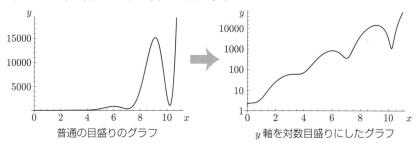

図 4.15　普通の目盛り vs. 対数目盛り (2)

図 4.15 の左のグラフでは，x が大きくなると y の値の変動の幅が大きくなるために，x の値が 5 以下のところでのグラフが x 軸にはりついたようになっているが，右のグラフでは，y 軸を対数目盛りにすることで，y の値の変動する幅が小さいところから大きいところまでグラフでとらえることができるようになっている．

このように，軸の目盛りを対数目盛りで表したグラフを**対数グラフ**という．片方の軸の目盛りだけを対数目盛りにしたものは**片対数グラフ**，両方の軸の目盛りを対数目盛りにしたものは**両対数グラフ**とよばれる．

2011年3月11日の東日本大震災により起きた原発事故で放出された放射性セシウムは海洋にも流出し，水産生物の食品の安全性が懸念されたことから，このような調査が行われた．

Bq/kg-wet は，重量あたりの放射能の量を表す単位である．kg-wet は水分を含む重量を意味する．Bq は「ベクレル」と読む．

演習 4.2　次の2つのグラフは，2011年3月11日の東日本大震災後の東日本各地で水産生物の放射性物質を調べた結果をグラフ化したものである．どちらも同じ報告書に掲載されているグラフだが，一方は縦軸が通常の目盛りで描かれているのに対し，もう一方は縦軸が対数目盛りで描かれている．2つのグラフで縦軸の目盛りを使い分けているのはなぜだろうか．理由を説明してみよう．

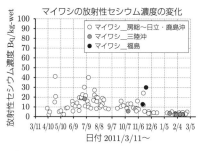
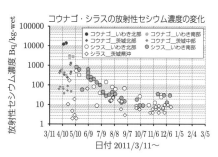

（独立行政法人水産総合研究センター「放射性物質影響解明調査事業報告書」より）

4.2.2　指数関数で表される現象の片対数グラフ

　指数関数で表される現象の場合，グラフを対数目盛りで表すと，特別な形になる．たとえば，$y = 10^x$ のグラフでやってみると，$x = 0, 1, 2, \ldots, 6$ に対する $\log_{10} y$ の値は，表4.3のようになるから，y 軸を対数目盛りにして，方眼紙に点を打っていくと，図4.16のようになる．

表 4.3　$y = 10^x$ の値と対数値

x	0	1	2	3	4	5	6
y	1	10	10^2	10^3	10^4	10^5	10^6
$\log_{10} y$	0	1	2	3	4	5	6

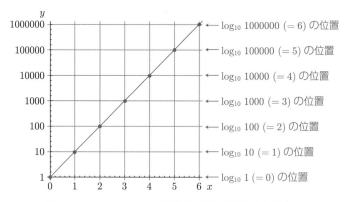

図 4.16　$y = 10^x$ で，縦軸を対数目盛りでとると…

　図4.16が示しているように，$y = 10^x$ の場合は，直線上に点が並ぶことがわかる．他の指数関数はどうだろうか？

▌$y = 2^x$ の片対数グラフを描いてみる

関数電卓を使って $y = 2^x$ と $\log_{10} y$ の値を求めると，表 4.4 のようになる.

関数電卓を使って対数を求める方法は付録 A（241 ページ）を参照.

表 4.4 $y = 2^x$ の値と対数値

x	0	1	2	3	4	5	6
y	1	2	4	8	16	32	64
$\log_{10} y$	0	0.301	0.602	0.903	1.204	1.505	1.806

y 軸を対数目盛りにして，方眼紙に点を打っていくと，図 4.17 のようになる.

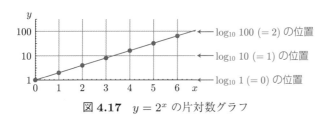

図 4.17 $y = 2^x$ の片対数グラフ

▌$y = \left(\dfrac{1}{2}\right)^x$ の片対数グラフを描いてみる

同様にして $y = \left(\dfrac{1}{2}\right)^x$ と $\log_{10} y$ の値を求めると，表 4.5 のようになる.

表 4.5 $y = \left(\dfrac{1}{2}\right)^x$ の値と対数値

x	0	1	2	3	4	5	6
y	1	0.5	0.25	0.125	0.0625	0.0313	0.0156
$\log_{10} y$	0	-0.301	-0.602	-0.903	-1.204	-1.505	-1.806

y 軸を対数目盛りにして，方眼紙に点を打っていくと，図 4.18 のようになる.

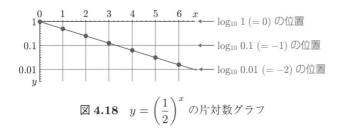

図 4.18 $y = \left(\dfrac{1}{2}\right)^x$ の片対数グラフ

指数関数の片対数グラフはなぜ直線になるのか？

前ページまででみたように，指数関数のグラフを y 軸を対数目盛りにした片対数グラフとして描くとどれも直線になる．ここで，なぜ，指数関数の片対数グラフが直線になるかを説明しておこう．

指数関数は，$y = a^x$ という形をしているので，両辺の対数をとると，$\log_{10} y = \log_{10} a^x$ となる．ここで，$\log_{10} a^x$ は，a^x が 10 の何乗であるかを表しているが，a^x が 10 の何乗になるかは，a が 10 の何乗であるかがわかれば，その x 倍であることから，

$$\log_{10} y = \log_{10} a^x = x \log_{10} a$$

となる．このことから，$\log_{10} y$ は x の $\log_{10} a$ 倍という関係をみたしている．つまり，$y = a^x$ という関係にある x, y について，x と $\log_{10} y$ は正比例の関係にあるので，指数関数 $y = a^x$ は，y 軸を対数目盛りにすると，グラフが直線になるのである．

現実の現象では，$y = c \times a^x$ の形で表されることが多い．この場合も，$\log_{10} c = k$，$\log_{10} a = m$ ならば，$c = 10^k$，$a = 10^m$ であるから，

$$c \times a^x = 10^k \times (10^m)^x = 10^{k+mx} = 10^{\log_{10} c + x \log_{10} a}$$

となり，$c \times a^x$ が 10 の $(\log_{10} c + x \log_{10} a)$ 乗であることがわかる．このことから，

$$\log_{10} y = \log_{10}(c \times a^x) = \log_{10} c + x \log_{10} a$$

となり，関数 $y = c \times a^x$ の片対数グラフは，傾きが $\log_{10} a$ で，y 切片の対数値が $\log_{10} c$ の直線として表される．

指数関数の片対数グラフが直線になるという事実は，現実の現象を扱う際に，2つの量が指数関数で表される関係にあるかどうかを確認するのに役立つ．現実のデータを片対数グラフとしてプロットしたとき，直線的に並んでいれば，2つの量の関係は指数関数を用いて表される，ということがわかるのである．

> 指数関数は，y 軸の目盛りを対数値でとるとグラフが直線になる関数である．逆にいうと，片対数グラフの形が直線になっていれば，2つの量の関係は指数関数を用いて表すことができるということである．

a が 10 の b 乗ならば，$a = 10^b$ である．このとき，$a^x = (10^b)^x = 10^{bx}$ より，a^x は 10 の bx 乗である．

4.2.3 対数のことば

対数とは？

100 は 10 の何乗だろうか？ $100 = 10^2$ だから答えは 2 である．では，1000 は 10 の何乗だろうか？ $1000 = 10^3$ より答えは 3 である．数学では，与えられた数が 10 の何乗かを表すのに，対数の記号を用いる．

100 は 10 の何乗か？	$\cdots$	$100 = 10^2$	$\cdots$	$\log_{10} 100 = 2$
1000 は 10 の何乗か？	$\cdots$	$1000 = 10^3$	$\cdots$	$\log_{10} 1000 = 3$
0.1 は 10 の何乗か？	$\cdots$	$0.1 = 10^{-1}$	$\cdots$	$\log_{10} 0.1 = -1$
1 は 10 の何乗か？	$\cdots$	$1 = 10^0$	$\cdots$	$\log_{10} 1 = 0$

10 以外に 2 や 3 など他の数を基準にして，2 の何乗か，3 の何乗かなどを考えることもあるが，これも同じである．

8 は 2 の何乗か？	$\cdots$	$8 = 2^3$	$\cdots$	$\log_2 8 = 3$
81 は 3 の何乗か？	$\cdots$	$81 = 3^4$	$\cdots$	$\log_3 81 = 4$
$\frac{1}{3}$ は 3 の何乗か？	$\cdots$	$\frac{1}{3} = 3^{-1}$	$\cdots$	$\log_3 \frac{1}{3} = -1$
$\frac{1}{25}$ は 5 の何乗か？	$\cdots$	$\frac{1}{25} = 5^{-2}$	$\cdots$	$\log_5 \frac{1}{25} = -2$

対数の記号とことば

$$b は a の何乗か？ \quad \cdots \quad b = a^n \quad \cdots \quad \log_a b = n$$

a を対数の**底**，b を**真数**，n を a を底としたときの b の**対数**という．10 を底とする対数を**常用対数**といい，様々な分野で用いられる．

常用対数は，10 進法で表したときの桁数がどれくらいになるかを表している．常用対数の値が 1 違うということは，桁数が 1 つ違うことを意味している．

演習 4.3 次の □ に当てはまる数を答えてみよう．

(1) $2^5 = \boxed{}$ $\quad$ $2^{\boxed{}} = 32$ $\quad$ $\log_2 32 = \boxed{}$

(2) $3^3 = \boxed{}$ $\quad$ $3^{\boxed{}} = 27$ $\quad$ $\log_3 27 = \boxed{}$

(3) $2^{-3} = \boxed{}$ $\quad$ $2^{\boxed{}} = \frac{1}{8}$ $\quad$ $\log_2 \frac{1}{8} = \boxed{}$

(4) $3^{-2} = \boxed{}$ $\quad$ $3^{\boxed{}} = \frac{1}{9}$ $\quad$ $\log_3 \frac{1}{9} = \boxed{}$

対数を使った数式表現に慣れるためには，左のような表現の切り替えについての練習が必要である．

演習 4.4　次の□に当てはまる数を答えてみよう.

(1) $\boxed{}^3 = 8$　$8^{\frac{1}{3}} = \boxed{}$　$8^{\boxed{}} = 2$　$\log_8 2 = \boxed{}$

(2) $\boxed{}^3 = 27$　$27^{\frac{1}{3}} = \boxed{}$　$27^{\boxed{}} = 3$　$\log_{27} 3 = \boxed{}$

(3) $\boxed{}^2 = 16$　$16^{\frac{1}{2}} = \boxed{}$　$16^{\boxed{}} = 4$　$\log_{16} 4 = \boxed{}$

演習 4.5　次の値を求めてみよう.

(1) $\log_{10} 10000$　　(2) $\log_{10} 0.01$　　(3) $\log_{10} \dfrac{1}{1000}$

(4) $\log_2 64$　　(5) $\log_3 81$　　(6) $\log_5 1$

(7) $\log_2 0.25$　　(8) $\log_3 \sqrt{3}$　　(9) $\log_5 \dfrac{1}{125}$

▌対数の性質

$$\log_{10} ab = \log_{10} a + \log_{10} b \qquad (\text{例}) \quad \log_{10} 10^3 10^5 = \log_{10} 10^{3+5}$$
$$= 3 + 5$$

$$\log_{10} \frac{a}{b} = \log_{10} a - \log_{10} b \qquad (\text{例}) \quad \log_{10} \frac{10^3}{10^5} = \log_{10} 10^{3-5}$$
$$= 3 - 5$$

$$\log_{10} a^b = b \log_{10} a \qquad (\text{例}) \quad \log_{10} (10^3)^5 = \log_{10} 10^{3 \cdot 5}$$
$$= 3 \cdot 5$$

関数電卓が普及していない頃は,常用対数表という対数値の表と右の性質を使って計算していた.常用対数表による対数の計算法は付表（266ページ）を参照.

　上の性質は,もとの数（真数）同士の演算と対数をとった数同士の演算との関係を表している.もとの数でのかけ算は,対数値では足し算に,割り算は引き算に,n 乗は n 倍に対応し,大きな数同士のかけ算や割り算を,対数をとることで足し算や引き算に変換して計算を易しくすることなどに利用される.

　さらに,上の性質は,対数目盛りをとった軸上での点の位置にも関係する.たとえば,1 と 2,2 と 4,10 と 20 は,どれも 1 : 2 の関係にあるが,

右では,上の 2 番目の性質を使っている.

$$\log_{10} 2 - \log_{10} 1 = \log_{10} \frac{2}{1} = \log_{10} 2 = 0.301$$
$$\log_{10} 4 - \log_{10} 2 = \log_{10} \frac{4}{2} = \log_{10} 2 = 0.301$$
$$\log_{10} 20 - \log_{10} 10 = \log_{10} \frac{20}{10} = \log_{10} 2 = 0.301$$

となるので,対数目盛りをとった軸上では,1 と 2,2 と 4,10 と 20 の間隔はどこも同じになる.つまり,2 数の比が一定であるとき,対数目盛りをとった軸上で 2 つの数の間隔が一定になる,ということがいえる.とくに,1 と 10 の間の間隔と同じだけ離れている数同士は 1 : 10 の関係にある.

演習 4.6 次の□に当てはまる数を答えてみよう．

(1) $\log_{10} 300 = \log_{10} 3 + \boxed{}$

(2) $\log_{10} 0.123 = \log_{10} 12.3 + \boxed{}$

(3) $\log_{10} 2000 - \log_{10} 2 = \boxed{}$

(4) $\log_{10} 125 = \boxed{} \times \log_{10} 5$

演習 4.7 $\log_{10} 5 = 0.699$ のとき，次の□に当てはまる数を答えてみよう．

(1) $\log_{10} 500 = \boxed{}$

(2) $\log_{10} 0.5 = \boxed{}$

(3) $\log_{10} \boxed{} = -1.301$

(4) $\log_{10} \boxed{} = 3.699$

対数を使って指数方程式を解く

対数を使うと，

$$3^x = 8 \tag{4.1}$$

のような方程式の解を求めることができる．

式 (4.1) の両辺の常用対数をとると，

$$\log_{10} 3^x = \log_{10} 8 \tag{4.2}$$

であるが，

$$\log_{10} 3^x = x \log_{10} 3$$

であることから，式 (4.2) は，

$$x \log_{10} 3 = \log_{10} 8 \tag{4.3}$$

となる．さらに，$\log_{10} 3 = 0.4771$，$\log_{10} 8 = 0.9031$ であるので，これらを式 (4.3) に代入すると，

$$0.4771x = 0.9031 \tag{4.4}$$

となる．以上により，方程式 (4.1) を解くことは，結局，1 次方程式 (4.4) を解くことに帰着され，

$$x = 1.8929$$

が得られる．

$3^x = 8$ のような形の方程式を**指数方程式**という．指数方程式は，たとえば，第 2 章の演習 2.13（42 ページ）で，a_n の一般項を求めた後，a_n が正から負に変わる n を求める計算などで出てくる．

$\log_{10} 3$，$\log_{10} 8$ の値は関数電卓で求めればよい．（付録 A，241 ページ）

対数の値がおよその値なので，ここで得られる x はおよその値である．

片対数グラフで直線上に並んだデータを表す指数関数をつくる

y 軸を対数目盛りにした片対数グラフとしてプロットしたデータ (x, y) の関係が直線で表せるような場合，4.2.2 項でみたように，2 つの量 x, y の関係は指数関数で表すことができる．このとき，データの関係を表す直線の傾きと切片の情報をグラフから読み取ることで，x と y の関係を表す指数関数をつくることができる．たとえば，あるデータ $(x_1, y_1), (x_2, y_2), (x_3, y_3), \ldots$ について，$y_1, y_2, \ldots$ の対数値 $\log_{10} y_1, \log_{10} y_2, \ldots$ をとって片対数グラフに表したところ，これらのデータが，傾き 0.4 で，y 切片が 100 の直線に沿ってほぼ並んだとする（図 4.19）．

y 軸は対数目盛りなので，y 軸上の点同士の距離は対数値の差で測らなくてはいけない．y 切片も y 座標の対数値で見る必要がある．

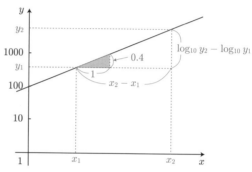

図 **4.19**　片対数グラフでの傾き 0.4 の直線

このとき，x と $\log_{10} y$ の関係を

$$\log_{10} y = 0.4x + \log_{10} 100 \tag{4.5}$$

で表すことができる．式 (4.5) より，y は 10 の $0.4x + 2$ 乗であるので，y は x の指数関数として，

$$y = 10^{0.4x+2}$$

と表せることになる．

口蹄疫は，口蹄疫ウィルスが原因で家畜がかかる病気である．感染力が非常に強いため，畜産業に大きな被害が出る．

演習 4.8　2010 年の春，宮崎県で発生した口蹄疫の感染拡大により，膨大な頭数の家畜が殺処分となった．次の表は，発生が最初に確認された 2010 年 4 月 20 日を 1 日目として，その後 18 日間で確認された，感染の疑いがある家畜の累積頭数の推移を表にまとめたものである．このとき，次の手順で感染拡大の様子を調べてみよう．

感染の疑いがある家畜の累積頭数の推移（4月20日〜5月7日）
（農林水産省「口蹄疫の疫学調査に係る中間取りまとめ」掲載データより）

日	1	2	3	4	5	6
累積頭数	16	202	266	386	386	1111
日	7	8	9	10	11	12
累積頭数	1111	1111	2893	2943	4416	8298
日	13	14	15	16	17	18
累積頭数	9056	9096	28720	35247	47556	64827

数値が前日と同じところは，その日に新たな感染の報告がなかったことを意味する．

(1) 横軸に日数，縦軸に累積頭数をとり，縦軸を対数目盛りにした片対数グラフを描いてみよう．

(2) 2日目以降，グラフの点がほぼ直線的に並んでいることを確認し，累積頭数の推移を表す直線をグラフに描き入れてみよう．（見た目で見当をつけて直線を引くだけでよい．）

(3) (2)で引いた直線の傾きとy切片から，発生確認後2日目から18日目までの累積頭数を表す関数をつくってみよう．

演習4.9 2009年には，新型インフルエンザが大流行した．世界的な感染急拡大を受けて，WHOは2009年6月12日「パンデミック宣言」をするに至った．累積感染数は，WHOが感染数の報告を始めた2009年4月24日から5週間ほど経ったあたりで，指数関数的な増加を始める．下の表は，感染報告の累積数のデータから，6月1日から24日間のデータの累積数を抜き出してまとめたものである．このとき，次の手順で感染拡大の様子を調べてみよう．

2009年の新型インフルエンザは，結果的には毒性が低く，感染は拡大したものの人類にとっての危機というほどの悲劇的な事態にはならずに済んだ．現在，この新型インフルエンザは通常の季節性インフルエンザと同等の扱いとなっている．

新型インフルエンザの累積感染数の推移（6月1日〜6月24日）
（WHOホームページ掲載のデータより）

日	1	3	5	8	10	11
累積数	17410	19273	21940	25288	27737	28774
日	12	15	17	19	22	24
累積数	29669	35928	39620	44287	52160	55867

左の表でデータが抜けている日は，WHOによる報告がなかった日である．

(1) 横軸に日数，縦軸に累積感染数をとり，縦軸を対数目盛りにした片対数グラフを描いてみよう．

(2) グラフの点がほぼ直線的に並んでいることを確認し，累積感染数の推移を表す直線をグラフに描き入れてみよう．（見た目で見当をつけて直線を引くだけでよい．）

(3) (2)で引いた直線の傾きとy切片から，6月1日からの24日間における累積感染数を表す関数をつくってみよう．

イグノーベル賞（Ig Nobel Prize）は，人々を笑わせるが，考えさせもする業績を称えるために，1991 年に創設されたノーベル賞のパロディーである．

アウグスティナー醸造所は，1328 年に設立されたミュンヘン最古のビール醸造所である．ライケはアウグスティナーの他に，エルディンガー（Erdinger）とバドワイザー（Budweiser）でも実験している．

時間の単位「秒」は「s」で表される．

演習 4.10　ビールの泡は時間の経過とともに指数関数的に減少することは以前から指摘されていたが，ドイツの物理学者ライケ（Arnd Leike）は，ビールを円筒形のグラスに注いで時間経過に対してビールの泡の高さがどう変化していくかを測定するという実験で実際にこのことを確かめ，2002 年にイグノーベル賞を受賞した．下のグラフは，アウグスティナー（Augustiner）というドイツのビールでの実験結果のデータを片対数グラフで示したものである．横軸は時間（単位：秒），縦軸はグラス内のビールの泡の高さ（単位：cm）を表している．

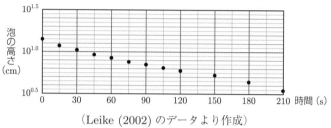

（Leike（2002）のデータより作成）

(1) ビールの泡の高さが指数関数的に減少するといえる理由をグラフの特徴に基づいて説明してみよう．

(2) グラフから数値を読み取って，このビールの t 秒後の泡の高さ（cm）を表す数学モデルを t に関する指数関数でつくってみよう．

演習 4.11　2020 年，新型コロナウィルス感染の世界的拡大により，WHO がパンデミックを宣言するに至り，各国で都市封鎖などが行われ，商業施設や学校・大学も閉鎖されるなど，人々の日常生活が大幅に制限されることになった．下図は，日本で新型コロナウィルス感染者（PCR 検査陽性者）が初めて出た 2020 年 1 月 16 日から，11 月 10 日までの累積感染者数（PCR 検査陽性者の累積数）の推移をグラフにしたものである．横軸は 2020 年 1 月 16 日を 1 日目として何日目であるかを表し，縦軸は累積感染者数を対数目盛りで示している．

2020 年 11 月 10 日現在も全世界的に危機的状況が続いている．

緊急事態宣言の発令と解除は日本政府によるもので，「Go To トラベル」は，新型コロナウィルスにより「失われた旅行需要の回復や旅行中における地域の観光関連消費の喚起を図る」（観光庁）ことを目的とした事業である．

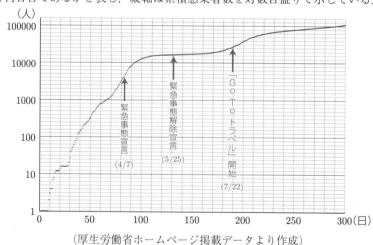

（厚生労働省ホームページ掲載データより作成）

(1) 11 月 10 日（300 日目）の累積感染者数はどれくらいか.

(2) 次のうちで累積感染者の増加数がもっとも多いのはどれか：(a)10 日目から 20 日目の間，(b)100 日目から 110 日目の間，(c)200 日目から 210 日目の間．また，選んだ期間について，その間の累積感染者の増加数を答えてみよう.

(3) グラフをみると，時期によって感染拡大の状況が異なることがわかる．緊急事態宣言の時期や「Go To トラベル」キャンペーン開始時期との関連も含めつつ，感染拡大の状況の変化をグラフから読み取れることをもとに説明してみよう.

演習 4.12　次第に増加するスピードが上がっていくのは指数関数だけではない．$y = x^2$ や $y = x^3$ も一見，同じように増加していくようにみえる．指数関数的な増加なのか，$y = x^2$ や $y = x^3$ のような「多項式」的な増加なのかは，片対数グラフや両対数グラフで表してみるとわかる．このことを，$y = x^2$ と $y = 2^x$ のグラフを片対数グラフと両対数グラフで描いてみることで確認してみよう．（$x = 0, 1, 2, \ldots, 15$ に対して，片対数グラフは $(x, \log_{10} y)$ を，両対数グラフは $(\log_{10} x, \log_{10} y)$ を描きこんで確かめよう．$y = x^2$ のグラフはどういう特徴を持つだろうか？）

演習 4.13　動物の眼の大きさと体の大きさは関係があるのだろうか．体の大きい動物は眼も大きいのだろうか．しかし，小さな猿は，人間やゴリラと比べて，体のわりに眼が大きいようにも見える．この素朴な疑問に対して，ある研究グループがいろいろな動物の体重と眼の大きさの関係を調べた．次の表はそこで用いられた霊長類に関するデータであり，11 種類の霊長類の個体について，眼の大きさ（眼軸長 = 角膜から網膜までの距離）と体重が示されている.

霊長類の体重と眼軸長 （Howland ほか (2004) より）		
名前	体重 (kg)	眼軸長 (mm)
コモンマーモセット	0.3300	12.544
ベルベットモンキー	4.1850	17.278
ブルーモンキー	2.9000	17.979
ショウガラゴ	0.2000	12.938
ゴリラ	167.5000	22.500
ヒト	72.3416	24.521
アカゲザル	9.2500	17.599
バーバリーマカク	6.0000	19.176
チンパンジー	51.5000	19.000
キイロヒヒ	19.5100	19.750
ツパイ	0.1150	8.070

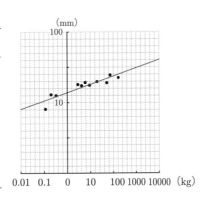

この 11 個のデータを両対数グラフとしてプロットしてみたところ，傾きが 0.1170 で，切片（の対数値）が 1.1402 の直線にほぼ沿って点が並ぶことがわかった．このとき，霊長類の体重と眼軸長の間にはどんな関係があるといえるか．体重を x(kg)，眼軸長 y(mm) として，x と y の関係式をつくってみよう.

便利グッズ…対数方眼紙

　4.2.2 項では，常用対数の値を関数電卓で求めてグラフを描いたが，世の中には便利な方眼紙があって，対数の計算をすることなしに簡単に対数グラフが描ける**対数方眼紙**なるものがある．片方の軸だけが対数目盛りに対応しているものを**片対数方眼紙**，両方の軸が対数目盛りに対応しているものを**両対数方眼紙**という．

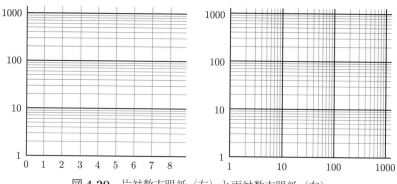

図 4.20　片対数方眼紙（左）と両対数方眼紙（右）

　使い方を説明しよう．対数方眼紙では，間隔がだんだん狭くなる罫線が入っている軸の太い罫線の位置に $1, 10, 100, 1000, 10000, \ldots$ とか，$0.01, 0.1, 1, 10, 100, 1000, \ldots$ などと 10 倍ずつになるように目盛りの数値を入れると，細い罫線がそれらの値の整数倍の数値の位置に対応するようになっている．たとえば，図 4.20 のように数値を入れたとき，1 と 10 の間の 8 本の線は，$2, 3, 4, 5, \ldots, 9$ を表し，それぞれの位置が対数値

$$\log_{10} 2 = 0.301, \ \log_{10} 3 = 0.477, \ \log_{10} 4 = 0.602, \ \log_{10} 5 = 0.699, \ \ldots$$

に対応する位置にくるようになっている（$\log_{10} 1 = 0$，$\log_{10} 10 = 1$ に注意）．同様に，10 と 100 の間の 8 本の線は $20, 30, 40, \ldots$ を，100 と 1000 の間の 8 本の線は $200, 300, 400, \ldots$ を表し，まさに，図 4.14（91 ページ）の目盛りでつくった方眼紙になっているのである．

　この方眼紙で $y = 2^x$ の片対数グラフを描くには，$x = 1, 2, 3, 4, \ldots$ に対応する y の値を表す位置を y 軸上で目盛りにしたがって見つけて，点を打っていくだけでよい．そうすると，普通の方眼紙上で対数の値を計算してつくるときと同じグラフができ上がる．電卓も常用対数表も使わずに簡単に対数グラフが描けるので，大変便利な方眼紙である．

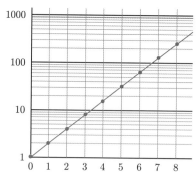

図 4.21　片対数方眼紙を使った $y = 2^x$ のグラフ

4.3 周期的に変化する現象を表す

例題 4.5 次の表は，2010年8月23日と8月24日の2日間における1時間ごとの電力需要に関する東京電力のデータである．この電力需要の変動を関数でとらえてみよう．

1時間ごとの電力需要（単位：万kW，東京電力ホームページより）

2010年8月23日

時刻	0:00	1:00	2:00	3:00	4:00	5:00	6:00	7:00
実績	3376	3131	2965	2886	2861	2895	3218	3813

時刻	8:00	9:00	10:00	11:00	12:00	13:00	14:00	15:00
実績	4635	5316	5619	5778	5683	5818	5888	5797

時刻	16:00	17:00	18:00	19:00	20:00	21:00	22:00	23:00
実績	5739	5493	5449	5313	5000	4700	4482	4125

2010年8月24日

時刻	0:00	1:00	2:00	3:00	4:00	5:00	6:00	7:00
実績	3709	3433	3249	3138	3104	3109	3378	3901

時刻	8:00	9:00	10:00	11:00	12:00	13:00	14:00	15:00
実績	4686	5338	5633	5790	5685	5819	5854	5770

時刻	16:00	17:00	18:00	19:00	20:00	21:00	22:00	23:00
実績	5712	5462	5429	5235	4892	4588	4384	4056

各時刻のデータは，その時刻から1時間の間の平均電力需要を表す．

例題4.5の数値をグラフにしてみよう．横軸に時間をとり，2010年8月23日午前0時を0として，8日24日午後11時台までの1時間ごとの48個のデータをプロットすると，図4.22のようになる．電力需要は人間社会の活動に合わせて変化するので，活動が活発化していく午前中に増えていき，午後のピークを過ぎると夕方から夜にかけて次第に減っていき，早朝にもっとも少なくなる．毎日このパターンが繰り返されるため，電力需要は毎日ほぼ同じパターンで増減を繰り返す．

例題4.5にあげた例のような，一定のパターンを繰り返す「周期的変動」は，現実の現象によく現れる．

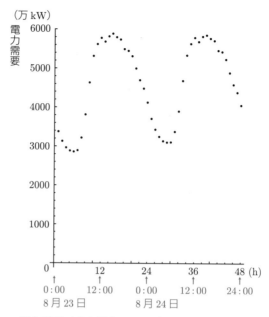

図 4.22 電力需要（東京電力，2010 年 8 月 23 日から 8 月 24 日）

x が時間を表すとき，しばしば x ではなく t が変数として使われる.

同じパターンの動きが繰り返されるとき，変化が**周期的**であるといい，繰り返されるパターン 1 回分の x の範囲を**周期**という（図 4.23）.

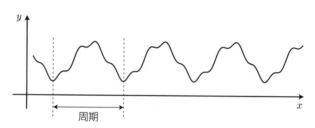

図 4.23 周期的変動

周期的な変化を表す関数として，よく知られているのが，三角関数である. $y = \sin x$ の x を時間と考えると，一定時間ごとに同じパターンで増加減少を繰り返す量の変化を表すことができる（図 4.24）.

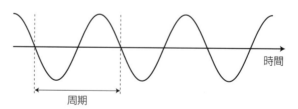

図 4.24 三角関数のグラフも周期的変動を表す

この節では，周期的現象が，三角関数を用いて表されることを紹介しよう.

4.3.1 三角関数を用いて周期的に変化する量を表す

　図 4.22 のグラフの点を結んでできる曲線の形は，三角関数のグラフの形に似ている．このような場合，三角関数のグラフを，横方向や縦方向に伸ばしたり縮めたり，また，横方向や縦方向に平行移動したりすることで，このグラフの点の動きを表す曲線の形に近づけることができる（図 4.25）.

三角関数では角度の単位はラジアンで考える．ラジアンについては 4.3.3 項（112 ページ）参照.

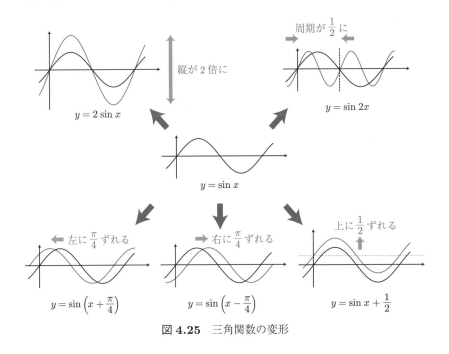

図 **4.25**　三角関数の変形

　三角関数 $y = \sin x$ のグラフを横方向に平行移動した関数は

$$y = \sin(x + C)$$

の形で表される．C は x 軸方向にどれだけ平行移動するかを表し，C に正の値を入れると左に，C に負の値を入れると右に平行移動したグラフになる.

　三角関数 $y = \sin x$ のグラフを縦方向に平行移動した関数は

$$y = \sin x + D$$

の形で表される．D は y 軸方向にどれだけ平行移動するかを表し，D に正の値を入れると上に，D に負の値を入れると下に平行移動したグラフになる.

　三角関数 $y = \sin x$ のグラフを横方向に伸ばしたり縮めたりした関数は

$$y = \sin Bx$$

の形で表される．B は横方向にどれだけ伸ばしたり縮めたりするかを表し，横方向に $\dfrac{1}{B}$ 倍されたグラフが得られる．つまり B が 1 より大きいときは横方向に縮まり，1 より小さいときは横方向に伸びる.

三角関数 $y = \sin x$ のグラフを縦方向に伸ばしたり縮めたりした関数は

$$y = A \sin x$$

の形で表される．A は縦方向にどれだけ伸ばしたり縮めたりするかを表し，縦方向に A 倍されたグラフが得られる．

　これらを合わせると，三角関数のグラフを，横方向や縦方向に伸ばしたり縮めたり，また，横方向や縦方向に平行移動したりすることでできるグラフを表す関数は，次の形で表される．

$$y = A \sin B(x - C) + D \tag{4.6}$$

式 (4.6) で $A = B = 1$, $C = D = 0$ とすると，$y = \sin x$ である．

　$y = \sin x$ のグラフの形に似たパターンを繰り返す周期的変動は，式 (4.6) の A, B, C, D を変化させた関数を用いて表すことができる．

　図 4.22 のグラフが表す変化を三角関数で表すには，8 月 23 日 0:00 から x 時間後の電力需要を y（万 kW）とおき，

$$y = A \sin B(x - C) + D$$

として，A, B, C, D の適切な値を見つければよい．実際，

$$y = 1444 \sin (0.26(x - 10)) + 4427$$

とすると，図 4.22 のグラフとほぼ重なることになる（図 4.26）．

式 (4.6) で表される関数は，周期が $\dfrac{2\pi}{B}$ で，最大値は $A + D$，最小値は $-A + D$ になる．周期的に変化する量を式 (4.6) の形で表すには，最大値・最小値と周期を調べて，

$$A = \frac{\text{最大値} - \text{最小値}}{2}$$
$$D = \frac{\text{最大値} + \text{最小値}}{2}$$
$$B = \frac{2\pi}{\text{周期}}$$

と定めればよい．また，C は，x 軸方向にどれくらい平行移動しているかを表しているが，$C = 0$ のとき，$x = 0$ での値が D であるから，C を決めるには，$y = D$ となる x の値がどの位置にあるかを調べて，その値を C とすればよい．
ここでは，各日の最大値の平均と最小値の平均をとって，A, B を求めている．なお，電力需要の変動周期は 24 時間と考えられることから，$B = \dfrac{2\pi}{24} = 0.26$（小数第三位を四捨五入）となる．

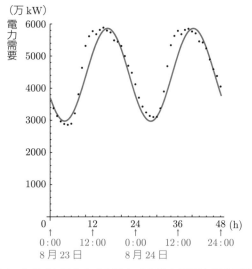

図 4.26　8 月 23 日から 24 日までの電力需要を表す三角関数

　8 月 25 日から 27 日までの 3 日間のデータも加えて，図 4.26 の三角関数と合わせてみたものが，図 4.27 である．8 月 23 日と 24 日の電力需要を表す三角関数は，その後 3 日間のデータも表していることがわかる．

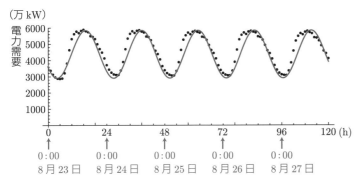

図 **4.27**　8 月 23 日から 27 日までの電力需要を表す三角関数

演習 **4.14**　次の三角関数の式は，下の (b)〜(f) のグラフのどれに対応するか，答えてみよう．

(1) $y = \sin 3x$　　(2) $y = 0.5 \sin x$　　(3) $y = \sin 0.5x$

(4) $y = \sin\left(x - \dfrac{\pi}{6}\right)$　　(5) $y = \sin\left(x + \dfrac{\pi}{6}\right)$

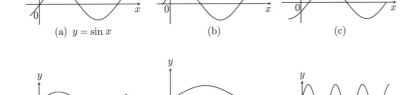

(a) $y = \sin x$　　　　(b)　　　　　　(c)

(a) のグラフは $y = \sin x$ のグラフであり，x 軸と y 軸の目盛りはどのグラフも同じとする．

(d)　　　　　　(e)　　　　　　(f)

演習 **4.15**　次の表は 2020 年 9 月 5 日 0 時から 9 月 5 日 23 時までの大阪湾の潮位の測定値（単位：cm）である．

大阪湾の潮位の変化（2020 年 9 月 5 日 0 時〜23 時）

時刻	0	1	2	3	4	5	6	7	8	9	10	11
潮位	387	363	348	358	377	386	397	415	435	433	411	388

時刻	12	13	14	15	16	17	18	19	20	21	22	23
潮位	370	354	340	344	356	369	387	409	431	433	420	409

(1) 横軸に時間をとり，0 時の時点を 0 として，23 時までのデータをグラフ用紙にプロットしてみよう．

(2) (1) のグラフに次の三角関数のグラフを描き込んで，潮位変動がこの三角関数で表されることを確かめてみよう．

$$y = 47.5 \sin\left(\frac{2\pi}{12}(x - 5)\right) + 387.5$$

演習 4.16　昼の長さ（日の出から日の入りまでの時間）は 1 年周期で変化する．下のグラフは，2019 年 1 月 1 日から 12 月 31 日までの大阪の昼の長さの変化を示している．

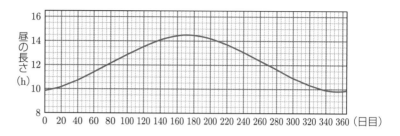

上のグラフに表された大阪の昼の長さの変化は，1 月 1 日を 1 日目として，x 日目の昼の長さを y 時間とするとき，y を周期が 365 の三角関数を用いて x の式で近似的に表すことができる．グラフの数値および周期の情報に基づいて，ア ～ エ に当てはまる適切な数値を答えてみよう．なお，数値が小数となる場合は，小数第一位までを答えればよい．

$$y = \boxed{\text{ア}} \sin \frac{2\pi}{\boxed{\text{イ}}} \left(x - \boxed{\text{ウ}} \right) + \boxed{\text{エ}}$$

▌4.3.2　さらに複雑な変化を表す

現実の問題では，きれいな三角関数のグラフになっていることはまずない．図 4.23（104 ページ）のように，細かな変動を複雑に繰り返しながら，全体としてはある周期での周期的変動になっている場合が多い．しかし，このような場合でも，三角関数をいくつか組み合わせることで表すことができる．

たとえば，図 4.28 のように，周期や値の幅の異なる三角関数の値を足し合わせて新しい関数をつくると，図 4.28 の右のグラフのように，複雑な周期的変動を表す関数が得られる．

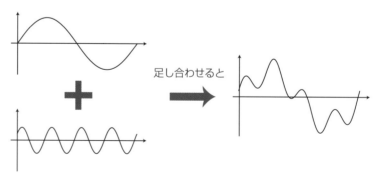

図 4.28　三角関数を 2 つ足し合わせると…

　3つ以上の三角関数を組み合わせるともっと複雑な周期的変動を表すことができる．実は，周期的な動きをする変化は，すべて三角関数を足し合わせていくことで表すことができる．実際，**フーリエ解析**とよばれる数学の手法を使うことで，実際の周期的変動を三角関数の足し算に分解することができる．フーリエ解析の計算は難しいので，その解説は専門書に譲るが，複数の三角関数を足し合わせていくことで複雑なパターンを表す関数をつくれること，および，すべての周期的変動は三角関数を足し合わせていくことで得られるという事実は覚えておこう．

フーリエ解析の名称は，フランスの数学者フーリエ（Joseph Fourier, 1768-1830）に由来する．

演習 4.17　$y = 2\sin x + \sin 4x$ のグラフを描いてみよう．

(1) $x = \dfrac{k\pi}{8}$, $k = 0, 1, 2, \ldots, 16$ について，$y = 2\sin x$ と $y = \sin 4x$ の値を求めて，表をつくってみよう．

(2) (1) の表で，各 x ごとに，$2\sin x$ の値と $\sin 4x$ の値の和を求めることで，$x = \dfrac{k\pi}{8}$, $k = 0, 1, 2, \ldots, 16$ についての $y = 2\sin x + \sin 4x$ の値の表をつくろう．

(3) (2) の表の値をグラフにプロットし，点を曲線で結ぶことによって，$y = 2\sin x + \sin 4x$ のグラフを描いてみよう．

演習 4.18　太陽黒点の個数は増えたり減ったりを繰り返している．この太陽黒点の個数の周期的変動をとらえようと，1900 年から 2007 年までのデータ（下図参照）を用いて，太陽黒点の個数の変動を近似する式を導き出した研究がある（Iwok, 2013）．この研究によると，1900 年から t 年後の（すなわち 1900 + t 年における）太陽黒点の個数 y は次の式で表される．

$$y = 60.6 - 44.4\cos(0.582t) + 18.7\sin(0.582t)$$

このモデルによれば，太陽黒点の個数の変動の周期はおよそ何年か．小数第二位を四捨五入して小数第一位までを答えてみよう．

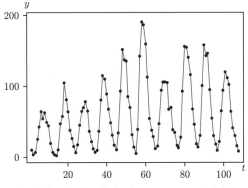

太陽黒点の個数の推移（Iwok (2013) より））

▌音と三角関数

　音は空気がある一定のパターンで振動して起こる周期的変動であるため，音と三角関数は切っても切れない関係にある．

　たとえば，太鼓をたたくと，太鼓の皮がへこんだり，でっぱったりしながら震える．皮がへこむときは空気を引っぱって，皮の近くの空気の圧力が下がり，逆に皮がでっぱるときは空気を押して圧力が高まることになる．こうして生まれる空気の圧力の変化が周りの空気に次々と伝わることで，太鼓の皮の振動が，空気の圧力の高低という振動となって遠くに伝わっていく．これが音の正体である．

図 4.29　音は空気の振動である

　音の大きさと高さは，空気の振動の大きさと速さによって決まる．振動の大きさとは，空気の圧力の高低の差のことで，これが大きいほど大きな音に，小さいほど小さな音になる．また，振動の速さとは，圧力の変化の速さのことで，これが速いほど高い音に，遅いほど低い音になる．

人間は，個人差や年齢による差があるが，だいたい 20 Hz ～20000 Hz までの音を聴くことができる．（この聴こえる音の範囲を可聴域という．）

　振動の速さは，1 秒間に何回の周期を繰り返すか，で測る．1 秒間に繰り返す周期の個数を**周波数**といい，Hz（ヘルツ）という単位で表す．音の高さは振動の速さで決まるので，周波数が大きいほど高い音に，小さいほど低い音ということになる．

　音をグラフに表すときは，横軸は時間，縦軸は圧力を表すようにとって振動のパターンをグラフに表す．

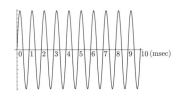

図 4.30　周波数 1000 Hz の音のグラフ

1 周期分のグラフの形を音の波形という．

　音には音色というものがあり，音の大きさと高さが同じでもいろいろな音色の音がある．この音色は，1 周期分のグラフの形の違いから生まれる．

　シンセサイザーで音をつくったり，イコライザーで低音や高音などの音域ごとに強弱を調整したりすることも，三角関数の足し算によって音（空気の振動パターン）がつくられることに基づいている．シンセサイザーやイコライザーを使ったことのある人は，実は三角関数のお世話になっているのである．

　我々の身のまわりには，周期的に変化している現象が数多く存在する．このような周期的変化は三角関数を用いてモデル化できる．三角関数を組み合わせることで，複雑な周期的変化もモデル化でき，現実の複雑な現象も関数として表現できる．

プッシュホンと三角関数

　プッシュホン式の電話器は，番号のボタンを押すと，それぞれの番号で違った音が出るようになっており，その音を使って，押された番号を識別し，電話がつながるようになっている．プッシュホンの番号や記号を表す音声信号は，2種類の周波数の音の組み合わせでつくられている．ボタン1つ1つに割り当てられている音声信号の周波数の組み合わせは，表4.6のようになっていて，たとえば，1は697 Hz と1209 Hz の組み合わせによる合成音，0は941 Hz と1336 Hz の組み合わせによる合成音となっている．

表 4.6　プッシュホンの音声信号の規格

	1209 Hz	1336 Hz	1477 Hz
697 Hz	1	2	3
770 Hz	4	5	6
852 Hz	7	8	9
941 Hz	*	0	#

　各周波数の音の波形は，前ページの図4.30のような三角関数によるきれいな波形を用いるので，プッシュホンの音声信号は，2つの三角関数の和でつくられている．たとえば，1のボタンを押したときに出る音は，t の単位を秒とするとき，2つの三角関数 $y = \sin(2\pi t \times 697)$ と $y = \sin(2\pi t \times 1209)$ の和

$$y = \sin(2\pi t \times 697) + \sin(2\pi t \times 1209)$$

でつくられていることになる（図4.31）．

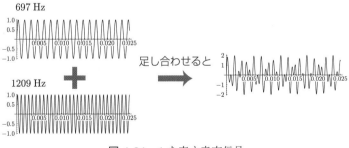

図 4.31　1を表す音声信号

4.3.3　三角関数のことば

三角比は昔から測量に利用されており，関数電卓などがない時代には，測量現場では三角比表（268ページ）が使われていた．

[三角比]　三角比 $\sin\theta, \cos\theta, \tan\theta$ は，図4.32のような直角三角形の辺の比として定義される．

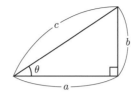

$$\sin\theta = \frac{b}{c}, \quad \cos\theta = \frac{a}{c}, \quad \tan\theta = \frac{b}{a}$$

図4.32　三角比の定義

θ には，30°，45° のように単位を「度」で表した度数法で角を入れる場合と，半径と弧の長さが等しい扇形の中心の角の大きさを「**1ラジアン**」とする弧度法で表した角を入れる場合がある．

図4.33　ラジアンの定義

円1周分の角の大きさは，度数法では 360° であったが，弧度法では 2π である．なお，$x°$ のラジアンへの換算は，次の式で行う．

$$2\pi \times \frac{x}{360}$$

[一般角]　図4.34のように，$\angle \mathrm{POX}$ があるとき，OP が，OX と重なる位置から，O の周りにどれだけ回転したものであるかで角の大きさを測ったものを**一般角**という．

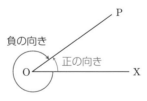

図4.34　一般角の定義

回転する方向には，時計回りと反時計回りの2通りがあるので，反時計回りに回して測ったときには正，時計回りに回して測ったときには負と符号を定める．

　一般角を測るときの回転は，360°を超えたものも考えるので，415°や，−500°なども考える．ただし，360°の整数倍だけ違う角度は，すべてOPが同じ位置になる．

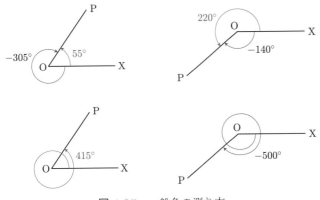

図 4.35　一般角の測り方

　通常の角度と同様，一般角の単位には，ラジアンも用いられる．

[**三角関数**]　三角関数は，三角比を90°以上や負の角度にも広げた**一般角**に拡張したものである．以下，一般角は弧度法（ラジアン）で考える．

　原点を中心とする半径 r の円周上を，点 $(r,0)$ をスタートとして，反時計回りに θ だけ回転した位置にある点 P の座標を (x,y) とする．

　このとき，r と x,y の比や，x と y の比は，θ のみによって定まるので，一般角 θ に対して，$\sin\theta, \cos\theta, \tan\theta$ を，半径 r と座標 x,y を用いて，次のような比として定義する（図 4.36）．

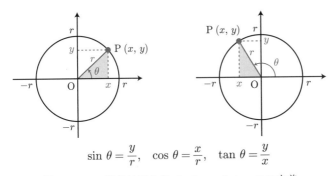

$$\sin\theta = \frac{y}{r}, \quad \cos\theta = \frac{x}{r}, \quad \tan\theta = \frac{y}{x}$$

図 4.36　一般角に対する $\sin\theta, \cos\theta, \tan\theta$ の定義

　$\dfrac{y}{r}, \dfrac{x}{r}, \dfrac{y}{x}$ は，θ だけで決まるので，$\sin\theta, \cos\theta, \tan\theta$ は θ の関数である．3つの関数 $\sin\theta, \cos\theta, \tan\theta$ をまとめて，**三角関数**という．

　θ を 2π の整数倍だけずらしても，P の位置は変わらないので，次の式が成り立つ．

$$\sin(\theta + 2n\pi) = \sin\theta$$

$$\cos(\theta + 2n\pi) = \cos\theta$$

$$\tan(\theta + 2n\pi) = \tan\theta$$

$$(n = \pm 1, \pm 2, \pm 3, \dots)$$

このうち，$y = \tan\theta$ については，

$$\tan(\theta + n\pi) = \tan\theta$$

が成り立ち，周期は π である．他の三角関数，$y = \sin\theta$ と $y = \cos\theta$ は周期が 2π の関数である．

三角関数 $y = \sin\theta$, $y = \cos\theta$, $y = \tan\theta$ のグラフを，横軸に θ，縦軸に y をとって描くと，図 4.37 のようになる．三角関数の場合，θ には通常ラジアンを用いる．

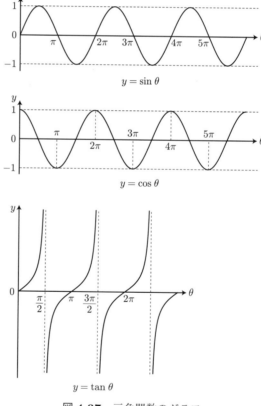

図 **4.37**　三角関数のグラフ

4.4　関数モデルを使って現実の問題を解く

　この章では，様々な現実の現象を，関数によるモデルで表してきたが，ここでは，関数によるモデルを，現実の問題の解決に役立てる例を紹介しよう．

▍4.4.1　指数関数で表される方程式を解く

> **例題 4.6**　ある遺跡から，煮炊きに使用したと思われる土器が出土した．この土器には，煮焦げと思われる炭化物が付着しており，この炭化物を分析した結果，炭素全体に含まれる炭素 14 の割合が $\dfrac{8.5}{10^{13}}$ であることがわかった．この土器はいつ頃使われていたものといえるだろうか．

　考古学のニュースで，試料中の放射性炭素の量を調べて年代を測定したという話を聞いたことがあるだろう．あの原理はいったいどうなっているのだろうか．

　地球の大気中には，通常の炭素原子とは異なる「炭素 14」とよばれる放射性炭素原子がある．炭素 14 は空気中の窒素に中性子が当たることで生まれる．炭素 14 は不安定なため，一定の割合で通常の炭素に変わっていく．新たに生まれなければ，炭素 14 の個数は 5730 年経つと半分に減るということがわかっている．これを，炭素 14 の半減期は 5730 年である，という．

このような測定手法を**放射性炭素年代測定**という．

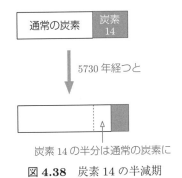

図 4.38　炭素 14 の半減期

　大気中の炭素全体に対する炭素 14 の割合は昔からほぼ一定であり（その割合は $\dfrac{1.2}{10^{12}}$ とされている），動植物は食物や栄養・水を通して炭素 14 を取り込むため，生きている間は大気中と同じ割合だけ炭素 14 があるが，死ぬと新たな取り込みがなくなるため，炭素 14 は減る一方ということになる．

正確には，大気中の炭素 14 の割合は時代によって異なるので，実際には補正したデータを使っている．

試料（例題 4.6 では土器についた煮焦げに当たる）がつくられたときというのは，死んだとき，あるいは，木などの植物でつくられたものなら伐採もしくは採取されたときということである．

炭素全体の量は時間によって変化しないので，つくられたときの量と現在の量は同じである．

式 (4.7) の両辺を試料中の炭素全体の量で割ると式 (4.8) が得られる．

ある試料がつくられたときの炭素 14 の量は，

$$\left[\begin{array}{c}\text{試料がつくられた}\\\text{ときの炭素 14 の量}\end{array}\right] = \left[\begin{array}{c}\text{試料中の}\\\text{炭素全体の量}\end{array}\right] \times \frac{1.2}{10^{12}}$$

で表される．現在の炭素 14 の量は，試料がつくられたときの炭素 14 の量に $\left(\dfrac{1}{2}\right)^{\frac{[\text{経過した年数}]}{5730}}$ をかけたものになるから，

$$\left[\begin{array}{c}\text{試料中の現在の}\\\text{炭素 14 の量}\end{array}\right] = \left[\begin{array}{c}\text{試料中の}\\\text{炭素全体の量}\end{array}\right] \times \frac{1.2}{10^{12}} \times \left(\frac{1}{2}\right)^{\frac{[\text{経過した年数}]}{5730}} \tag{4.7}$$

で与えられ，試料中の炭素全体における炭素 14 の割合と経過した年数との関係を与える式が得られる．

$$\frac{\left[\begin{array}{c}\text{試料中の現在の}\\\text{炭素 14 の量}\end{array}\right]}{\left[\begin{array}{c}\text{試料中の}\\\text{炭素全体の量}\end{array}\right]} = \frac{1.2}{10^{12}} \times \left(\frac{1}{2}\right)^{\frac{[\text{経過した年数}]}{5730}} \tag{4.8}$$

式 (4.8) に試料中の炭素と炭素 14 に関するデータを入れることで，経過した年数についての方程式が得られ，試料のつくられた年代がわかる．

例題 4.6 を解いてみよう．まず，煮焦げが付着してから経過した年数を t として，炭素 14 の割合を式 (4.8) に代入する．

$$\frac{8.5}{10^{13}} = \frac{1.2}{10^{12}} \times \left(\frac{1}{2}\right)^{\frac{t}{5730}} \tag{4.9}$$

式 (4.9) の両辺の $\log_{10}$ をとると，

$$\log_{10} 8.5 - 13 = \log_{10} 1.2 - 12 + \frac{t}{5730} \log_{10} 0.5 \tag{4.10}$$

が得られる．関数電卓などを用いて求めると，$\log_{10} 8.5 = 0.9294$, $\log_{10} 1.2 = 0.0792$, $\log_{10} 0.5 = -0.301$ であるので，これらを式 (4.10) に代入すると，

$$-12.0706 = -11.9208 - 0.301 \times \frac{t}{5730}$$

という t についての 1 次方程式が得られる．これを解いて t を求めると，$t = 2851.7$ という答えが得られる．したがって，放射性炭素年代測定によればこの土器は約 2850 年前に使われていたものということになる．

演習 **4.19** 縄文時代のものと思われる貝塚から，木炭が発見された．この木炭のかけらを分析した結果，炭素全体に含まれる炭素 14 の割合が $\dfrac{4.0}{10^{13}}$ であることがわかった．この木炭が出土した地層はいつ頃のものといえるだろうか．

演習 4.20 自邸で療養中のある重要人物が自室で殺害されているのが発見された. 殺人事件現場に, まだ温かい被害者の死体がある. ここ数日の検温の結果から, 被害者の平熱は 36.5℃ で一定であったことがわかっている. また, 現場となった部屋の室温は 20℃ に保たれている. 検死官が時間をおいて 2 回被害者の体温を測定したところ, 1 回目の測定では 30℃, 1 回目の測定から 1 時間後に 2 回目の測定を行ったところ 28℃ という結果となった.

このとき, 以下の空欄を埋めて, 被害者の死亡時刻が何時間前かを推定してみよう.

(1) 死体は活動しないので, 体温は徐々に低下し, 一定時間ごとに一定の割合で室温との差が縮まっていく. このとき, その差がどれくらいの割合で縮まっていくかはわからないので, 1 時間ごとの割合を a とおくと, 死亡時刻から t 時間後の体温は次の式で表される.

$$\begin{bmatrix} t \text{ 時間後} \\ \text{の体温} \end{bmatrix} = \left\{ \begin{bmatrix} \text{死亡時} \\ \text{の体温} \end{bmatrix} - [\text{室温}] \right\} \times a^t + [\text{室温}]$$

> この式は, マグカップに入れた熱いコーヒーが冷める際の温度変化と同じ法則にしたがっている. この法則は, ニュートンの冷却法則とよばれる.

死亡時の体温は平熱の 36.5℃ と同じと考えて, 1 回目の体温測定時刻が死亡時刻から t 時間後であるとして, 2 回の体温測定のデータおよび室温のデータを上の式に入れると, 次の 2 つの方程式ができる.

(1 回目) $\boxed{} = \boxed{} \times a^t + \boxed{}$

(2 回目) $\boxed{} = \boxed{} \times a^{t+1} + \boxed{}$

(2) (1 回目) の式より, $a^t = \boxed{}$ なので, これを (2 回目) の式の a^t に代入して, a について解くことにより, $a = \boxed{}$ が得られる. これにより, a が求まったので, (1 回目) の式にその値を代入して整理することで, t についての方程式

$$\boxed{} = \boxed{} \times \boxed{}^t$$

が得られる.

> $\square = \triangle \times a^{t+1} + \bigcirc$ に $a^t = \bigstar$ を代入するということは, $a^{t+1} = a^t \times a$ であることから, この a^t の部分に $a^t = \bigstar$ を代入するということである. したがって,
>
> $\square = \triangle \times a^{t+1} + \bigcirc$
>
> は,
>
> $\square = \triangle \times \bigstar \times a + \bigcirc$
>
> となって, a についての 1 次方程式となる.

(3) (2) の最後の式の両辺の対数をとると,

$$\log_{10} \boxed{} = \log_{10} \boxed{} + t \log_{10} \boxed{}$$

となるので, 関数電卓などで求めた対数値を代入して, t について解くことにより, $t = \boxed{}$ が得られる. したがって, 死亡推定時刻は, 1 回目の測定の約 $\boxed{}$ 時間 $\boxed{}$ 分前ということになる.

4.4.2　関数を使って最適化問題を解く

> **例題 4.7**　まんじゅうの製造販売をしている店がある．この店の従業員
> の人数とまんじゅうの1日あたりの生産量の関係を調べたところ下の表
> のようになっていたとする．
>
> 従業員数と生産量の関係
>
> | 従業員数 (人) | 1 | 2 | 3 | 4 |
> |---|---|---|---|---|
> | 生産量 (個) | 500 | 707 | 866 | 1000 |
>
> この店で製造しているまんじゅうは1種類で，1個あたりの売値が200
> 円，1個あたりにかかる材料費が136円とし，従業員1人あたりの日当
> が4000円であるとする．この店が，まんじゅうの生産量を増やして利益
> を増やそうとするとき，生産量をどれくらいにすれば一番利益が増やせ
> るだろうか．

店や工場の利益は，

$$[利益] = [販売総額] - [製造・仕入れにかかる費用]$$

で計算され，製造・仕入れにかかる費用としては，原材料の価格や仕入れ値，
人件費，店や工場で使う電気や水道，さらには建物の賃料などの費用も含まれ
る．

　問題を単純化するために，上のまんじゅう屋の問題で，製造コストには材料
費と人件費のみが含まれるものとし，製造したまんじゅうはすべてその日のう
ちに売り切れるものとして考えてみると，利益を表す式は次のようになる．

ただし，価格，材料費は1
個あたり，製造個数，従業員
数，利益は1日あたり，日
当は1人あたりの数を表す．

$$[利益] = [価格] \times [製造個数] - [材料費] \times [製造個数] - [日当] \times [従業員数]$$

従業員数と製造個数には表で与えられたような関係があるが，この表のデータ
によれば，およそ

製造数が雇用数の平方根に
比例する関係は，経済学で**コ
ブ・ダグラス生産関数**とよば
れるものの特別な場合に当た
る（219 ペ ー ジ 参 照）．式
(4.11) は，従業員数が多く
なると，1人増員したときの
生産量の増加が，人数が少な
いときほどには見込めなくな
ることを意味する．

$$[1日あたりの製造個数] = 500 \times \sqrt{[従業員数]} \tag{4.11}$$

という関係式をみたしている．

　利益を y (円)，1日あたりの製造個数を x とすると，式 (4.11) より，1日あ
たりの製造個数が x になる従業員数は $\dfrac{x^2}{250000}$ 人であることから，

$$y = 200x - 136x - 4000 \times \frac{x^2}{250000}$$

より，利益 y は x の 2 次関数として次の式で表されることになる．

$$y = 64x - 0.016x^2$$

よって，まんじゅう店の利益を最大化する生産量を求める問題は，2 次関数 $y = 64x - 0.016x^2$ の最大値を与える x を求める数学の問題に翻訳された．

この 2 次関数は，x^2 の係数が負なので，上に凸のグラフとなり，その最大値は，グラフの頂点を求めることで求められる．

$$\begin{aligned} y &= 64x - 0.016x^2 \\ &= -0.016\left(x^2 - \frac{64}{0.016}x\right) \\ &= -0.016\left(x^2 - 4000x\right) \\ &= -0.016\left(x - 2000\right)^2 + 64000 \end{aligned}$$

より，グラフは図 4.39 のようになるので，$x = 2000$，すなわち，製造個数が 2000 個のときが最大となる．

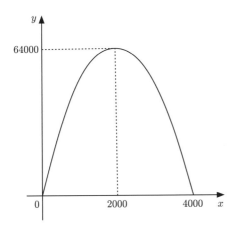

図 4.39　$y = -0.016\left(x - 2000\right)^2 + 64000$ のグラフ

1 日あたりの製造個数が x になる従業員数は $\dfrac{x^2}{250000}$ 人であることから，このときの従業員数は

$$\frac{2000^2}{250000} = \left(\frac{2000}{500}\right)^2 = 4^2 = 16 \, (人)$$

となる．

演習 **4.21**　みたらし団子の製造販売をしている店がある．この店の従業員の
人数とみたらし団子の1日あたりの生産量の関係を調べたところ下の表のよう
になっていたとする．

従業員数と生産量の関係

従業員数 (人)	1	2	3	4
生産量 (本)	600	849	1039	1200

　この店ではみたらし団子のみを製造・販売しており，1本あたりの売値が100
円，1本あたりにかかる材料費が46円とし，従業員1人あたりの日当が5400
円であるとする．この店が，みたらし団子の生産量を増やして利益を増やそうと
するとき，生産量をどれくらいにすれば一番利益が増やせるだろうか．ただし，
生産コストとしては，材料費と従業員の人件費のみを考えればよいものとし，ま
た，製造したみたらし団子はすべてその日のうちに売り切れるものとする．

(1) みたらし団子の製造本数を x (本)，従業員の人数を n (人) とする．x と n
　の関係が，$n = ax^2$ で表されるとするとき，表のデータから a の値を求め
　よう．

(2) 利益を y (円) とするとき，y を x の関数として表してみよう．

(3) (2) でつくった関数の式をもとに，利益を最大にする製造本数と，そのと
　きの従業員数を求めてみよう．

演習 **4.22**　2次関数と x の範囲が次のように与えられるとき，与えられた x
の範囲における最大値と最小値を求めてみよう．

(1) $y = 3x^2 - 12x + 5$ 　　$(-2 \leqq x \leqq 5)$

(2) $y = -x^2 + 8x + 3$ 　　$(0 \leqq x \leqq 10)$

(3) $y = -5x^2 - 10x + 20$ 　　$(0 \leqq x \leqq 5)$

さらに勉強したい人のために

　この章では，現実の現象を，関数でモデル化して数学として取り扱うことを
学んだが，現実の現象を関数でとらえる例が豊富に紹介されているテキストと
して，おすすめの参考書をあげておく．

　デボラ・ヒューズ=ハレット，アンドリュー・M・グレアソン，ウィリア
ム・G・マッカラム ほか（著），『概念を大切にする微積分』，日本評論社．
　（関数については，第1章で扱っている．）

　江見圭司，江見善一，矢島彰（著），『基礎数学の I II III』，共立出版．
　（関数については，第1章と第5章で扱っている．）

　また，82ページで触れた回帰直線について学べる本として，次の本をあげ
ておく．

　中村知靖，前田忠彦，松井仁（著），『心理統計法への招待』，サイエンス社．

第5章　確　　率

5.1　確率でとらえられる社会的現象

まずは，以下について考えてみよう．

> **例題 5.1**　1000 人に 1 人の割合でかかる病気があり，この病気に対して 99％ 正しく判定する検査を受けたところ陽性になってしまった．この検査は 99％ 正しいので自分は病気に違いない．

> **例題 5.2**　福引きで特賞を当てたかったら，早く行って並ぶほうがよい．

> **例題 5.3**　宝くじは高額の当たりくじが多く出ている売り場で買うのがよい．

> **例題 5.4**　40 人集まった会で，出席者全員の誕生日を調べたところ，C さんと G さんが同じ誕生日だった．40 人しかいないのに，誕生日が同じ人たちがいるなんて，とても珍しいことだと思う．

これらは，どれくらいもっともらしいだろうか．よく考えてから，次のページをみてみよう．

99％ 正しいという意味は，実際に病気の人の 99％ に対して正しく「陽性」の結果が出て，病気でない人の 99％ に対しては正しく「陰性」の反応が出る，ということである．

5.1.1　確率で状況を判断する

不確実なことについて考察するには，起こりうる状況のパターンを整理し，確率的に考察することが重要となってくる.

— 確率を使って例題 5.1 を考えてみる —

起こりうる状況を分類してみると，

（病気である，陽性），（病気である，陰性），

（病気でない，陽性），（病気でない，陰性）

の4つのパターンに分類される. 実際にこの病気になる確率が 0.001 であることと，この検査が正しく判断する確率が 0.99 であることより，検査を受けた人全体を1としたときの，これらの各パターンが起こる割合は次の表のようになる.

検査を受けた人全体を1としたときの各パターンが起こる割合

	陽性	陰性
病気である	0.001×0.99	0.001×0.01
病気でない	0.999×0.01	0.999×0.99

検査で陽性となった人が，自分が病気にかかっている確率を求めるためには，この検査で陽性となった人全体のうち，実際に病気にかかっている人がどれくらいいるかという割合を求めればよいが，この割合は，

$$\frac{[病気にかかっていて検査でも陽性である人の割合]}{[検査で陽性である人の割合]}$$

で求められる.

検査を受けた人全体に対する，検査で陽性である人の割合は，病気にかかっていて検査でも陽性である人の割合と，病気にかかっていないが検査で陽性である人の割合を足し合わせたものになるから，上の表より，

$$0.001 \times 0.99 + 0.999 \times 0.01 = 0.01098$$

である. したがって，検査で陽性となった人が，実際に病気にかかっている確率は，

$$\frac{0.001 \times 0.99}{0.01098} = \frac{0.00099}{0.01098} = 0.090\cdots$$

となる. つまり，陽性となった人の 9% しか実際には病気でないということになる.

1000 人に 1 人の割合でかかることから，この病気にかかる確率を $\frac{1}{1000} = 0.001$ としている.

正しく判断されるとは，病気であるときは陽性となることで，病気でないときは陰性となることである. したがって，病気である人が陽性と判断される確率は，検査が正しく判断する確率と等しく 0.99 であり，病気でないのに陽性と判断される確率は，検査が誤って判断する確率と等しく 0.01 である.

病気でない人のうちの 1% のみが誤って陽性となるが，病気でない人のほうが病気である人よりもはるかに多いため，陽性になった人のうちに占める病気でない人の割合が多くなるのである.

5.1.2　出来事の関連性と確率

福引きであろうと，宝くじであろうと，1本のくじが当たりである確率は，$\frac{\text{当たりの本数}}{\text{全体のくじの本数}}$ であって，どのくじでも同じである．したがって，例題5.2や例題5.3を確率で考えてみると，次のようになる．

例題5.2を確率で考えてみる

　どの順番で引こうと，特賞を引く確率は $\frac{\text{特賞の本数}}{\text{くじ全体の本数}}$ である．したがって，早く並ぼうと遅れて並ぼうと特賞を引く確率に違いはなく，福引きに早く引いたほうが得ということはない．

例題5.3を確率で考えてみる

　宝くじの当たり券は，販売後に「抽選」によって決まる．ちなみに，2020年のサマージャンボ宝くじだと，1千万枚ごとに1枚だけ1等が出るようになっていたので，宝くじ1枚あたりの1等当選確率は $\frac{1}{1\text{千万}}$ である．どの店で買おうが，くじ1枚ごとの当選確率はこれより高くも低くもない．だから，当たりくじが多く出ている売り場で買っても当たる確率は上がらない．

2020年サマージャンボ宝くじは，発売予定数2億1千万枚で，1等（当選金額5億円）は21本であった．

そうはいっても，たとえば100本のうち特賞が1本だけのくじの場合に，90番目に並ぶと89番目までに特賞が出てしまうことが多いではないか，とか，よく当たりくじが出る宝くじ売り場があるではないか，と思う人もいるかもしれない．

以下では，これらについて，もう少し詳しく説明しよう．

くじを引く順番を考える

100本のうち特賞が1本だけのくじの場合に，90番目に並ぶと89番目までに特賞が出てしまうことが多いではないか，ということについては，確かにそのとおりではある．実際，90番目まで特賞が残っている確率は，それまでのすべての人が特賞を外さないといけないから，

$$\frac{99}{100} \times \frac{98}{99} \times \frac{97}{98} \times \cdots \times \frac{11}{12} = \frac{11}{100} = 0.11$$

より，11%しかない．しかし，90番目の人が特賞を引く確率は，

$$\begin{bmatrix}89\text{番目までの人が}\\\text{全員外す確率}\end{bmatrix} \times \begin{bmatrix}90\text{番目の人が残りから}\\\text{特賞を引き当てる確率}\end{bmatrix} = \frac{11}{100} \times \frac{1}{11} = \frac{1}{100}$$

1人目がくじを引くときには，99本外れがあるから，1人目が外す確率は $\frac{99}{100}$ になる．次に，2人目も外す確率は，2人目のときは，くじが99本で外れが98本だから，$\frac{98}{99}$ となる．

90番目の人が引くときには，残りの11本のうち，1本が特賞の当たりくじである．

となり，結局，1 番目の人が特賞を引く確率と同じである．「何番目の人が…」と人を特定した場合には，特賞を引く確率は並び順によらず同じなのである．90 番目までくる前に特賞が引かれてしまう確率が大きいのは，89 番目までの「誰か」が特賞を引く確率だからであって，90 番目より前の人たち一人ひとりの特賞を引く確率が高いわけではないのだ．

▮ 偶然と必然──偶然が続くには「わけ」があるのか？

　次に宝くじの問題を考えてみよう．よく当たりくじが出る売り場ということについて，1，2 回続くだけなら，そういうこともあるかと思うだけだが，何度も続くようだと偶然とは思えなくなりがちである．しかし，これも確率を使って説明することができる．

　これ以降は，説明を簡単にするため，発売枚数 100 万枚で当たりくじは 1 等が 5 本のみというくじ（当選確率は 20 万分の 1）で考える．

　店の販売枚数と当たりくじが出る確率の関係を調べてみよう．その店から当たりくじが少なくとも 1 本出る確率は，

$$1 - [当たりくじがすべて他の店のくじである確率]$$

で計算できる．したがって，1000 枚しか売らない店だと，

$1 - [当たりくじがすべて他の店のくじである確率]$

$$= 1 - \begin{bmatrix} 1 本目の当たり \\ くじが他の店の \\ くじである確率 \end{bmatrix} \times \begin{bmatrix} 2 本目の当たり \\ くじも他の店の \\ くじである確率 \end{bmatrix} \times \cdots \times \begin{bmatrix} 5 本目の当たり \\ くじも他の店の \\ くじである確率 \end{bmatrix}$$

$$= 1 - \frac{10^6 - 10^3}{10^6} \times \frac{(10^6 - 1) - 10^3}{10^6 - 1} \times \cdots \times \frac{(10^6 - 4) - 10^3}{10^6 - 4}$$

$$= 0.00499\cdots (= 約 0.5\%)$$

より，その店から当たりくじが少なくとも 1 本出る確率は 0.5% ほどしかない．しかし，これが 10 万枚も売れるような人気店だと，その店から当たりくじが少なくとも 1 本出る確率は

$1 - [当たりくじがすべて他の店のくじである確率]$

$$1 - \frac{10^6 - 10^5}{10^6} \times \frac{(10^6 - 1) - 10^5}{10^6 - 1} \times \cdots \times \frac{(10^6 - 4) - 10^5}{10^6 - 4}$$

$$= 0.4095\cdots (= 約 40\%)$$

となる．そうすると，こういう店が 2 年連続で当たりくじを出す確率も $0.4095^2 = 0.16769$ より約 17% はあることになる．

2011〜2013 年度に発売された宝くじ「2000 万サマー」の 1 等 2000 万円の当選確率は 20 万分の 1 であった．

右の確率は

$$1 - \begin{bmatrix} この店のくじが \\ すべて外れである確率 \end{bmatrix}$$

と同じであるが，右の確率のほうが計算が易しい．

つまり，宝くじの販売枚数の多い店は連続で当選くじを出す確率も高くなる．さらに，販売枚数の多い店がたくさんあれば，どこかで当たりくじが連続で出ることも十分ありうるということがいえるのである．

いずれにせよ，肝心なことは，販売枚数が多い店が当たりくじを出しやすいからといって，そこで買ったくじの当選確率が他の店より高いわけではないということである．

例題 5.3 では，あることが起こるのが特別なことなのかどうかを，それが起こらない確率を計算してみることで調べた．

この方法は例題 5.4 を調べる際にも有効である．次にそれをみてみよう．

> #### ─ 例題 5.4 を確率で考えてみる ─
>
> 　宝くじの例と同じように，そうならない確率（全員が違う誕生日となる確率）を計算してみよう．全員の誕生日が違うためには，40 人の人を順番にみていって，最初の人の誕生日と 2 番目の人の誕生日が異なり，3 番目の人は 1 番目と 2 番目の人と誕生日が異なり，4 番目の人は 1 番目〜3 番目の人と誕生日が異なり，となっていかなくてはいけないので，これが最後まで続くための確率の計算式は，1 年を 365 日（つまりうるう年でない）として，誕生日が $\frac{1}{365}$ の確率で決まると仮定すると，
>
> $$\begin{bmatrix} 2\text{番目の人が} \\ 1\text{番目の人と} \\ \text{誕生日が} \\ \text{異なる確率} \end{bmatrix} \times \begin{bmatrix} 3\text{番目の人が} \\ 1,2\text{番目の人と} \\ \text{誕生日が} \\ \text{異なる確率} \end{bmatrix} \times \cdots \times \begin{bmatrix} 40\text{番目の人が} \\ 39\text{番目までの人と} \\ \text{誕生日が} \\ \text{異なる確率} \end{bmatrix}$$
>
> $$= \left(\frac{365-1}{365}\right)\left(\frac{365-2}{365}\right)\cdots\left(\frac{365-39}{365}\right)$$
> $$= 0.1087\cdots$$
>
> となる．よって，40 人のうちに誕生日が同じペアが少なくとも 1 組存在する確率は，$1 - 0.1087\cdots = 0.891\cdots$ より，約 90% である．したがって，40 人のクラスの中に誕生日が同じペアがいることは珍しくない．

これらのことから，例題 5.1〜5.4 のうちには，もっともなものは 1 つもなかったということがわかる．

> 日常には"不確実なこと"があふれている．不確実な現象について考えるとき，確率的思考を用いて数学的確率を求めることで，現象を客観的にとらえることが可能となる．

ある現象が特別なこと（珍しいこと）なのかどうかを調べるのに，それが起こらない確率を求めてみるというのはよく使われる方法である．

左の計算は，$\sum$ や $\prod$（$\sum$ のかけ算版で $\prod_{k=1}^{n} a_k$ は $a_1 a_2 \cdots a_n$ を表す）が使える関数電卓を利用して計算できる．$\prod$ を使う場合は，$\prod_{k=1}^{39} \frac{365-k}{365}$ で計算できる（付録 A，242 ページ参照）．$\sum$ を使う場合は，$P = \left(\frac{365-1}{365}\right)\cdots\left(\frac{365-39}{365}\right)$ とするとき，$\log_{10} P = \sum_{k=1}^{39} \log_{10} \frac{365-k}{365}$ となることを用いて，$P = 10^{\log_{10} P}$ で計算できる．

実は，23 人集まると，その中に誕生日が同じペアのいる確率が 50% 以上になる．意外と少ない人数で起きるので，その意外性から，**誕生日パラドックス（Birthday Paradox）** とよばれている．

5.2　確率のことば

　確率とは，ある事柄がどの程度の割合で起こりうるかを数値で表すものである．たとえば，サイコロを投げてどんな目が出るかを考えるとき，どの目の出方にも違いがないと考えられるならば，600 回投げたら 100 回程度，6000 回投げたら 1000 回程度，つまり，投げた回数に対して $\dfrac{1}{6}$ の割合で，1 の目が出ると想定される．このとき，サイコロ投げで 1 が出る確率は $\dfrac{1}{6}$ である，という．これが，確率ということばの使い方である．

　上の例で，「サイコロを投げる」のように，同じ状態で繰り返し行うことを**試行**といい，「1 が出る」「2 が出る」「偶数が出る」「5 以上が出る」…など，試行の結果として起こる事柄を**事象**という．ある試行において，起こりうるすべての事象を合わせたものは**全事象**とよばれる．全事象は集合として記述され，全事象を表す記号として，しばしば U が用いられる．サイコロ投げの例の場合，出る目の全体の集合として次のように表すことができる．

> 全事象は Ω で表されることもある．

$$U = \{1,\ 2,\ 3,\ 4,\ 5,\ 6\}$$

各事象は，全事象の部分集合として表される．サイコロ投げの例で，1 が出る事象を A，偶数が出る事象を B，5 以上が出る事象を C とすると，

$$A = \{1\}, \quad B = \{2,\ 4,\ 6\}, \quad C = \{5,\ 6\}$$

と表される．事象 A の起こる確率を $P(A)$ で表す．サイコロ投げの例では，

$$P(A) = \frac{1}{6}, \quad P(B) = \frac{1}{2}, \quad P(C) = \frac{1}{3}$$

となる．

> 余事象は A^c で表されることもある．

　事象 A に対して，「A が起こらない」という事象を A の**余事象**とよび，$\overline{A}$ で表す．「A が起こる」という事象と「A が起こらない」という事象のどちらかは必ず起こるので，

$$P(A) + P(\overline{A}) = 1$$

が成り立ち，このことから，余事象の確率 $P(\overline{A})$ が

$$P(\overline{A}) = 1 - P(A)$$

と表される．

　上のサイコロ投げの例では，$\overline{A} = \{2,3,4,5,6\}$ となっているので，

$$P(\overline{A}) = \frac{5}{6}$$

となっている．

サイコロ投げの例では，1回目の試行の結果がどうであろうと，2回目の試行で「1が出る確率」，「2が出る確率」，…はどれも $\frac{1}{6}$ であり，1回目の試行でのそれぞれの確率と変わらない．このように，試行が互いに影響を及ぼさないとき，これらの試行は**独立**であるという．このような，互いに独立な試行では，一方の試行で事象 A が起こったときにもう一方の試行で事象 B が起こる確率と，一方の試行で事象 A が起こらなかったときにもう一方の試行で事象 B が起こる確率は必ず同じになる．

一方の試行で事象 A が起こり，かつ，もう一方の試行で事象 B が起こる確率は，$P(A \cap B)$ で表される．2つの互いに独立な試行においては，$P(A \cap B)$ は，事象 A の起こる確率 $P(A)$ と事象 B の起こる確率 $P(B)$ の積で求められる．

$$P(A \cap B) = P(A)P(B)$$

独立でない試行の場合は，一方の試行の結果が他方の試行に影響を与える．たとえば，引いたくじをもとに戻さず，引いた人から結果がわかっていくくじ引きの場合，1番目の人が引いた結果がどうなったかによって，2番目の人のこれから引くくじが当たる確率が変わってくる．このように互いに独立でない試行の場合，ある試行で事象 B が起こる確率が，もう一方の試行で事象 A が起こるかどうかで変わる．よって，互いに独立でない試行では，事象 A が起こったときに事象 B が起こる確率と，事象 A が起こらなかったときに事象 B が起こる確率が異なる，ということが起こる．

事象 A が起こったときに事象 B が起こる確率は $P_A(B)$ で表され，

> 「事象 A が起こった」という条件のもとでの事象 B が起こる確率

という意味で**条件付き確率**とよばれる．一般に，$P(A \cap B)$ と $P(A)$, $P_A(B)$ の間には，

$$P(A \cap B) = P_A(B)P(A)$$

という関係が成り立つ．

$P(B|A)$ で表されることもある．

演習 5.1 コイン投げで，表が出るか裏が出るかを当てるゲームをしている．これまで5回コインを投げて裏が5回続けて出た．そろそろ表が出るだろうから，次は表が出ると予想すべきだ，というのはどれくらいもっともらしいだろうか．確率を使って考察してみよう．

演習 5.2 週末の天気について，土曜日と日曜日のどちらも降水確率が50%だと予報されているとき，土曜日か日曜日のどちらかは雨が降ると考えることは正しいだろうか．確率を使って考察してみよう．

気象庁の定義によれば，降水確率というのは，指定された地域で指定された時間帯の間に1mm以上の雨の降る確率のことで，降水確率50%とは，50%という予報が100回発表されたとき，そのうちのおよそ50回は1mm以上の降水があることを意味する．

演習 5.3　O 大学の学園祭には，毎年 200 店の模擬店が出店される．模擬店の出店場所を決めるために抽選をしているが，まず，くじを引く順番を決めるくじ引きをしてもらい，本抽選のくじ引きを行うようにしている．学園祭実行委員会によれば，くじを引く順番をくじで決めるのは，公平を期すためとのことだが，本当に公平性は上がっているのだろうか．確率を使って考察してみよう．

演習 5.4　1 箱につきオマケが 1 個ついてくるお菓子がある．オマケは全部で 60 種類ある．このお菓子を 10 箱買ったとき，10 箱の中に同じオマケがある確率を求めてみよう．

演習 5.5　次の文章は，2015 年 7 月 14 日の日本経済新聞朝刊に掲載された「経済教室」の一部である．

> 昔の標的型メールは，日本語やメールアドレスがおかしいものが少なくなかった．しかし，今の標的型メールは，見るだけでおかしいと判断するのは困難な場合が多い．しかも，新型のマルウエアだったため，開封前にワクチンプログラムでチェックしても引っかからなかった．さらに，一人ひとりが開封する確率は 3% と小さくても，誰か一人が開けると，感染が広がる．100 人に送ると誰か一人が開ける確率は 95% を超える．入り口で防御しきるのは困難であり，内部での侵入拡大防止や，情報の持ち出しの防止などと組み合わせた多重防御の考え方が不可欠となる．

記事中では，一人ひとりが開封する確率を 3% と仮定しても，100 人に送ると誰か一人が開ける確率は 95% を超えることが述べられている．なぜ 95% を超えるのか，確率を用いて説明してみよう．

演習 5.6　合格率 10% の難関資格の試験のために，大手資格予備校が資格試験直前に実施する有名な模擬試験があり，毎年，その年の資格試験受験者全員が受験している．過去のデータによると合格者のうち 90% がその年の模試で A 判定だった人であり，不合格者のうちで A 判定だった人は 20% だけであった．この模擬試験で A 判定だった人が合格する見込みはどれくらいだろうか．

5.3 条件付き確率とベイズ推定

現代社会では，国家や企業などの組織は様々な脅威にさらされ，個人も様々なリスクを抱えて生きている．国家や組織であれ，個人であれ，自らに降りかかってくるリスクを見極め，予測し，監視し，適切に対処する必要がある．リスクの危険度を見極める際には，様々な不確実な情報から危険度を評価しなくてはならず，ここでもまた，確率的思考が重要な役割を果たす．

国家はテロ，新型ウィルスによる感染爆発の脅威，企業は経営上の様々な脅威にさらされている．個人の抱えるリスクには，病気，事故，財産損失などがある．

▌5.3.1　確率を使って真の状態を探る

例題 5.1（121 ページ）で，1000 人に 1 人の割合でかかる病気の検査で陽性になった場合に，検査が 99% 正確であっても実際に病気である確率は 9% にすぎず，意外と低いことをみた（図 5.1）．

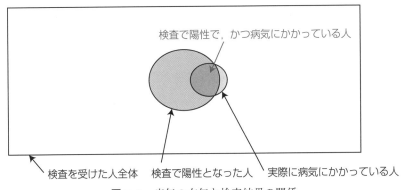

検査で陽性で，かつ病気にかかっている人

検査を受けた人全体　　検査で陽性となった人　　実際に病気にかかっている人

図 5.1　病気の有無と検査結果の関係

しかし，別の観点から考えると，検査前の状態では「病気にかかっている確率」を $\frac{1}{1000}$（= 0.1%）と考えていたのに比べると，検査で陽性が出た後では，病気にかかっている確率が $\frac{9}{100}$（= 9%）となったのだから，病気である**危険性**（**リスク**）は大幅に増加したのだともいえる．

この問題のように，検査結果という「証拠」に基づいて，検査結果を生み出した原因である「病気であるかどうか」という不確実な事象を確率的に推定する方法を**ベイズ推定**とよぶ．ベイズ推定は，リスク分析や品質管理，意思決定などに応用されている．

ベイズ推定は，5.2 節でみた**条件付き確率**とよばれる確率と深く関係している．例題 5.1 でいうと，「検査で陽性になったときに，実際に病気である確率」は，どういう結果が出るかわからない検査前の状態（病気かどうかを推定できる「証拠」がない状態）での「病気にかかっている確率（この問題の場合は病気である人の割合である $\frac{1}{1000}$）」とは異なる．

ベイズ推定の名称は，16 世紀のイギリスの数学者ベイズ (Thomas Bayes, 1702-1761) に由来する．

例題 5.1 では，「検査で陽性になったときに，実際に病気である確率」が知りたい確率であるが，この条件付き確率は以下のようにして求められる．

[検査で陽性になったときに，実際に病気である確率]

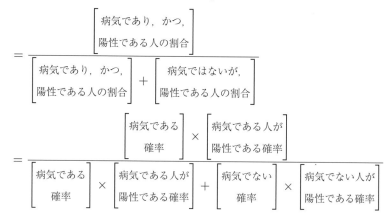

上の式の最後に出てくる「病気である人が陽性である確率」や「病気でない人が陽性である確率」も条件付き確率である．これらは検査の正確さの情報としてわかっている情報であり，この問題の場合，次のように与えられている．

検査が 99% 正確であるとは，病気である人の 99% が「陽性」となり，かつ，病気でない人の 99% が「陰性」となる，ということを意味する．逆にいうと，病気である人が誤って「陰性」となる可能性が 1% あり，かつ，病気でない人が誤って「陽性」となる可能性も 1% ある，ということになる．

表 5.1　検査が 99% 正確なときの陽性である確率と陰性である確率

	陽性である確率	陰性である確率
病気である場合	0.99	0.01
病気でない場合	0.01	0.99

この表の確率の数値を用いて計算することで，本当に知りたい「検査で陽性になったときに，実際に病気である確率」が求められる．

[検査で陽性になったときに，実際に病気である確率]

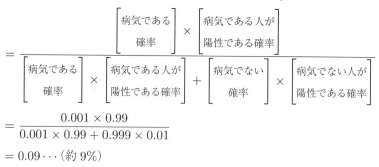

$$= \frac{0.001 \times 0.99}{0.001 \times 0.99 + 0.999 \times 0.01}$$
$$= 0.09\cdots(約 9\%)$$

さて，検査で陽性となった後，3 ヶ月後に再検査を受けたとしよう．ここで再び陽性となった場合，この人の病気のリスクはどのようになるのだろうか．

2 度目の検査の時点では，すでに 1 回目の検査結果が陽性であったことによって，この人の病気のリスクは検査を受けていない人と同じではなく，病気である確率は 0.09 (= 9%) と考えなくてはいけない．したがって，2 回目の検査後に確率を計算する場合の「病気である確率」や「病気でない確率」の数値は，それぞれ 0.09 と 0.91 (= 1 − 0.09) を用いる必要がある．そうすると，2 回目も陽性であったとき，実際に病気である確率は，

[2 回目も陽性になったときに，実際に病気である確率]

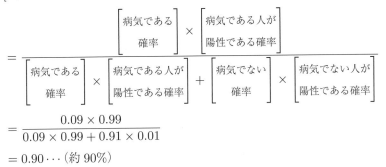

$$= \frac{0.09 \times 0.99}{0.09 \times 0.99 + 0.91 \times 0.01}$$

$$= 0.90 \cdots (約 90\%)$$

より，90% ということになる．ここで，病気である確率が，「最初の検査前」→「1 回目の検査で陽性と出た後」→「2 回目の検査で陽性と出た後」と検査を重ねるにしたがって，0.1% → 9% → 90% と次第に変わっていっていることに注意しよう．「検査結果」という「証拠」が積み重なることによって，病気であるかどうかという不確実性が次第に確実性の高い判断に変わっていくのである．このように「証拠」が加わるごとに確率が修正されていく（**ベイズ更新**とよばれる）のが，ベイズ推定の特徴である．

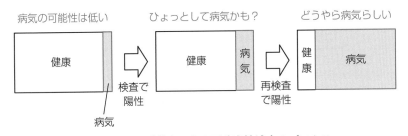

図 5.2 ベイズ推定による不確実性減少のプロセス

演習 5.7 地方の小都市である K 市で，ある夜，ひき逃げ事件が起きた．偶然事件を目撃した 1 人の目撃証言によればひき逃げ事件を起こしたのは青色のタクシーであったという．K 市には，2 つのタクシー会社 A，B があり，A 社のタクシーはすべて緑色，B 社のタクシーはすべて青色である．事件当日夜の両社の記録を調べた結果，事件のあった時間帯に現場を走っていた可能性のあるタクシーの比率は，A 社：B 社 ＝ 85：15 と推測できることがわかった．目撃者の証言の信頼度を調べるため，その目撃者が夜間に青の車と緑の車をどれくらい

この問題は，心理学者カーネマン（Daniel Kahneman, 1934-，2002 年ノーベル経済学賞受賞）とその共同研究者トヴェルスキー（Amos Tversky, 1937-1996）が作成した有名な問題である．わかりやすくするために状況説明を書き加えているが，数値やタクシーの色はオリジナルの問題と同じである．

正確に識別できるかの実験が行われた．その結果は以下のとおりである．

識別実験の結果

	青と回答	緑と回答	正解率
青の車	8台	2台	80%
緑の車	2台	8台	80%

目撃者が見た車が本当に青色だった可能性は何%程度と考えられるか．確率を用いて説明してみよう．

演習5.8　乳がんに罹患するリスクは年齢と共に増加するため，多くの国で一定年齢以上の成人女性には検診を受けることが推奨されている．検診の方法の1つとしてマンモグラフィー検診があるが，2009年にアメリカの予防医学作業部会は，40代の定期的なマンモグラフィー検診は推奨しないと発表し，大きな議論となった．このアメリカでの議論のベースになったのが，罹患率や検査の正確さなどのデータに基づいた確率，とくに，検査で陽性となった人が実際に乳がんである確率であった．以下にあげるデータに基づいて，40〜44歳，45〜49歳，50〜54歳，55〜59歳のそれぞれについて，アメリカの予防医学作業部会が検討した確率を求めてみよう．なお，表中の「罹患率」「感度」「特異度」については（注1）〜（注3）の定義を見ること．

アメリカにおける女性の乳がん罹患率とマンモグラフィー検査の精度

年齢	罹患率（%）	感度（%）	特異度（%）
40-44	0.122	73.4	87.7
45-49	0.188	82.5	88.5
50-54	0.223	82.6	90.4
55-59	0.268	85.7	91.7

（注1）罹患率 = 乳がんにかかる人の割合（10万人あたりの乳がん発症者数のデータから算出）
（注2）感度 = 乳がんである人が陽性と診断される割合（= 陽性判定の正確さ）
（注3）特異度 = 乳がんでない人が陰性と診断される割合（= 陰性判定の正確さ）

不正確な検査によって誤って陽性とされた場合，精神的不安を抱かされることに加え，その後に受けることになる精密検査の身体的負担と経済的負担が大きくなることも議論のポイントの1つであった．

罹患率は2010年までのデータ，感度と特異度は2004〜2008年に米国で行われたマンモグラフィー検査のデータに基づく．

例題5.1（121ページ）の「99%正しく判定する」を感度・特異度のことばで表すと，「感度・特異度がともに99%である」となる．実際の検査では感度と特異度の数値は異なることが多い．

信頼度の推定は金融機関による融資先の信用度の分析などに応用できる．信頼度の推定の場合，はじめは主観的に確率を設定するしかないが，このように主観的にとりあえず設定した確率から始めるのもベイズ推定の特徴である．

演習5.9　ベイズ推定を「信頼できる人かどうかの推定」に応用してみよう．Aさんは「信頼できる人は約束の時間に滅多に遅刻しない」と思っており，Aさんの基準では，「信頼できる人」とは「10回に1回くらいしか遅刻しない人」であり，「信頼できない人」とは「2回に1回は遅刻する人」である．さて，そのAさんが，Bさんという人と待ち合わせをしたとして，次の手順でAさんの心の中でのBさんの信頼度の変化を追ってみよう．

(1)「信頼できるかどうか」についてのAさんの基準を表にまとめてみよう．

A さんの「信頼できる人」の基準

	遅刻する確率	遅刻しない確率
信頼できる人の場合		
信頼できない人の場合		

「信頼できる／できない」が例題 5.1 の「病気でない／である」に，遅刻するかどうかが例題 5.1 の陽性になるかどうかに対応する.

(2) A さんは最初の待ち合わせ前には B さんがどういう人かわからないので，信頼できる人かどうかについて半信半疑，つまりどちらも $\frac{1}{2}$ の確率で考えているとする．最初の待ち合わせで B さんは遅刻してしまった．このとき，B さんが信頼できる人である確率はどう変化するか．遅刻したという事実のもとでの「B さんが信頼できる人である確率」を求めてみよう.

(2) の確率は
$$\frac{\text{信頼でき かつ 遅刻する確率}}{\text{遅刻する確率}}$$
で求められる.

(3) 2 回目の待ち合わせで B さんはなんとか約束の時間に間に合った．このことで，「B さんが信頼できる人である確率」は再び変化する．2 回目の待ち合わせ前の「B さんが信頼できる人である確率」が (2) で求めた確率になっていることに注意して，2 回目は間に合ったという事実のもとでの「B さんが信頼できる人である確率」を求めてみよう.

(3) の確率は
$$\frac{\text{信頼でき かつ 遅刻しない確率}}{\text{遅刻しない確率}}$$
で求められる.

(4) 3 回目の待ち合わせで B さんはまた遅刻してしまった．このことで，「B さんが信頼できる人である確率」はどう変化するか．3 回目の待ち合わせ前の「B さんが信頼できる人である確率」が (3) で求めた確率になっていることに注意して，3 回目に遅刻したという事実のもとでの「B さんが信頼できる人である確率」を求めてみよう.

演習 5.10 川で遭難事故が起こった．遭難事故が起きた地点のすぐ下流で川は二手に分かれており，遭難者が支流 A と支流 B のどちらに流されたかについて確実なことがいえない状況である．現場の状況や捜索にかかる人数などの問題から，どちらかの支流での捜索を集中的に行うしかない．支流 A に流された可能性が 70% であると判断して，まずは支流 A を捜索することにした．1 日捜索した場合の成功率について，実際に支流 A に流されていたときに無事発見できる確率が 80%，支流 A に流されていても発見できない確率が 20% と見積もられるとする．支流 A を 1 日捜索して見つからなかったとき，翌日は支流 B を捜索すべきだろうか．ベイズ推定を利用して考えてみよう.

ベイズ推定による捜索例としては，1966 年のスペインでの米軍機墜落事故で落下した水素爆弾の捜索や，1968 年に行方不明になった米軍原子力潜水艦スコーピオンの捜索，さらには 2009 年のエールフランス 447 便墜落事故でのフライトレコーダー捜索などが有名である．これらの捜索では，捜索領域は左の問題のように 2 つだけではなく，多数の領域に分割してそれぞれに確率を割り振って行われた.

さらに勉強したい人のために

　以下の 2 冊は，確率的思考について，日常的な問題を使いながら易しく解説した良書である.

　小島寛之（著），『使える！ 確率的思考』，ちくま新書.

　小島寛之（著），『確率的発想法』，NHK ブックス.

　この章の後半で紹介したベイズ推定については，次の本をおすすめする.

　中妻照雄（著），『入門ベイズ統計学』，朝倉書店.

78 ページで紹介した『数学で犯罪を解決する』（キース・デブリンほか著）には，ベイズ推定を応用した対テロリスク管理システムが 9.11 の前年に国防総省へのテロ（9.11 では実際にそれが起きた）を予測していたという話が紹介されている.

第6章 推移行列と固有ベクトル

6.1 推移行列で未来を予測する

6.1.1 シェア動向を予測する

ライバル社とのシェア争いにしのぎを削っている会社の経営陣にとって，状況に応じた適切な経営戦略を探るためにも，シェアの動向分析は必須である．ここでは，例題3.2（61ページ）で紹介した，携帯電話会社間の契約変更の問題を再び取り上げて考えてみよう．

例題 6.1 ある都市で，携帯電話の契約者数が20万人いるとする．この都市では，携帯電話のサービスを提供している会社がA社，B社，C社の3社あり，毎年，以下の表のような契約変更があるとする．

A社		B社		C社	
契約継続	91%	契約継続	93%	契約継続	90%
B社へ変更	3%	A社へ変更	3%	A社へ変更	5%
C社へ変更	6%	C社へ変更	4%	B社へ変更	5%

現在の契約者数が，A社が7万人，B社が5万人，C社が8万人であるとき，今後の各社の契約者数がどのようになっていくか，1年後，2年後，3年後の契約者数を予測してみよう．ただし，新規加入や契約解除などはないものとし，また，小数第一位を四捨五入するものとする．

61ページでみたように，例題6.1の契約者の移動傾向は，表6.1のように
まとめられる．

表6.1　各社の契約者の年ごとの移動傾向（例題6.1）

	A社から	B社から	C社から
A社へ	91%	3%	5%
B社へ	3%	93%	5%
C社へ	6%	4%	90%

さらに，A社，B社，C社の現在の契約者数のデータを $\begin{pmatrix} 70000 \\ 50000 \\ 80000 \end{pmatrix}$ で表す

とき，表6.1の数値の並びを抜き出してつくった行列を用いて，

計算で使うため，表6.1の
割合を小数に直して行列をつ
くっている．

$$\begin{pmatrix} 0.91 & 0.03 & 0.05 \\ 0.03 & 0.93 & 0.05 \\ 0.06 & 0.04 & 0.90 \end{pmatrix} \begin{pmatrix} 70000 \\ 50000 \\ 80000 \end{pmatrix}$$

を計算することで，$\begin{pmatrix} 1年後のA社の契約者数 \\ 1年後のB社の契約者数 \\ 1年後のC社の契約者数 \end{pmatrix}$ が求められたのであった．

したがって，1年後の契約者数と現在の契約者数の関係は，行列とベクトル
を用いて，次の式で表されることになる．

$$\begin{pmatrix} 1年後のA社の契約者数 \\ 1年後のB社の契約者数 \\ 1年後のC社の契約者数 \end{pmatrix} = \begin{pmatrix} 0.91 & 0.03 & 0.05 \\ 0.03 & 0.93 & 0.05 \\ 0.06 & 0.04 & 0.90 \end{pmatrix} \begin{pmatrix} 70000 \\ 50000 \\ 80000 \end{pmatrix}$$

この傾向がこの後も続くならば，2年後の各社の契約者数は，

$$\begin{pmatrix} 0.91 & 0.03 & 0.05 \\ 0.03 & 0.93 & 0.05 \\ 0.06 & 0.04 & 0.90 \end{pmatrix} \begin{pmatrix} 1年後のA社の契約者数 \\ 1年後のB社の契約者数 \\ 1年後のC社の契約者数 \end{pmatrix}$$

$$= \begin{pmatrix} 0.91 & 0.03 & 0.05 \\ 0.03 & 0.93 & 0.05 \\ 0.06 & 0.04 & 0.90 \end{pmatrix} \begin{pmatrix} 0.91 & 0.03 & 0.05 \\ 0.03 & 0.93 & 0.05 \\ 0.06 & 0.04 & 0.90 \end{pmatrix} \begin{pmatrix} 70000 \\ 50000 \\ 80000 \end{pmatrix}$$

$$= \begin{pmatrix} 0.91 & 0.03 & 0.05 \\ 0.03 & 0.93 & 0.05 \\ 0.06 & 0.04 & 0.90 \end{pmatrix}^2 \begin{pmatrix} 70000 \\ 50000 \\ 80000 \end{pmatrix}$$

で求められるから，2 年後の各社の契約者数について次の式が成り立つ.

$$\begin{pmatrix} 2\,\text{年後の A 社の契約者数} \\ 2\,\text{年後の B 社の契約者数} \\ 2\,\text{年後の C 社の契約者数} \end{pmatrix} = \begin{pmatrix} 0.91 & 0.03 & 0.05 \\ 0.03 & 0.93 & 0.05 \\ 0.06 & 0.04 & 0.90 \end{pmatrix}^2 \begin{pmatrix} 70000 \\ 50000 \\ 80000 \end{pmatrix}$$

同様に，3 年後の各社の契約者数は，

$$\begin{pmatrix} 0.91 & 0.03 & 0.05 \\ 0.03 & 0.93 & 0.05 \\ 0.06 & 0.04 & 0.90 \end{pmatrix} \begin{pmatrix} 2\,\text{年後の A 社の契約者数} \\ 2\,\text{年後の B 社の契約者数} \\ 2\,\text{年後の C 社の契約者数} \end{pmatrix}$$

$$= \begin{pmatrix} 0.91 & 0.03 & 0.05 \\ 0.03 & 0.93 & 0.05 \\ 0.06 & 0.04 & 0.90 \end{pmatrix} \begin{pmatrix} 0.91 & 0.03 & 0.05 \\ 0.03 & 0.93 & 0.05 \\ 0.06 & 0.04 & 0.90 \end{pmatrix}^2 \begin{pmatrix} 70000 \\ 50000 \\ 80000 \end{pmatrix}$$

$$= \begin{pmatrix} 0.91 & 0.03 & 0.05 \\ 0.03 & 0.93 & 0.05 \\ 0.06 & 0.04 & 0.90 \end{pmatrix}^3 \begin{pmatrix} 70000 \\ 50000 \\ 80000 \end{pmatrix}$$

で求められるから，3 年後の各社の契約者数について次の式が成り立つ.

$$\begin{pmatrix} 3\,\text{年後の A 社の契約者数} \\ 3\,\text{年後の B 社の契約者数} \\ 3\,\text{年後の C 社の契約者数} \end{pmatrix} = \begin{pmatrix} 0.91 & 0.03 & 0.05 \\ 0.03 & 0.93 & 0.05 \\ 0.06 & 0.04 & 0.90 \end{pmatrix}^3 \begin{pmatrix} 70000 \\ 50000 \\ 80000 \end{pmatrix}$$

以上から，翌年の契約者数の変化の割合を表す行列 $\begin{pmatrix} 0.91 & 0.03 & 0.05 \\ 0.03 & 0.93 & 0.05 \\ 0.06 & 0.04 & 0.90 \end{pmatrix}$

を P で表し，n 年後の A 社の契約者数を a_n，B 社の契約者数を b_n，C 社の契約

者数を c_n で表すと，n 年後の契約者数を表すベクトル $\begin{pmatrix} a_n \\ b_n \\ c_n \end{pmatrix}$ は，$P^n \begin{pmatrix} 70000 \\ 50000 \\ 80000 \end{pmatrix}$

で求められることなる. すなわち，次が成り立つ.

$$\begin{pmatrix} a_n \\ b_n \\ c_n \end{pmatrix} = P^n \begin{pmatrix} 70000 \\ 50000 \\ 80000 \end{pmatrix} \tag{6.1}$$

P のようにデータの推移を表す行列を，数学では**推移行列**とよぶ.

推移行列は，**遷移行列**とよばれることもある.

式 (6.1) を用いて，3 社の契約者数の推移を求めてみたものが表 6.2 である．

表 6.2　1 年ごとの契約者数の変化（小数第一位を四捨五入）

	現在	1 年後	2 年後	3 年後	…
A 社の契約者数	70000	69200	68460	67778	…
B 社の契約者数	50000	52600	54904	56946	…
C 社の契約者数	80000	78200	76636	75276	…

推移行列は，我々の身近なところで，様々に利用されている．ここでいくつかの例をあげておこう．

▌6.1.2　信用リスクを予測する

企業の資金調達には，株式による調達もある．

国家や地方公共団体，企業は，債券を発行して資金調達を行う．債券による資金調達は借金なので，満期がくると債券の保有者に返済しないといけない．このため，債券の取引には，債券の発行元（**発行体**という）の「信用」がきわめて重要になる．

債券の発行元の経営状態を調査し，信用度がどれくらいかを公表してくれるのが格付会社である．格付会社は，**格付推移行列**（または，**格付遷移行列**）というものを用いて，長期的な信用リスクを評価する．格付推移行列は，それぞれの格付の発行体が 1 年後にどの格付に移行するのかの割合を表す行列で，過去のデータに基づいて作成した下記のような表からつくられる．

表 6.3　1990〜2019 年の平均年間格付推移率（ムーディーズ・ジャパン株式会社，2020）（単位：%）

1 年後の格付→ ↓もとの格付	Aaa	Aa	A	Baa	Ba	B	Caa-C	デフォルト （債務不履行）	格付 取り下げ
Aaa	67.28	27.35	0.15	0.00	0.00	0.00	0.00	0.00	5.21
Aa	0.68	80.84	13.45	0.05	0.00	0.06	0.00	0.00	4.93
A	0.23	2.08	85.51	4.69	0.11	0.02	0.00	0.03	7.34
Baa	0.00	0.02	5.99	82.63	2.63	0.25	0.06	0.07	8.35
Ba	0.00	0.00	0.06	9.79	75.96	5.18	0.14	0.58	8.29
B	0.00	0.00	0.00	0.19	11.06	70.56	1.07	1.07	16.05
Caa-C	0.00	0.00	0.00	0.00	1.73	12.14	38.15	23.12	24.86

表 6.3 は日本の発行体についての表である．

表 6.3 では，左端がもとの格付，上端が 1 年後の格付を示している．

格付の推移が，2020 年以降も表 6.3 にしたがうと予測されるならば，表 6.3 の数値の並びを抜き出して縦と横を入れ替えた行列（格付推移行列とよばれる）に，2019 年の各格付の発行体数を並べたベクトルをかけることで，2020 年の格付分布の予測が得られる．たとえば，2019 年の各格付の発行体数のデータが，Aaa が 100，Aa が 120，A が 200，Baa が 300，Ba が 500，B が

400，Caa-C が 250 であるとするとき，2020 年のそれぞれの格付の発行体数
や債務不履行に陥る発行体数の予測値は次の式で求められる．

$$
\begin{pmatrix}
0.6728 & 0.0068 & 0.0023 & 0 & 0 & 0 & 0 \\
0.2735 & 0.8084 & 0.0208 & 0.0002 & 0 & 0 & 0 \\
0.0015 & 0.1345 & 0.8551 & 0.0599 & 0.0006 & 0 & 0 \\
0 & 0.0005 & 0.0469 & 0.8263 & 0.0979 & 0.0019 & 0 \\
0 & 0 & 0.0011 & 0.0263 & 0.7596 & 0.1106 & 0.0173 \\
0 & 0.0006 & 0.0002 & 0.0025 & 0.0518 & 0.7056 & 0.1214 \\
0 & 0 & 0 & 0.0006 & 0.0014 & 0.0107 & 0.3815 \\
0 & 0 & 0.0003 & 0.0007 & 0.0058 & 0.0107 & 0.2312 \\
0.0521 & 0.0493 & 0.0734 & 0.0835 & 0.0829 & 0.1605 & 0.2486
\end{pmatrix}
\begin{pmatrix}
100 \\ 120 \\ 200 \\ 300 \\ 500 \\ 400 \\ 250
\end{pmatrix}
$$

行列の成分は，表6.3の割合を小数に直している．左のかけ算の結果得られるベクトルは9個の成分をもち，上から順に，2020年におけるAaa, Aa, A, Baa, Ba, B, Caa-C, デフォルト，格付取り下げの各発行体数を表す．表6.3と左の行列では，数値の並びの縦横が異なっていることに注意．

　格付推移行列は 9×7 行列であるため，上の計算で得られるベクトルは9個の成分をもつ．格付推移行列に9個の成分をもつベクトルをかけることはできないので，このままでは，2年先を予測する式がつくれない．しかし，9個の成分のうち，上から7個までの成分が2012年におけるAaaからCaa-Cまでの発行体の数，その下の2個の成分が「デフォルト」および「格付取り下げ」となった発行体数を表していることに注意すると，9個の成分のうち「デフォルト」や「格付取り下げ」を表す下側の2個の成分を取り除いてから，格付推移行列をかけることで，2年後の格付分布を調べることができる（図6.1）．

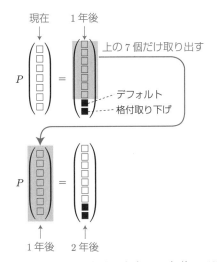

図 6.1 格付推移行列を P とするときの2年後の予測の求め方

▎6.1.3　生態系の変化を予測する

　外来種の侵入による在来種の危機といった問題は地球上のいたるところでみられる問題である．日本でも，湖や池でのブラックバスやブルーギルの繁殖，小笠原諸島での外来種のとかげ グリーンアノールによる昆虫相の破壊，同じく小笠原諸島での外来樹種アカギによる在来樹種の危機，などが問題となっている．このような問題を調べるためにも行列は応用できる．

　たとえば，小笠原諸島で駆除の取り組みが行われているグリーンアノールの1年ごとの生存率は表 6.4 のようになることが知られている．また，孵化後，幼体を経て1年で成体になり，成体になった1歳以上の雌は，1匹あたり平均して毎年 15.25 個の卵を産む．卵から孵化した時点での雄と雌の比率は1対1であるとされる．

グリーンアノールの中には6歳以上まで生きるものもいるが，表 6.4 には5歳までにしか数値がないので，この後の話では，グリーンアノールは6歳までに寿命が尽きるとして考える．

表 **6.4**　グリーンアノールの経年生存率（戸田光彦ほか（2009）より）

成長段階	生存率 (%)
卵から1歳	10.35
1歳から2歳	43.96
2歳から3歳	32.97
3歳から4歳	33.33
4歳から5歳	34.00

　グリーンアノールの生息数の経年変化を，n 年後の1歳の成体の個体数を a_n，2歳の個体数を b_n，3歳の個体数を c_n，4歳の個体数を d_n，5歳の個体数を e_n とおいて表してみよう．

　$n+1$ 年後に1歳の成体が何匹いるかは，n 年後の1歳以上の成体の雌の個体数に，雌1匹あたりの産卵数と，卵が孵化して1歳まで生存する割合をかけることで求められるから，次の式で計算される．

$$\begin{bmatrix} n\,年後の1歳 \\ 以上の成体数 \end{bmatrix} \times [雌の割合] \times \begin{bmatrix} 雌1匹あたり \\ の産卵数 \end{bmatrix} \times \begin{bmatrix} 卵から1歳まで \\ の生存率 \end{bmatrix}$$

雄雌で生存率の差があるというデータは示されていないので，各年齢の成体の雄と雌の比率は，孵化した時点での雄と雌の比率と同じ1対1として考える．

n 年後の1歳以上の成体の個体数は $a_n + b_n + c_n + d_n + e_n$ であり，雄と雌の比率は1対1，1歳以上の雌1匹あたりの1年間の平均産卵個数は 15.25，さらに，卵が孵化して1歳まで生存する割合は，表 6.4 から 0.1035 であるから，$n+1$ 年後の1歳の成体の個体数 a_{n+1} は次の式で求められる．

$$(a_n + b_n + c_n + d_n + e_n) \times \frac{1}{2} \times 15.25 \times 0.1035$$

ここで，$\frac{1}{2} \times 15.25 \times 0.1035 \fallingdotseq 0.7892$ であるから，

$$a_{n+1} = 0.7892a_n + 0.7892b_n + 0.7892c_n + 0.7892d_n + 0.7892e_n$$

となる．また，$n+1$ 年後の 2 歳から 5 歳までの各年齢の個体数は，n 年後の 1 歳から 4 歳までの各年齢の個体数に翌年までの生存率をかけることで求められるので，表 6.4 の数値を使って，次のように求められる．

$$b_{n+1} = 0.4396a_n$$

$$c_{n+1} = 0.3297b_n$$

$$d_{n+1} = 0.3333c_n$$

$$e_{n+1} = 0.34d_n$$

以上の式をまとめて行列で表すと，n 年後の個体数から $n+1$ 年後の個体数を求める式が次のように行列を用いて表される．

$$\begin{pmatrix} a_{n+1} \\ b_{n+1} \\ c_{n+1} \\ d_{n+1} \\ e_{n+1} \end{pmatrix} = \begin{pmatrix} 0.7892 & 0.7892 & 0.7892 & 0.7892 & 0.7892 \\ 0.4396 & 0 & 0 & 0 & 0 \\ 0 & 0.3297 & 0 & 0 & 0 \\ 0 & 0 & 0.3333 & 0 & 0 \\ 0 & 0 & 0 & 0.34 & 0 \end{pmatrix} \begin{pmatrix} a_n \\ b_n \\ c_n \\ d_n \\ e_n \end{pmatrix}$$

行列を用いた表し方については 3.2.3 項（66〜67 ページ）参照．

このとき，行列

$$\begin{pmatrix} 0.7892 & 0.7892 & 0.7892 & 0.7892 & 0.7892 \\ 0.4396 & 0 & 0 & 0 & 0 \\ 0 & 0.3297 & 0 & 0 & 0 \\ 0 & 0 & 0.3333 & 0 & 0 \\ 0 & 0 & 0 & 0.34 & 0 \end{pmatrix}$$

は，小笠原諸島におけるグリーンアノールの世代の推移を表す推移行列であり，この行列を用いて生息数の経年変化を予測したり，駆除するにはどれくらいを捕獲し続けなくてはいけないかを考察することができる．

推移行列を用いることで，複数の量が時系列的にどのように変化していくのかを調べることができる．

演習 6.1 谷をはさんだ両側の面積の等しい 2 つの地区 A と B にシカの群れが生息している．谷には川が流れているが，この谷を越えて毎年一定の割合のシカが反対側の地区に移動することが観察されている．観察データによれば，毎年 A 地区のシカの 10% が B 地区に，B 地区のシカの 20% が A 地区に移動し，その他のシカはそのままの地区に留まるという．ある年の両地区でのシカの生息密度が A 地区 18.6 頭/km²，B 地区 7.4 頭/km² であったとするとき，1 年後，2 年後，3 年後の両地区でのシカの生息密度を行列を用いて調べてみよう．

6.2　過去にさかのぼる推移行列

　前節では，未来を探るために推移行列を用いたが，推移行列で表されるモデルでは，現在のデータから過去にさかのぼることもできる．

寿命が 3 年ということは，0歳，1 歳，2 歳の個体のみが存在するということである．

　現実の例をそのまま使うのは計算が複雑になるので，ここでは，仮に，経年生存率が表 6.5 のようになっている生物 X がいるとして，この生物を例に話を進めよう．この生物の寿命は 3 年であり，孵化時の雄と雌の割合は 1 対 1 とし，1 歳で成体となり，1 歳の雌も 2 歳の雌も 1 個体あたり 1 年の間に平均 20 個の卵を産むとする．

表 6.5　生物 X の経年生存率

成長段階	生存率 (%)
卵から 1 歳	10
1 歳から 2 歳	40

　表 6.5 の生物について，ある年における 1 歳の個体数を a，2 歳の個体数を b とし，翌年の 1 歳の個体数を x，2 歳の個体数を y として，まずは推移行列をつくってみよう．

　翌年の 1 歳の個体数 x は，

$$\begin{bmatrix}その年の\\成体数\end{bmatrix} \times [雌の割合] \times \begin{bmatrix}雌1匹あたり\\の産卵数\end{bmatrix} \times \begin{bmatrix}卵から1歳まで\\の生存率\end{bmatrix}$$

で求められる．表 6.5 のデータより，翌年の 1 歳の個体数 x を求める式は，

$$(a + b) \times \frac{1}{2} \times 20 \times 0.1$$

となる．$\frac{1}{2} \times 20 \times 0.1 = 1$ であるから，

$$x = a + b$$

となる．

　翌年の 2 歳の個体数 y は，その年の 1 歳の個体数 a に，1 歳から 2 歳までの生存率をかけることで求められるので，表 6.5 のデータより，

$$y = 0.4a$$

となる．

　以上から，x, y が a, b を用いて

$$\begin{cases} x = a + b \\ y = 0.4a \end{cases} \tag{6.2}$$

と表される．これを行列を用いて表せば，

$$\begin{pmatrix} x \\ y \end{pmatrix} = \begin{pmatrix} 1 & 1 \\ 0.4 & 0 \end{pmatrix} \begin{pmatrix} a \\ b \end{pmatrix} \tag{6.3}$$

となる．ここで，$P = \begin{pmatrix} 1 & 1 \\ 0.4 & 0 \end{pmatrix}$ とおくと，P はこの例の推移行列であり，

x, y と a, b の関係は，P を用いて，

$$\begin{pmatrix} x \\ y \end{pmatrix} = P \begin{pmatrix} a \\ b \end{pmatrix}$$

と表される．

　ここで，逆にある年の1歳の個体数 x と2歳の個体数 y から，その1年前の1歳の個体数 a と2歳の個体数 b を求めることを考えてみよう．x, y から a, b を求めるには，式 (6.2) を a, b について解いて，a, b を x, y で表す必要がある．

　前ページの式 (6.2) より，

$$\begin{cases} x = a + b \\ y = 0.4a \end{cases}$$

であるから，$y = 0.4a$ より，$a = \dfrac{y}{0.4}$ と表され，さらに，これを $x = a + b$ に代入することで，a, b が x, y を用いて次のように表される．

$$\begin{cases} a = \dfrac{y}{0.4} \\ b = x - \dfrac{y}{0.4} \end{cases}$$

これを行列を用いて表現することで，

$$\begin{pmatrix} a \\ b \end{pmatrix} = \begin{pmatrix} 0 & \dfrac{1}{0.4} \\ 1 & -\dfrac{1}{0.4} \end{pmatrix} \begin{pmatrix} x \\ y \end{pmatrix}$$

$$= \begin{pmatrix} 0 & 2.5 \\ 1 & -2.5 \end{pmatrix} \begin{pmatrix} x \\ y \end{pmatrix}$$

となる．ここで，$Q = \begin{pmatrix} 0 & 2.5 \\ 1 & -2.5 \end{pmatrix}$ とおくと，ある年の個体数と1年前の個

体数の関係が次のように表される．

式 (6.2) から

$$\begin{cases} x = 1 \times a + 1 \times b \\ y = 0.4 \times a + 0 \times b \end{cases}$$

となることに注意．式 (6.2) から式 (6.3) のつくり方については，3.2.3 項（66〜67ページ）参照．

$x = a + b$ に $a = \dfrac{y}{0.4}$ を代入すると，

$$x = \dfrac{y}{0.4} + b$$

より，$b = x - \dfrac{y}{0.4}$.

$$\begin{cases} a = 0 \times x + \dfrac{1}{0.4} \times y \\ b = 1 \times x - \dfrac{1}{0.4} \times y \end{cases}$$

となることに注意．あとは66〜67ページを参照．

$$\begin{pmatrix} 1\,\text{年前の}\,1\,\text{歳の個体数} \\ 1\,\text{年前の}\,2\,\text{歳の個体数} \end{pmatrix} = Q \begin{pmatrix} \text{ある年の}\,1\,\text{歳の個体数} \\ \text{ある年の}\,2\,\text{歳の個体数} \end{pmatrix}$$

Q を用いることで，さらに，2 年前，3 年前の個体数も求められる．

$$\begin{pmatrix} 2\,\text{年前の}\,1\,\text{歳の個体数} \\ 2\,\text{年前の}\,2\,\text{歳の個体数} \end{pmatrix} = Q^2 \begin{pmatrix} \text{ある年の}\,1\,\text{歳の個体数} \\ \text{ある年の}\,2\,\text{歳の個体数} \end{pmatrix}$$

$$\begin{pmatrix} 3\,\text{年前の}\,1\,\text{歳の個体数} \\ 3\,\text{年前の}\,2\,\text{歳の個体数} \end{pmatrix} = Q^3 \begin{pmatrix} \text{ある年の}\,1\,\text{歳の個体数} \\ \text{ある年の}\,2\,\text{歳の個体数} \end{pmatrix}$$

P は 1 年後の状態への推移を表す，未来へ向かう推移行列であったが，Q は 1 年前の状態への推移を表す，過去へ向かう推移行列である．

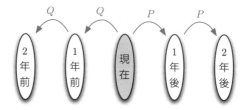

図 6.2　P は未来への推移，Q は過去への推移を表す

　ある年の個体数のデータを表すベクトルに P をかけると 1 年後の個体数が求められ，Q をかけると 1 年前の個体数が求められるのだから，P をかけて得られた 1 年後の個体数を表すベクトルに Q をかけると，P をかける前のもとの年のデータに戻るはずである．実際，ある年の個体数のデータ $\begin{pmatrix} a \\ b \end{pmatrix}$ に対して，P をかけて得られる 1 年後の個体数

$$P \begin{pmatrix} a \\ b \end{pmatrix} = \begin{pmatrix} 1 & 1 \\ 0.4 & 0 \end{pmatrix} \begin{pmatrix} a \\ b \end{pmatrix} = \begin{pmatrix} a+b \\ 0.4a \end{pmatrix}$$

に Q をかけると，

$$Q \begin{pmatrix} a+b \\ 0.4a \end{pmatrix} = \begin{pmatrix} 0 & 2.5 \\ 1 & -2.5 \end{pmatrix} \begin{pmatrix} a+b \\ 0.4a \end{pmatrix} = \begin{pmatrix} 2.5 \times 0.4a \\ a+b-2.5 \times 0.4a \end{pmatrix} = \begin{pmatrix} a \\ b \end{pmatrix}$$

となっているので，次の式が成り立つ．

$$QP \begin{pmatrix} a \\ b \end{pmatrix} = \begin{pmatrix} a \\ b \end{pmatrix}$$

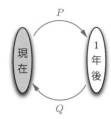

図 6.3 P をかけて Q をかけるともとに戻る

実はこのことは，Q が P にとって特別な行列であることが関係している．P と Q をかけ合わせてみると，

$$QP = \begin{pmatrix} 0 & 2.5 \\ 1 & -2.5 \end{pmatrix} \begin{pmatrix} 1 & 1 \\ 0.4 & 0 \end{pmatrix} = \begin{pmatrix} 2.5 \times 0.4 & 0 \\ 1 - 2.5 \times 0.4 & 1 \end{pmatrix} = \begin{pmatrix} 1 & 0 \\ 0 & 1 \end{pmatrix}$$

となる．ここで出てきた $\begin{pmatrix} 1 & 0 \\ 0 & 1 \end{pmatrix}$ という行列は，どんなベクトルにかけても，

$$\begin{pmatrix} 1 & 0 \\ 0 & 1 \end{pmatrix} \begin{pmatrix} a \\ b \end{pmatrix} = \begin{pmatrix} 1 \times a + 0 \times b \\ 0 \times a + 1 \times b \end{pmatrix} = \begin{pmatrix} a \\ b \end{pmatrix}$$

となって，ベクトルが変化しない特別な行列である．

QP がこの特別な行列 $\begin{pmatrix} 1 & 0 \\ 0 & 1 \end{pmatrix}$ になるということは，Q は，P をかけた結果を打ち消す，逆数のような働きをしているということを意味する．このように，P に対して，

$$QP = \begin{pmatrix} 1 & 0 \\ 0 & 1 \end{pmatrix}$$

となるような行列 Q を，P の**逆行列**という．

$\begin{pmatrix} 1 & 0 \\ 0 & 1 \end{pmatrix}$ は**単位行列**とよばれ，行列のかけ算において，数のかけ算での 1 と同じ役割を果たす．

> 推移行列の逆行列を求めることで，過去のデータを再現することができる．推移行列の逆行列は，過去に向かっての推移を表す行列であり，現在のデータを表すベクトルにかけていくことで，過去の状態を表すデータを求めることができる．

演習 6.2　演習 6.1（141 ページ）のシカの生息密度について，演習 6.1 のデータから，過去への推移を表す行列をつくり，過去の生息密度を再現してみよう．

(1) ある年の A 地区，B 地区のシカの生息密度をそれぞれ a, b とし，その翌年の A 地区，B 地区の生息密度をそれぞれ x, y とする．演習 6.1 で求めた推移行列を P とすると，

$$\begin{pmatrix} x \\ y \end{pmatrix} = P \begin{pmatrix} a \\ b \end{pmatrix}$$

となるが，このとき，この関係式を a, b について解いて，a, b を x, y を用いて表してみよう．

(2) (1) で求めた式が $\begin{pmatrix} a \\ b \end{pmatrix} = Q \begin{pmatrix} x \\ y \end{pmatrix}$ と表せることを確認し，行列 Q を求めてみよう．

(3) Q を $\begin{pmatrix} x \\ y \end{pmatrix} = P \begin{pmatrix} a \\ b \end{pmatrix}$ の両辺に左からかけると，$Q \begin{pmatrix} x \\ y \end{pmatrix} = \begin{pmatrix} a \\ b \end{pmatrix}$ が得られることを確かめてみよう．

(4) $QP = \begin{pmatrix} 1 & 0 \\ 0 & 1 \end{pmatrix}$ となることを確かめてみよう．

(5) 演習 6.1 の生息密度の観測データをもとに，

$$Q \begin{pmatrix} 18.6 \\ 7.4 \end{pmatrix}, \quad Q^2 \begin{pmatrix} 18.6 \\ 7.4 \end{pmatrix}, \quad \cdots$$

を計算し，観測時点の 1 年前，2 年前の両地区の生息密度を求めてみよう．

6.3 行列のことば——正方行列と逆行列

[正方行列] 65 ページで紹介したように，縦と横のサイズ（行の個数と列の個数）が同じ行列を**正方行列**とよんだが，2 行 2 列ならば 2 次正方行列，3 行 3 列ならば 3 次正方行列，などとよぶ．ここで「2 次」とか「3 次」などの数を正方行列の**次数**という．

$$\begin{pmatrix} 1 & 2 \\ 3 & -1 \end{pmatrix} \qquad \begin{pmatrix} 1 & 2 & 3 \\ 3 & 1 & 1 \\ 1 & -1 & 0 \end{pmatrix} \qquad \begin{pmatrix} 1 & 1 & 1 & 1 \\ 2 & 1 & 0 & 1 \\ 1 & 0 & 1 & 0 \\ 3 & 1 & 2 & 1 \end{pmatrix}$$

　　2 次正方行列　　　　　3 次正方行列　　　　　　4 次正方行列

　正方行列は縦と横のサイズが同じなので，自分自身とかけ算することができる．正方行列 A を k 個かけたものを，A^k と表し，A の **k 乗**という．

$$A^2 = AA, \qquad A^3 = AAA, \qquad A^4 = AAAA, \qquad \cdots$$

[単位行列] 左上から右下にかけての対角線上に 1 が並び，他の成分がすべて 0 であるような正方行列を**単位行列**という．単位行列は E で表すことが多い．次数を明確にしたいときは，E_2, E_3 などと書き，それぞれ 2 次単位行列，3 次単位行列とよばれる．

単位行列を I で表すこともある．

$$E_2 = \begin{pmatrix} 1 & 0 \\ 0 & 1 \end{pmatrix} \qquad E_3 = \begin{pmatrix} 1 & 0 & 0 \\ 0 & 1 & 0 \\ 0 & 0 & 1 \end{pmatrix} \qquad E_4 = \begin{pmatrix} 1 & 0 & 0 & 0 \\ 0 & 1 & 0 & 0 \\ 0 & 0 & 1 & 0 \\ 0 & 0 & 0 & 1 \end{pmatrix}$$

　　2 次単位行列　　　　　3 次単位行列　　　　　　4 次単位行列

　単位行列はどんなベクトル $\boldsymbol{x}$ や行列 A, B にかけても，常に，

$$E\boldsymbol{x} = \boldsymbol{x}, \qquad EA = A, \qquad BE = B$$

が成り立つという特別な性質をもつ行列である．

高校の教科書ではベクトルは $\vec{x}$ のように表されるが，大学では $\boldsymbol{x}$（x の太字）のように表すことが多い．

[逆行列] 正方行列 A に対して，$XA = E$ となる正方行列 X があるとき，X を A の**逆行列**という．逆行列は行列によっては存在しないこともあるが，存在する場合は A に対してただ 1 つだけ存在する．A の逆行列を A^{-1} という記号で表し，「エー・インバース」と読む．

とくに，2 次正方行列の場合には，行列 $\begin{pmatrix} a & b \\ c & d \end{pmatrix}$ に対して，$ad - bc \neq 0$ の
ときに限り逆行列が存在し，

$$\begin{pmatrix} a & b \\ c & d \end{pmatrix}^{-1} = \frac{1}{ad - bc} \begin{pmatrix} d & -b \\ -c & a \end{pmatrix}$$

で与えられる．

亜成鳥の間は繁殖をせず，成
鳥になると繁殖を行う．

演習 6.3　オオタカの成長段階には，生まれて 3 年未満の亜成鳥と，3 年以上
の成鳥があり，亜成鳥，成鳥の年ごとの世代間推移について，下記の表のような
データがある．

オオタカの世代間推移（青島正和（2007）より）

	比率 (%)
亜成鳥→亜成鳥	33.3
亜成鳥→成鳥	16.7
成鳥→亜成鳥	73.0
成鳥→成鳥	85.7

ただし，「亜成鳥→亜成鳥」は，亜成鳥として翌年も生存する割合，「亜成鳥→成
鳥」は，亜成鳥から成鳥になる割合，「成鳥→亜成鳥」は，成鳥から生まれる亜
成鳥の個体数の割合，「成鳥→成鳥」は，成鳥として翌年も生存する割合を表す．
　亜成鳥の個体数が a で成鳥の個体数が b のときの翌年の亜成鳥の個体数を x,
成鳥の個体数を y とすると，上の表より，x, y は次の式で与えられることがわ
かる．

$$\begin{cases} x = 0.333a + 0.73b \\ y = 0.167a + 0.857b \end{cases}$$

　ある年のある地区での亜成鳥と成鳥の個体数がそれぞれ 100 と 90 と観測され
たとき，次の問いに答えてみよう．

(1) 推移行列 P をつくろう．
(2) P を用いて，1 年後，2 年後，3 年後の亜成鳥と成鳥の個体数を求めよう．
(3) P^{-1} を求めよう．
(4) (3) の結果を使って，1 年前，2 年前の亜成鳥と成鳥の個体数を求めよう．

6.4 固有値・固有ベクトルで変化をとらえる

6.4.1 データが推移する方向

> **例題 6.2**　ある大学では，キャンパスが広大であることからレンタルサイクルサービスを開始した．正門脇とキャンパス奥の講義棟前の2ヶ所に専用の指定駐輪場を設置して，正門脇に200台，講義棟前に100台の自転車を用意し，この2ヶ所の駐輪場間では相互に乗り捨て自由としてサービスを開始した．
>
> 　サービスを開始して1週間後に2ヶ所の台数を調べたところ，正門脇にあった自転車のうち60台が講義棟前に移動し，講義棟前にあった自転車のうち20台が正門脇に移動して，正門脇の台数は160台，講義棟前の台数は140台となっていた．
>
> 　1週間で，正門脇の自転車のうち3割が講義棟前に移動し，講義棟前の自転車のうち2割が正門脇に移動したことになるが，この傾向がこのまま続くと，2ヶ所の駐輪場の台数はどのようになっていくだろうか．

データの動きを図に表して調べる

　まずは，例題6.2での自転車の移動割合についてのデータを表にまとめてみよう．正門脇の自転車は，3割が講義棟前に移動するため，正門脇には7割が残る．また，講義棟前の自転車は，2割が正門脇に移動するため，講義棟前には8割が残る．これらの割合をパーセント (%) で表して表にすると，表6.6のようになる．

表 6.6　例題 6.2 での自転車の移動割合 (%)

		1週間後の場所	
		正門脇	講義棟前
もとの場所	正門脇	70	30
	講義棟前	20	80

　表6.6の移動割合の傾向が続くとすると，ある週の正門脇の台数が a，講義棟前の台数が b であるとき，1週間後の正門脇の台数を x，講義棟前の台数を y とおくと，x, y は，a, b を用いて次の式で表される．

$$\begin{cases} x = 0.7a + 0.2b \\ y = 0.3a + 0.8b \end{cases}$$

これを，行列とベクトルを用いて表せば，

$$\begin{pmatrix} x \\ y \end{pmatrix} = \begin{pmatrix} 0.7 & 0.2 \\ 0.3 & 0.8 \end{pmatrix} \begin{pmatrix} a \\ b \end{pmatrix}$$

となるので，$\begin{pmatrix} 0.7 & 0.2 \\ 0.3 & 0.8 \end{pmatrix}$ がこの問題の推移行列である．この推移行列を P

とおくと，サービス開始から n 週間後の各駐輪場の台数は，

$$\begin{pmatrix} n\text{ 週間後の正門脇の台数} \\ n\text{ 週間後の講義棟前の台数} \end{pmatrix} = P^n \begin{pmatrix} 200 \\ 100 \end{pmatrix}$$

で表されるから，4週間後までの台数を求めると，次のようになる．

1週間後の台数… $\quad P \begin{pmatrix} 200 \\ 100 \end{pmatrix} = \begin{pmatrix} 160 \\ 140 \end{pmatrix}$

2週間後の台数… $\quad P^2 \begin{pmatrix} 200 \\ 100 \end{pmatrix} = P \begin{pmatrix} 160 \\ 140 \end{pmatrix} = \begin{pmatrix} 140 \\ 160 \end{pmatrix}$

3週間後の台数… $\quad P^3 \begin{pmatrix} 200 \\ 100 \end{pmatrix} = P \begin{pmatrix} 140 \\ 160 \end{pmatrix} = \begin{pmatrix} 130 \\ 170 \end{pmatrix}$

4週間後の台数… $\quad P^4 \begin{pmatrix} 200 \\ 100 \end{pmatrix} = P \begin{pmatrix} 130 \\ 170 \end{pmatrix} = \begin{pmatrix} 125 \\ 175 \end{pmatrix}$

2次元ベクトルは，上の成分を x 座標，下の成分を y 座標に対応させることで，座標平面上の点に対応させることができる．たとえば，ベクトル $\begin{pmatrix} 200 \\ 100 \end{pmatrix}$ は座標平面上の点 $(200, 100)$ に対応する．

これらのベクトルが表すデータを，正門脇の台数を横軸，講義棟前の台数を縦軸とするグラフ上の点として表してみたところ，図6.4のようになった．

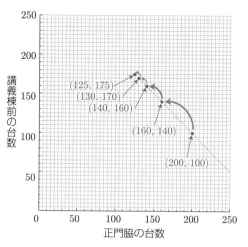

図 **6.4**　例題 6.2 の台数の推移

図 6.4 をみると，2ヶ所の駐輪場の台数を表す点が，直線に沿って移動していっているようにみえる．さらに，台数を表す点の動く幅が次第に小さくなっていっていることから，どこか 1 点に近づいていっているようにもみえる．

まず，台数を表す点が動いている方向をみてみよう．サービス開始時の点から x 軸方向に -40，y 軸方向に $+40$ 移動した点が 1 週間後の点であり，1 週間後の点から x 軸方向に -20，y 軸方向に $+20$ 移動した点が 2 週間後の点であることから，傾き -1 の直線に沿って直線的に動いていることがわかる（図6.5）．

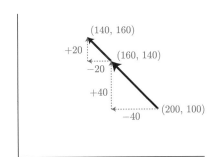

図 6.5 台数の推移していく方向

どの点に向かっているか調べるために，推移行列をさらにかけていくと，

$$P^5\begin{pmatrix}200\\100\end{pmatrix} = P\begin{pmatrix}125\\175\end{pmatrix} = \begin{pmatrix}122.5\\177.5\end{pmatrix}$$

$$P^6\begin{pmatrix}200\\100\end{pmatrix} = P\begin{pmatrix}122.5\\177.5\end{pmatrix} = \begin{pmatrix}121.25\\178.75\end{pmatrix}$$

$$P^7\begin{pmatrix}200\\100\end{pmatrix} = P\begin{pmatrix}121.25\\178.75\end{pmatrix} = \begin{pmatrix}120.625\\179.375\end{pmatrix}$$

$$P^8\begin{pmatrix}200\\100\end{pmatrix} = P\begin{pmatrix}120.625\\179.375\end{pmatrix} = \begin{pmatrix}120.3125\\179.6875\end{pmatrix}$$

$$P^9\begin{pmatrix}200\\100\end{pmatrix} = P\begin{pmatrix}120.3125\\179.6875\end{pmatrix} = \begin{pmatrix}120.15625\\179.84375\end{pmatrix}$$

この先は小数になってしまうが，台数の推移を予測する数学モデルとして，どの点に向かうかを計算したいので，小数のまま続行している．

より，$(120, 180)$ に近づいていっていることがわかる．

変化の規則性と推移行列

台数の推移傾向は，例題 6.2 と同じであるとする．

正門脇と講義棟前の台数が異なる状態から始めた場合についても調べてみると，図 6.6 のようになった．（演習 6.4 を解いて確かめてみよう．）

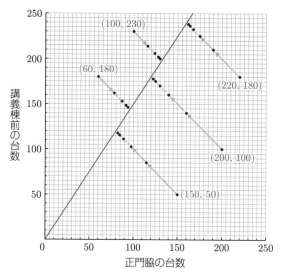

図 6.6 様々な台数配置から始めた場合の台数の推移

> **演習 6.4** 正門脇の台数を x，講義棟前の台数を y とするとき，$(x, y) = (220, 180), (150, 50), (60, 180), (100, 230)$ の 4 つの場合について，例題 6.2 の推移行列を使って台数の推移を計算し，台数の推移が図 6.6 のようになることを確認してみよう．

図 6.6 をみると，すべての点の動き方にある規則性があることに気づく．1 つは，原点と点 $(120, 180)$ を結ぶ直線 $y = \dfrac{3}{2}x$（図 6.6 の原点を通る青色の直線）に向かっているということであり，もう 1 つは，傾き -1 の直線，すなわち，直線 $y = -x$ に平行な直線（図 6.6 の青色の矢印に平行な直線）に沿って直線 $y = \dfrac{3}{2}x$ に近づいている，ということである．ここで，さらに気づくことがある．それは，傾き -1 の直線に沿って移動していく距離が，1 回ごとに半分（0.5 倍）になっていくということである．つまり，図 6.6 に表された推移行列による変化は，結局，2 つの直線（青色の直線と，青色の矢印に平行な直線）によって規則づけられているといえる．このことは，実は，2 つの直線の「方向」が，推移行列にとって特別な「方向」であることと関係している．以下では，2 つの方向がどのように特別かを「ベクトル」の視点から考えてみよう．

2 次元ベクトル $\begin{pmatrix} a \\ b \end{pmatrix}$ は，x 軸方向に a，y 軸方向に b だけ直線的に動く移動

と対応させることで，ある点から別の点への移動を表す「矢印」として表すことができる（右図）.

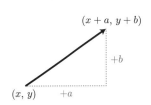

図 6.5（151 ページ）において，点 $(200, 100)$ から点 $(160, 140)$ に向かう矢印は，x 軸方向に -40，y 軸方向に $+40$ 動く移動を表しているので，ベクトル $\begin{pmatrix} -40 \\ 40 \end{pmatrix}$ を矢印で表したものということになる．同様に，点 $(160, 140)$ から点 $(140, 160)$ に向かう矢印はベクトル $\begin{pmatrix} -20 \\ 20 \end{pmatrix}$ を表す．これら 2 つの矢印は長さは違うが平行である．一般に，ベクトルと矢印の対応では，互いに定数倍の関係にある 2 つのベクトルに対応する「矢印」同士は平行になる.

直線の方向も，直線に平行な矢印でとらえることで，ベクトルと対応させることができる．直線 $y = -x$ は x 軸方向に -1，y 軸方向に $+1$ 動く移動を表す矢印と平行なので，$\begin{pmatrix} -1 \\ 1 \end{pmatrix}$ がこの直線の方向を表すベクトルである．同様に考えると，$\begin{pmatrix} 2 \\ 3 \end{pmatrix}$ が直線 $y = \dfrac{3}{2}x$ の方向を表すベクトルである.

2 つの直線の方向が「特別」であるというのは，これらの方向を表すベクトルが推移行列と特別な関係にあるということである．実は，直線 $y = -x$ の方向を表すベクトル $\begin{pmatrix} -1 \\ 1 \end{pmatrix}$ は，推移行列 P をかけたとき，方向が変わらず長さが 0.5 倍になるベクトルであり，直線 $y = \dfrac{3}{2}x$ の方向を表すベクトル $\begin{pmatrix} 2 \\ 3 \end{pmatrix}$ は，P をかけたとき，方向も長さも変わらないベクトルとなっているのである（図 6.7）.

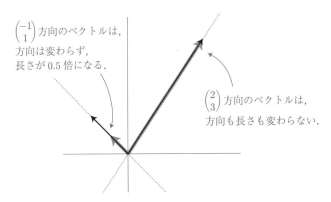

図 **6.7** 推移行列 P によって方向が変わらないベクトル

実際に，図 6.7 のようになることを計算で確認してみよう．

ベクトル $\begin{pmatrix} -1 \\ 1 \end{pmatrix}$ やこれに平行なベクトル $\begin{pmatrix} -40 \\ 40 \end{pmatrix}$ に P をかけると，

$$P\begin{pmatrix} -1 \\ 1 \end{pmatrix} = \begin{pmatrix} 0.7 & 0.2 \\ 0.3 & 0.8 \end{pmatrix}\begin{pmatrix} -1 \\ 1 \end{pmatrix} \qquad P\begin{pmatrix} -40 \\ 40 \end{pmatrix} = \begin{pmatrix} 0.7 & 0.2 \\ 0.3 & 0.8 \end{pmatrix}\begin{pmatrix} -40 \\ 40 \end{pmatrix}$$

$$= \begin{pmatrix} 0.7 \times (-1) + 0.2 \times 1 \\ 0.3 \times (-1) + 0.8 \times 1 \end{pmatrix} \qquad = \begin{pmatrix} 0.7 \times (-40) + 0.2 \times 40 \\ 0.3 \times (-40) + 0.8 \times 40 \end{pmatrix}$$

$$= \begin{pmatrix} -0.5 \\ 0.5 \end{pmatrix} \qquad\qquad\qquad = \begin{pmatrix} -20 \\ 20 \end{pmatrix}$$

$$= 0.5\begin{pmatrix} -1 \\ 1 \end{pmatrix} \qquad\qquad\qquad = 0.5\begin{pmatrix} -40 \\ 40 \end{pmatrix}$$

となり，これらのベクトルは，P をかけると，方向はそのままで長さが 0.5 倍になることがわかる．

同様にして，ベクトル $\begin{pmatrix} 2 \\ 3 \end{pmatrix}$ やこれに平行なベクトル $\begin{pmatrix} 120 \\ 180 \end{pmatrix}$ に P をかけると，

$$P\begin{pmatrix} 2 \\ 3 \end{pmatrix} = \begin{pmatrix} 0.7 & 0.2 \\ 0.3 & 0.8 \end{pmatrix}\begin{pmatrix} 2 \\ 3 \end{pmatrix} \qquad P\begin{pmatrix} 120 \\ 180 \end{pmatrix} = \begin{pmatrix} 0.7 & 0.2 \\ 0.3 & 0.8 \end{pmatrix}\begin{pmatrix} 120 \\ 180 \end{pmatrix}$$

$$= \begin{pmatrix} 0.7 \times 2 + 0.2 \times 3 \\ 0.3 \times 2 + 0.8 \times 3 \end{pmatrix} \qquad = \begin{pmatrix} 0.7 \times 120 + 0.2 \times 180 \\ 0.3 \times 120 + 0.8 \times 180 \end{pmatrix}$$

$$= \begin{pmatrix} 2 \\ 3 \end{pmatrix} \qquad\qquad\qquad = \begin{pmatrix} 120 \\ 180 \end{pmatrix}$$

例題 6.1（135 ページ），演習 6.1（141 ページ），例題 6.2（149 ページ）の推移行列は，全体の総数が変わらず，割合だけが変化する状態変化を表すので，行列の成分はすべて 0 以上であり，かつ，行列の各列で縦に並んだ数値を合計すると必ず 1 になる．このような推移行列で表される変化を**マルコフ連鎖**という．マルコフ連鎖の推移行列には，固有値 1 の固有ベクトルが必ず存在する，実数の固有値は絶対値が 1 以下になる，などの特徴がある．

となり，P によって動かないベクトルになっている．このように P によって動かないベクトルの表す状態を**定常状態**という．

ここでみたような，P をかけても方向が変わらないベクトルを，数学では，P の**固有ベクトル**という．また，固有ベクトルに P をかけたときの長さの変化の比率をその固有ベクトルに対応する**固有値**という．

上でみたことを，固有ベクトルのことばでいえば，$\begin{pmatrix} -1 \\ 1 \end{pmatrix}$ やこれに平行なベクトルは行列 $\begin{pmatrix} 0.7 & 0.2 \\ 0.3 & 0.8 \end{pmatrix}$ の固有値 0.5 の固有ベクトルであり，$\begin{pmatrix} 2 \\ 3 \end{pmatrix}$ やこれに平行なベクトルは固有値 1 の固有ベクトルである，ということである．

固有ベクトルで現象をとらえる

固有ベクトルのことばを用いれば，例題 6.2 の台数が，傾き -1 の直線に沿って，直線 $y = \dfrac{3}{2}$ 上の点 $(120, 180)$ に近づいていく理由が説明できる.

まず，はじめの台数を表すベクトル $\begin{pmatrix} 200 \\ 100 \end{pmatrix}$ は，P の 2 つの固有ベクトル

$\begin{pmatrix} 2 \\ 3 \end{pmatrix}$ と $\begin{pmatrix} -1 \\ 1 \end{pmatrix}$ を用いて，$\begin{pmatrix} 200 \\ 100 \end{pmatrix} = a \begin{pmatrix} 2 \\ 3 \end{pmatrix} + b \begin{pmatrix} -1 \\ 1 \end{pmatrix}$ と表せる.

実際，a と b の方程式として解いてそれぞれの値を求めると，$a = 60, b = -80$ が得られる.

$$\begin{pmatrix} 200 \\ 100 \end{pmatrix} = 60 \begin{pmatrix} 2 \\ 3 \end{pmatrix} - 80 \begin{pmatrix} -1 \\ 1 \end{pmatrix} \tag{6.4}$$

ここで，$60 \begin{pmatrix} 2 \\ 3 \end{pmatrix} = \begin{pmatrix} 120 \\ 180 \end{pmatrix}$, $-80 \begin{pmatrix} -1 \\ 1 \end{pmatrix} = \begin{pmatrix} 80 \\ -80 \end{pmatrix}$ であるから，

$$\begin{pmatrix} 200 \\ 100 \end{pmatrix} = \begin{pmatrix} 120 \\ 180 \end{pmatrix} + \begin{pmatrix} 80 \\ -80 \end{pmatrix} \tag{6.5}$$

となり，$\begin{pmatrix} 200 \\ 100 \end{pmatrix}$ は，固有値 1 の固有ベクトル $\begin{pmatrix} 120 \\ 180 \end{pmatrix}$ と，固有値 0.5 の固有

ベクトル $\begin{pmatrix} 80 \\ -80 \end{pmatrix}$ の和として表される.

式 (6.5) は，原点から x 軸方向に 120，y 軸方向に 180 移動し，さらに，x 軸方向に 80，y 軸方向に -80 移動すると，点 $(200, 100)$ にたどり着くことを意味している. 式 (6.5) の 3 つのベクトルを原点からの移動を表す矢印として図示すると，図 6.8 のように，3 つの矢印の先端と原点が平行四辺形をつくる. ベクトルの足し算は，しばしば図 6.8 のように視覚化される.

2 次元ベクトルは 2 つのベクトルを用いた和に分解でき，2 つのベクトルの足し算として表すことができる. 左のように $\begin{pmatrix} 200 \\ 100 \end{pmatrix}$ を P の 2 つの固有ベクトルの足し算として表すことで，推移行列 P による $\begin{pmatrix} 200 \\ 100 \end{pmatrix}$ の変化を固有ベクトルでみることができるようになる.

2 つのベクトルの足し算は，対応する矢印をつないで得られる移動を表す矢印をつくることに対応する.

図 6.8 のベクトル $\begin{pmatrix} 120 \\ 180 \end{pmatrix}$, $\begin{pmatrix} 80 \\ -80 \end{pmatrix}$ のうちの一方を，図中の平行四辺形の対辺に移動して 2 つの矢印をつなぐと $(200, 100)$ にたどり着く移動となる.

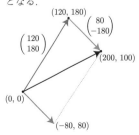

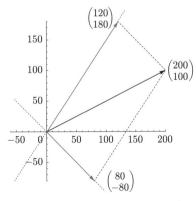

図 **6.8**　固有ベクトルの和への分解

行列とベクトルのかけ算の性質から，$\begin{pmatrix}120\\180\end{pmatrix}+\begin{pmatrix}80\\-80\end{pmatrix}$ に P をかけると，

$$P\begin{pmatrix}120\\180\end{pmatrix}+P\begin{pmatrix}80\\-80\end{pmatrix}$$

となる．

$$P\begin{pmatrix}120\\180\end{pmatrix}=\begin{pmatrix}120\\180\end{pmatrix},\ P\begin{pmatrix}80\\-80\end{pmatrix}=0.5\begin{pmatrix}80\\-80\end{pmatrix}$$

であることに注意して，式 (6.5) の両辺に P をかけると，

$$P\begin{pmatrix}200\\100\end{pmatrix}=P\begin{pmatrix}120\\180\end{pmatrix}+P\begin{pmatrix}80\\-80\end{pmatrix}$$
$$=\begin{pmatrix}120\\180\end{pmatrix}+0.5\begin{pmatrix}80\\-80\end{pmatrix}$$

となる．

P をかけることを繰り返して，$P^2\begin{pmatrix}200\\100\end{pmatrix}$，$P^3\begin{pmatrix}200\\100\end{pmatrix}$ を求めていくと，

$$P^2\begin{pmatrix}200\\100\end{pmatrix}=P\begin{pmatrix}120\\180\end{pmatrix}+0.5P\begin{pmatrix}80\\-80\end{pmatrix}$$
$$=\begin{pmatrix}120\\180\end{pmatrix}+0.5^2\begin{pmatrix}80\\-80\end{pmatrix}$$

$$P^3\begin{pmatrix}200\\100\end{pmatrix}=P\begin{pmatrix}120\\180\end{pmatrix}+0.5^2P\begin{pmatrix}80\\-80\end{pmatrix}$$
$$=\begin{pmatrix}120\\180\end{pmatrix}+0.5^3\begin{pmatrix}80\\-80\end{pmatrix}$$

となる．このようにして，$n=1,2,3,\ldots,$ に対して，次が成り立つ．

$$P^n\begin{pmatrix}200\\100\end{pmatrix}=\begin{pmatrix}120\\180\end{pmatrix}+0.5^n\begin{pmatrix}80\\-80\end{pmatrix}\tag{6.6}$$

式 (6.6) より，n を大きくしていくと，式 (6.6) の右辺の $\begin{pmatrix}80\\-80\end{pmatrix}$ の係数 0.5^n が 0 に近づいていくので，$P^n\begin{pmatrix}200\\100\end{pmatrix}$ は，$0.5^n\begin{pmatrix}80\\-80\end{pmatrix}$ が短くなるにつれて，直線 $y=-x$ と平行な方向に沿って，

$$\begin{pmatrix}120\\180\end{pmatrix}+0\begin{pmatrix}80\\-80\end{pmatrix}=\begin{pmatrix}120\\180\end{pmatrix}$$

に近づいていくことになるのである（図 6.9）．

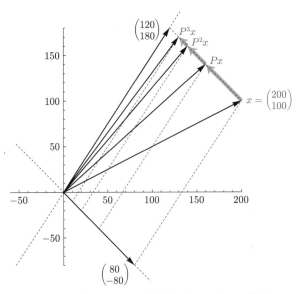

図 **6.9**　固有ベクトルでとらえたベクトルの動き

現象の推移と固有ベクトル（まとめ）

　ここで用いた方法は，最初の台数がどのようになっていたとしても使うことができる．最初の台数を表すベクトルを $\boldsymbol{x} = \begin{pmatrix} x \\ y \end{pmatrix}$ とするとき，

$$\begin{pmatrix} x \\ y \end{pmatrix} = a \begin{pmatrix} 2 \\ 3 \end{pmatrix} + b \begin{pmatrix} -1 \\ 1 \end{pmatrix}$$

と，固有値 1 のベクトルと固有値 0.5 のベクトルの和として表し，

$$\boldsymbol{u} = a \begin{pmatrix} 2 \\ 3 \end{pmatrix}, \quad \boldsymbol{v} = b \begin{pmatrix} -1 \\ 1 \end{pmatrix}$$

とおく．このとき，

$$P^n \boldsymbol{x} = P^n \boldsymbol{u} + P^n \boldsymbol{v}$$
$$= \boldsymbol{u} + 0.5^n \boldsymbol{v}$$

となり，n を大きくしていくと，0.5^n が 0 に近づいていくことから，$P^n \boldsymbol{x}$ が，定常状態を表すベクトル $\boldsymbol{u}$ に近づいていくことになる．

$\boldsymbol{u} = \begin{pmatrix} 2a \\ 3a \end{pmatrix}$ は P の固有値 1 の固有ベクトル，$\boldsymbol{v} = \begin{pmatrix} -b \\ b \end{pmatrix}$ は P の固有値 0.5 の固有ベクトルである．

演習 6.5　例題 6.2（149 ページ）のレンタルサイクルサービスで，正門脇と講義棟前の台数が，正門脇に 200 台，講義棟前に 200 台であるとする．最初の 1 週間の両駐輪場間の自転車の移動割合が，例題 6.2 と同じであるとき，この傾向がこのまま続くと，2 ヶ所の駐輪場の台数はどのようになっていくだろうか．

演習 6.6　X 町のアーケード街の繁盛状況を調べるため，170 ある店舗スペースへの入居状況を数年間にわたって調べたところ，営業中の店舗数と空き店舗数について，年ごとの推移が次の表のように得られた.

X 町のアーケード街の店舗入居状況の年ごとの推移

	比率（%）
営業中→営業中	85
営業中→空き	15
空き→営業中	70
空き→空き	30

(1) 営業中の店舗数と空き店舗数をベクトル $\begin{pmatrix} \text{営業中の店舗数} \\ \text{空き店舗数} \end{pmatrix}$ で表すとき，営業中の店舗数と空き店舗数の推移を表す推移行列 P を求めよう.

(2) $\begin{pmatrix} 14 \\ 3 \end{pmatrix}$ が P の固有値 1 の固有ベクトル，$\begin{pmatrix} -1 \\ 1 \end{pmatrix}$ が P の固有値 0.15 の固有ベクトルであることを確かめてみよう.

(3) ある年の営業中の店舗数が 100，空き店舗数が 70 であるとき，このアーケード街の営業中の店舗数と空き店舗数は，長い年数が経った後，どのようになると予想されるか. 固有値，固有ベクトルを使って説明してみよう.

演習 6.7　ある調査によると，生活目標（日々の生活で何を重視しているか）が「現在中心」（現在の生活の快適さを重視）の人と「未来中心」（将来の豊かさを重視）の人の割合の 5 年ごとの変化が次のように報告されている.

生活目標における現在中心と未来中心の人の割合（単位：%）

	2003 年	2008 年	2013 年	2018 年
現在中心	65	69	71	72
未来中心	35	31	29	28

(1) 調査した年における現在中心と未来中心の人の割合をベクトル $\begin{pmatrix} \text{現在中心} \\ \text{未来中心} \end{pmatrix}$ で表すとき，5 年ごとの変化を表す推移行列 P が $P = \begin{pmatrix} 0.865 & 0.365 \\ 0.135 & 0.635 \end{pmatrix}$ で与えられることを確かめてみよう.

(2) $\begin{pmatrix} 73 \\ 27 \end{pmatrix}$ が P の固有値 1 の固有ベクトル，$\begin{pmatrix} -1 \\ 1 \end{pmatrix}$ が P の固有値 0.5 の固有ベクトルであることを確かめてみよう.

(3) 今後の変化も上の推移行列 P にしたがうとすると，将来的に現在中心と未来中心の人の割合はどのようになると予想されるか. 固有値，固有ベクトルを使って説明してみよう.

固有値 1 をもたない現象

演習 6.3（148 ページ）のオオタカの成長と同じような問題を取り上げて考えてみよう．ただし，違う種類の鳥として，亜成鳥（繁殖を行う年齢に達していない若い鳥）と，成鳥（繁殖を行う年齢に達した鳥）の年ごとの世代間移動は下の表のようになっているとする．

表 **6.7** ある鳥の世代間推移

	比率
亜成鳥→亜成鳥	$\dfrac{4}{5}$
亜成鳥→成鳥	$\dfrac{3}{20}$
成鳥→亜成鳥	$\dfrac{3}{5}$
成鳥→成鳥	$\dfrac{4}{5}$

表 6.7 は，架空のデータである．

（※比率は，もととなる亜成鳥，成鳥の個体数を 1 としたときの比率）

この場合，$\begin{pmatrix} 亜成鳥の個体数 \\ 成鳥の個体数 \end{pmatrix}$ の推移を表す推移行列は $\begin{pmatrix} \frac{4}{5} & \frac{3}{5} \\ \frac{3}{20} & \frac{4}{5} \end{pmatrix}$ で与えられる．この行列には，固有値 $\dfrac{11}{10}$ $(= 1.1)$ の固有ベクトル $\begin{pmatrix} 2 \\ 1 \end{pmatrix}$ と，固有値 $\dfrac{1}{2}$ $(= 0.5)$ の固有ベクトル $\begin{pmatrix} 2 \\ -1 \end{pmatrix}$ がある．すなわち，$\begin{pmatrix} 2 \\ 1 \end{pmatrix}$ と $\begin{pmatrix} 2 \\ -1 \end{pmatrix}$ は次の式をみたす．

固有値や固有ベクトルを見つける方法は，6.5.2 項（164 〜166 ページ）で説明する．

$$\begin{pmatrix} \frac{4}{5} & \frac{3}{5} \\ \frac{3}{20} & \frac{4}{5} \end{pmatrix} \begin{pmatrix} 2 \\ 1 \end{pmatrix} = \frac{11}{10} \begin{pmatrix} 2 \\ 1 \end{pmatrix} \qquad \begin{pmatrix} \frac{4}{5} & \frac{3}{5} \\ \frac{3}{20} & \frac{4}{5} \end{pmatrix} \begin{pmatrix} 2 \\ -1 \end{pmatrix} = \frac{1}{2} \begin{pmatrix} 2 \\ -1 \end{pmatrix}$$

ある年の亜成鳥の個体数を x，成鳥の個体数を y とすると，

$$\begin{pmatrix} x \\ y \end{pmatrix} = a \begin{pmatrix} 2 \\ 1 \end{pmatrix} + b \begin{pmatrix} 2 \\ -1 \end{pmatrix}$$

と表すことができ，さらに，

$$P^n \begin{pmatrix} x \\ y \end{pmatrix} = 1.1^n a \begin{pmatrix} 2 \\ 1 \end{pmatrix} + 0.5^n b \begin{pmatrix} 2 \\ -1 \end{pmatrix} \tag{6.7}$$

となる．式 (6.7) の右辺の $\begin{pmatrix} 2 \\ -1 \end{pmatrix}$ の係数 $0.5^n b$ は，n が大きくなれば 0 に近づくので，$P^n \begin{pmatrix} x \\ y \end{pmatrix}$ は，n が大きくなれば（つまり，十分年数が経った後は），

$$1.1^n a \begin{pmatrix} 2 \\ 1 \end{pmatrix}$$

に近づいていくことがわかる．このことから，十分年数が経った先では，
$1.1^n a \begin{pmatrix} 2 \\ 1 \end{pmatrix}$ で，各世代のおおよその個体数を推測してよいということになる．

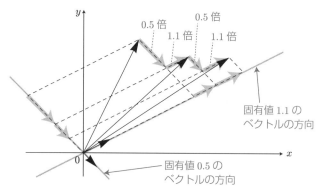

図 6.10　固有値 1 がない場合のベクトルの動き

> 　推移行列 P によって変化が表される複数の量がどう変化していくのかは，P のもつ固有ベクトルによって決まっている．したがって，P の固有ベクトルとそれらに対応する固有値を調べることで，変化の推移を予測できる．

Mathematica がなくても，インターネット上の無料サービス Wolfram|Alpha で付録 B と同じコマンドが使用できる．Mathematica がない人は，Wolfram|Alpha を使ってみよう．
https://www.wolframalpha.com/

演習 6.8　推移行列の固有値や固有ベクトルは，コンピュータを使って求めることができる．これまで出てきた推移行列で正方行列であるものについて，付録 B（250 ページ）で解説している Mathematica を使った固有値と固有ベクトルの計算方法を読んで，固有値と固有ベクトルを求めてみよう．

■6.4.2　固有ベクトルで最適化問題を解く

固有ベクトルは現象の説明や予測だけでなく，最適化にも応用できる．

例題 6.3　例題 6.2 のレンタルサイクルサービスで，駐輪場間の移動割合が表 6.6（149 ページ）のようになることがあらかじめ予測されていたとする．400 台の自転車を用意するとき，サービス開始後に両駐輪場の 1 週間ごとの台数が一定になるようにするには，400 台の自転車を，2 つの駐輪場にどのように配分すればよいだろうか．

移動傾向が例題 6.2 と同じなので，推移行列 P は例題 6.2 と同じで，$P = \begin{pmatrix} 0.7 & 0.2 \\ 0.3 & 0.8 \end{pmatrix}$ となる．正門脇に置く台数を x，講義棟前に置く台数を y とするとき，1 週間後の台数は，推移行列を用いて，$P\begin{pmatrix} x \\ y \end{pmatrix}$ と表せるから，1 週間ごとの台数が変化しないように，という条件は，

$$\begin{pmatrix} 0.7 & 0.2 \\ 0.3 & 0.8 \end{pmatrix} \begin{pmatrix} x \\ y \end{pmatrix} = \begin{pmatrix} x \\ y \end{pmatrix} \tag{6.8}$$

と表される．これに，台数が合わせて 400 台という条件 $x + y = 400$ を加えたものが x, y のみたすべき条件である．

$$x + y = 400 \tag{6.9}$$

式 (6.8)-(6.9) を，ベクトル $\begin{pmatrix} x \\ y \end{pmatrix}$ の条件としてみると，式 (6.8) は推移行列 P の固有値 1 の固有ベクトルであるという条件であり，式 (6.9) は成分の和が 400 であるという条件である．つまり，例題 6.3 は，<u>推移行列 P の固有値 1 の固有ベクトルで，成分の和が 400 になるものを探す数学の問題に翻訳されるのである</u>．

x, y を求めるには，式 (6.8)-(6.9) を，x, y についての連立方程式とみて解けばよい．

式 (6.8) を方程式の形に直して，式 (6.9) と合わせることで，次の x, y についての連立 1 次方程式を得る．

$$\begin{cases} -0.3x + 0.2y = 0 & (6.10) \\ 0.3x - 0.2y = 0 & (6.11) \\ x + y = 400 & (6.12) \end{cases}$$

式 (6.8) より
$$\begin{cases} 0.7x + 0.2y = x \\ 0.3x + 0.8y = y \end{cases}$$
右辺の x, y を左辺に移項して整理すると，式 (6.10)，(6.11) になる．

式 (6.11)＋式 (6.12)×0.2 より，$0.5x = 80$ であるから，$x = 160$ となる．これを，式 (6.12) に代入して，$y = 400 - 160 = 240$ となる．

よって，正門脇に 160 台，講義棟前に 240 台おけばよいということになる．

演習 6.9　ある大型スーパーでは，ショッピングカート置き場が東口と西口の 2 ヶ所の出入り口にあり，どちらに返却してもよい．2 ヶ所で 1 日ごとの台数の変化を調べたところ，1 日の間に，東口のカートの 3 割が西口に移動し，西口のカートの 1 割が東口に移動することがわかった．200 台のカートがあるとき，2 つの置き場で台数が安定するように，適切な台数配分を見つけてみよう．

6.5　ベクトルのことば
——平面ベクトル・固有値・固有ベクトル

▌6.5.1　平面ベクトルのことば

[**平面ベクトル**]　平面上の向きと長さを持った量を表す矢印のことを**平面ベク
トル**という.「平面」を省略して単にベクトルということもある. 平面ベクト
ルは向きと長さのみで定まり, 位置の違いは問題にしない. つまり, 向きと長
さが同じであればどの位置にあっても同じ平面ベクトルである. 平面ベクトル
を記号で表すときは, アルファベットの小文字の太字を用いて, $\boldsymbol{a}$, $\boldsymbol{b}$ のよう
に表す. 形式的に長さが 0 の平面ベクトルも考える. この長さが 0 の平面ベ
クトルを**零ベクトル**といい, $\boldsymbol{0}$ で表す. ただし, 長さが 0 の平面ベクトルは矢
印としては描けない.

$\vec{a}$, $\vec{b}$ のように, 矢印を用
いて表す場合もある. この表
し方では, 零ベクトルは $\vec{0}$
と表される.

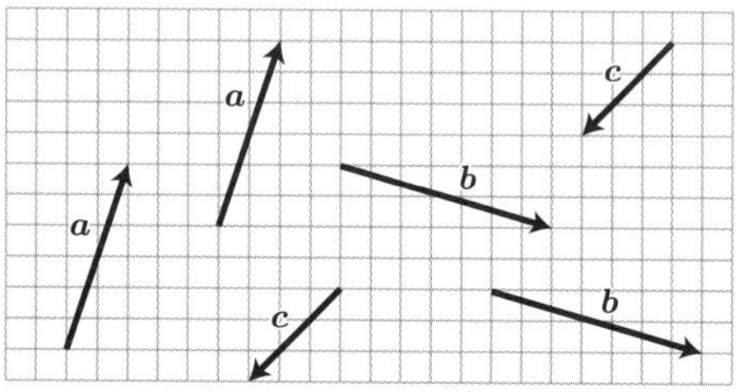

図 6.11　平面ベクトル

2 次元ベクトル $\begin{pmatrix} a \\ b \end{pmatrix}$ を, 座標平面上での x 軸方向に a, y 軸方向に b 動く
移動を表す矢印に対応させることで, 2 次元ベクトルと平面ベクトルが 1 対 1
に対応する (図 6.12). 2 次元ベクトルの零ベクトル $\begin{pmatrix} 0 \\ 0 \end{pmatrix}$ は平面ベクトルの
零ベクトル $\boldsymbol{0}$ に対応する.

矢印の始点を変えることで,
1 つの 2 次元ベクトルに対応
する矢印を複数得られるた
め, 対応が 1 対 1 ではない
ように思うかもしれないが,
どの矢印も平面ベクトルとし
ては同じであることに注意し
てほしい. 2 次元ベクトルの
成分は, x 軸方向, y 軸方向
にそれぞれどれだけ移動する
かを表しているだけであり,
「どこから」という情報は持
っていない.

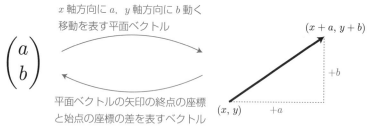

図 6.12　2 次元ベクトルと平面ベクトルの対応

$\begin{pmatrix} a \\ b \end{pmatrix}$ に対応する平面ベクト
ルの長さは $\sqrt{a^2 + b^2}$ で与え
られる. $\sqrt{a^2 + b^2}$ を $\begin{pmatrix} a \\ b \end{pmatrix}$
の長さという.

2 次元ベクトル $\boldsymbol{a} = \begin{pmatrix} a \\ b \end{pmatrix}$ の定数倍 $c\boldsymbol{a} = \begin{pmatrix} ca \\ cb \end{pmatrix}$ は, $c \geqq 0$ のとき, $\boldsymbol{a}$ に
対応する平面ベクトルの長さを c 倍することに対応し, $c < 0$ のとき, $\boldsymbol{a}$ に対

応する平面ベクトルの矢印の向きを逆にして長さを $|c|$ 倍することに対応する（図 6.13）．

図 **6.13** ベクトルの定数倍

ベクトル $\boldsymbol{a},\boldsymbol{b}$ が互いに定数倍の関係にあるとき（ただし 0 倍は除く），$\boldsymbol{a},\boldsymbol{b}$ は互いに**平行**であるという．

2 次元ベクトルの足し算は，平面ベクトルでは 2 つの矢印をつないで得られる移動を表す矢印をつくることに対応する（図 6.14）．

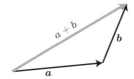

図 **6.14** ベクトルの和 (1)

平面ベクトル $\boldsymbol{a}$，$\boldsymbol{b}$ が互いに平行でないとき，$\boldsymbol{a}$，$\boldsymbol{b}$ とそれらの足し算 $\boldsymbol{a}+\boldsymbol{b}$ の関係は，平面ベクトルの位置が違っていても向きと長さが同じならば同じベクトルであることに注意すると，図 6.15 のような平行四辺形でとらえることができる．

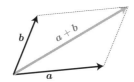

図 **6.15** ベクトルの和 (2)

平面ベクトルの和を図 6.15 のような平行四辺形でとらえると，平面ベクトル $\boldsymbol{a}$，$\boldsymbol{b}$ が互いに平行でないとき，すべての平面ベクトル $\boldsymbol{c}$ は，$\boldsymbol{a}$ を定数倍して得られるベクトルと $\boldsymbol{b}$ を定数倍して得られるベクトルとの和として表せることがわかる．

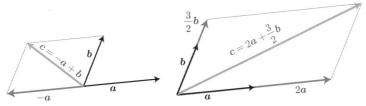

図 **6.16** 平行でない 2 つのベクトルの和ですべての平面ベクトルが表せる

ベクトル $\boldsymbol{a},\boldsymbol{b}$ が互いに平行であるとき，$\boldsymbol{a},\boldsymbol{b}$ に対応する「矢印」は，平行な線分に矢印がついたものになっている．

$\boldsymbol{a}=\begin{pmatrix}a_1\\a_2\end{pmatrix}$, $\boldsymbol{b}=\begin{pmatrix}b_1\\b_2\end{pmatrix}$ のとき，$\boldsymbol{a}+\boldsymbol{b}$ は x 軸方向に a_1+b_1，y 軸方向に a_2+b_2 移動する矢印に対応する．

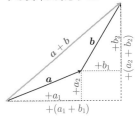

座標平面上の点 (a, b) を，原点 $(0, 0)$ から x 軸方向に a，y 軸方向に b 移動した点とみて，原点を始点として点 (a, b) を終点とする矢印と対応させることで，点 (a, b) と 2 次元ベクトル $\begin{pmatrix} a \\ b \end{pmatrix}$ とが 1 対 1 に対応する．このことから，座標平面上の点 (a, b) は 2 次元ベクトル $\begin{pmatrix} a \\ b \end{pmatrix}$ としばしば同一視される．

この章では，矢印で表されるベクトルは平面ベクトルしか登場しないが，座標空間における矢印として表される**空間ベクトル**もある．空間ベクトルは 3 次元ベクトルと 1 対 1 に対応する．

矢印として視覚化されるのは 2 次元ベクトル，3 次元ベクトルの特徴である．$n \geqq 4$ の一般の n 次元ベクトルはこのような視覚化はできない．

6.5.2　固有値・固有ベクトルのことば

[**固有値**]　正方行列 P に対して，

$$P\boldsymbol{x} = \lambda \boldsymbol{x} \qquad (\lambda \text{ は定数})$$

となるようなベクトル $\boldsymbol{x}$（ただし，すべての成分が 0 であるものは除く）を，行列 P の**固有ベクトル**とよび，定数 λ を P の**固有値**とよぶ．

固有値と固有ベクトルは，行列が正方行列（縦と横のサイズが同じ行列）のときしか考えることができない．

2 次正方行列の固有値と固有ベクトルを手計算で求める方法

行列 $\begin{pmatrix} a & b \\ c & d \end{pmatrix}$ の固有値 λ の固有ベクトル $\begin{pmatrix} x \\ y \end{pmatrix}$ は，次の等式をみたす．

$$\begin{pmatrix} a & b \\ c & d \end{pmatrix} \begin{pmatrix} x \\ y \end{pmatrix} = \lambda \begin{pmatrix} x \\ y \end{pmatrix}$$

固有値と固有ベクトルは組にして考える必要があるので，$P\boldsymbol{x}$ が $\boldsymbol{x}$ の λ 倍になることをはっきりさせるために，$\boldsymbol{x}$ を固有値 λ の固有ベクトルとか固有値 λ に対する固有ベクトルとよぶこともある．λ はギリシャ文字で「ラムダ」と読む．固有値にはギリシャ文字が使われることが多い．

左辺を計算すると，$\begin{pmatrix} ax + by \\ cx + dy \end{pmatrix}$ となることから，上の等式は次の形になる．

$$\begin{cases} ax + by = \lambda x \\ cx + dy = \lambda y \end{cases}$$

右辺の x, y の項を左辺に移項して整理すれば，

$$\begin{cases} (a - \lambda)x + by = 0 \\ cx + (d - \lambda)y = 0 \end{cases} \tag{6.13}$$

となり，x, y についての連立 1 次方程式の形になる．これを行列で表すと，

コンピュータを使えば，2 次正方行列だけでなく，もっとサイズの大きな行列の固有値，固有ベクトルが計算できる．コンピュータを使って固有値，固有ベクトルを求める方法については，付録 B（250 ページ）を参照．

$$\begin{pmatrix} a - \lambda & b \\ c & d - \lambda \end{pmatrix} \begin{pmatrix} x \\ y \end{pmatrix} = \begin{pmatrix} 0 \\ 0 \end{pmatrix} \tag{6.14}$$

となる. ここで, 行列 $\begin{pmatrix} a-\lambda & b \\ c & d-\lambda \end{pmatrix}$ が逆行列をもつような λ に対しては,

$$\begin{pmatrix} x \\ y \end{pmatrix} = \begin{pmatrix} a-\lambda & b \\ c & d-\lambda \end{pmatrix}^{-1} \begin{pmatrix} 0 \\ 0 \end{pmatrix} = \begin{pmatrix} 0 \\ 0 \end{pmatrix}$$

となってしまい, 固有ベクトルが存在しないので, λ が固有値であるために

は, $\begin{pmatrix} a-\lambda & b \\ c & d-\lambda \end{pmatrix}$ が逆行列をもたないようになっていなくてはならない.

148 ページで紹介したように, $\begin{pmatrix} a-\lambda & b \\ c & d-\lambda \end{pmatrix}$ が逆行列をもたないための必

要十分条件は

$$(a-\lambda)(d-\lambda) - bc = 0 \tag{6.15}$$

である. よって, 式 (6.15) をみたす λ が行列 $\begin{pmatrix} a & b \\ c & d \end{pmatrix}$ の固有値であるので,

固有値を求めるには λ についての方程式 (6.15) を解けばよいということにな

る. 固有値 λ が求まったら, λ の値を式 (6.13) に代入して, x, y についての

連立 1 次方程式をつくり, これをみたす x, y を 1 組求めることで固有ベクト

ルが求まる.

　上の手順を, 例題 6.2 （149 ページ）の推移行列 $P = \begin{pmatrix} 0.7 & 0.2 \\ 0.3 & 0.8 \end{pmatrix}$ でやって

みよう. P の固有値を λ, 固有値 λ の固有ベクトルを $\begin{pmatrix} x \\ y \end{pmatrix}$ とおくと, x, y, λ

は, 式 (6.13) より,

$$\begin{cases} (0.7-\lambda)x + 0.2y = 0 \\ 0.3x + (0.8-\lambda)y = 0 \end{cases} \tag{6.16}$$

をみたす. λ が P の固有値であるための必要十分条件は, 式 (6.15) より,

$$(0.7-\lambda)(0.8-\lambda) - 0.2 \times 0.3 = 0$$

をみたすことであるから, これを解くことで, $\lambda = 0.5, 1$ が得られる.

　固有値 0.5 に対する固有ベクトルを求めるには, $\lambda = 0.5$ を式 (6.16) に代入

して, x, y についての連立 1 次方程式の解（ただし, $x = y = 0$ でない解）を

1 つ求める必要がある. 式 (6.16) に $\lambda = 0.5$ を代入すると,

$$\begin{cases} 0.2x + 0.2y = 0 \\ 0.3x + 0.3y = 0 \end{cases}$$

となるので, $x = y = 0$ でない解の 1 つとして, 固有値 0.5 のベクトル $\begin{pmatrix} -1 \\ 1 \end{pmatrix}$

式 (6.15) の左辺を整理する
と $\lambda^2 - (a+d)\lambda + (ad-bc) = 0$ となる.

固有値 λ に対して, 連立 1
次方程式 (6.13) をみたす
(x, y) の組は無限個あるの
で, 高校数学では「解不定」
とされる方程式である. 固有
ベクトルを求める際には, 連
立 1 次方程式 (6.13) をみた
す (x, y) を 1 組見つけさえ
すればよい.

左辺を整理すると,

$$\lambda^2 - 1.5\lambda + 0.5 = 0$$

となるので, この 2 次方程
式を解けばよい.

が得られる.

　同様にして，固有値 1 に対する固有ベクトルは,

$$\begin{cases} -0.3x + 0.2y = 0 \\ 0.3x - 0.2y = 0 \end{cases}$$

の $x = y = 0$ でない解の 1 つとして，$\begin{pmatrix} 2 \\ 3 \end{pmatrix}$ が得られる.

6.6　固有ベクトルでつくる総合評価のものさし ——主成分分析

　ラジオの音楽ランキングから，企業や大学のランキングまで，世の中には，複数の評価ポイントをまとめて総合的に評価する総合ランキングがあふれている．ここでは，この総合ランキングの数学を紹介しよう.

▍複数の評価ポイントから総合評価を出すには？

　総合ランキングを考える例題として，次の問題を考えてみよう.

例題 6.4　S 市にラーメン横町ならぬ「うどん横町」ができた．うどん横町には，10 店のさぬきうどん店が出店し，来客アンケートの結果でのランキングを競っている．来客アンケートで，各店は「めん」のおいしさと「ダシ」のおいしさを 5 段階（1 点〜5 点）で評価される．10 店のこれまでの評価（回答者のつけた点数の平均）は下の表のようになっている．このとき，2 つの評価ポイントから「おいしい店総合ランキング」をつくるにはどうしたらよいだろうか.

S 市「うどん横町」の各店の「めん」「ダシ」評価の平均点

店名	めんの評価	ダシの評価
谷越うどん	4.1	3.4
道草製麺	3.3	4.5
大釜うどん	3.0	2.8
元祖うどん帝国	2.4	2.1
うどん本舗	3.8	4.2
うどんの山本	3.6	3.0
剛麺亭	3.2	3.4
うどん明星亭	2.8	3.8
手打ちうどん布袋	3.0	1.5
麺通本店	3.3	2.2

▌評価結果を視覚化して考える

例題 6.4 では，各店は「めん」と「ダシ」の 2 つの評価軸で評価されている．この 2 つの評価をまとめて総合評価ランキングを考えるためには，2 つの評価点をまとめた「総合ポイント」をつくる必要があるが，総合ポイントはどのようにつくればよいだろうか．

総合ポイントを考える前に，まずは，評価結果をグラフに表して，それぞれの店が「めん」と「ダシ」の評価軸でどのような位置づけになっているかを視覚的にとらえることから始めてみよう．

横軸に「めん」の評価ポイント，縦軸に「ダシ」の評価ポイントをとって，各店の評価点をグラフに表してみると，図 6.17 のようになった．

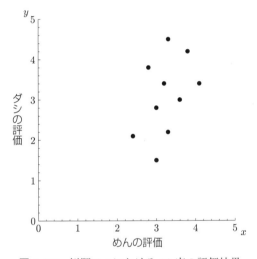

図 **6.17** 例題 6.4 における 10 店の評価結果

▌よい総合ポイントとは？

2 つの評価を合わせた「総合ポイント」として，すぐ思いつくのが，「2 つの評価点の合計」であるが，それが一番よい「総合ポイント」といえるのだろうか．

それを考えるために，2 つの評価点の合計で考えることがどういうことか，視覚的にとらえてみよう．

図 6.17 では，めんの評価点を x，ダシの評価点を y で表しているから，2 つの評価点の合計は $x + y$ で表される．このとき，たとえば，ある店について「評価点の合計が 5.8 である」というのは，「$x + y = 5.8$ である」ということになる．ここで，$x + y = 5.8$ は，傾きが -1 で y 切片が 5.8 の直線を表すので，ある店の「評価点の合計が 5.8 である」ということは，その店のめんとダシの評価点が直線 $x + y = 5.8$ の上にのっていることを意味する．

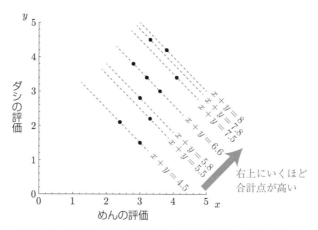

図 6.18　例題 6.4 の総合ポイントを合計点で考えると…

これを使って，各店の評価点がのっている直線を表したのが図 6.18 である．

合計点 $x + y$ が大きくなるほど，$x + y = k$ の k の値が大きくなるので，k が大きいほど，直線 $x + y = k$ はグラフの右上のほうに平行移動していくことになる．したがって，図 6.18 で，右上にある直線にのっている店ほど合計点が高くなることになる．

ここで，$x + y = $ (定数) で表される直線に垂直な直線 $y = x$ をグラフに描き加えてみよう（図 6.19）．この直線と，各店がのっている直線 $x + y = $ (定数) との交点をとると，各店の「合計点」による順位や点数の差は，これらの交点の直線 $y = x$ 上での位置関係でとらえられる．つまり，直線 $y = x$ は，合計点 $x + y$ による総合ポイントによる順位をとらえる「ものさし」の役目を果たすことになるため，合計点で総合ポイントを考えた場合の総合評価を表す「評価軸」であるといえる．

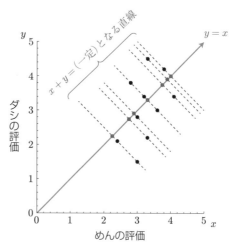

図 6.19　総合ポイントを合計点で考えるときの評価軸

さて，合計点で考えた場合，めんとダシの評価を同等に扱っているが，これでよいのだろうか．図 6.17 では，めんよりもダシのほうが評価点のばらつきが大きい．これは，うどん横町の来場者が，めんの違いよりもダシの違いをより重視していることを意味しないだろうか．となると，2 つの評価を合わせて総合ポイントをつくる際には，めんの評価点よりもダシの評価点の比率を大きくしたほうがよいのではないだろうか．

そこで，たとえば，ダシの評価点をめんの評価点の 2 倍に評価することを考えてみよう．この場合，$x + 2y = ($一定$)$ の直線が同点のラインになるので，これと垂直な直線 $y = 2x$（あるいはこれと平行な直線）が評価軸になる．

ここで，2 通りの総合ポイントによる結果を比べてみよう．単純な合計点 $x + y$ で評価する総合ポイントでは，いくつかの店が同点となっていたが，ダシの評価点をめんの評価点の 2 倍にして $x + 2y$ で評価する総合ポイントでは，すべての店に順位の差をつけることができているようである（図 6.20）．

ラジオの音楽ランキングでもそうだが，複数の評価ポイント（CD の売り上げ枚数，ダウンロード販売の販売数，オンエア回数など）を単純合計しているわけではない．

評価軸の方向を表すベクトルは，総合ポイントにおける評価の比率を表している．たとえば，めんの評価 x とダシの評価 y に対して，単純合計で評価する軸 $y = x$ の方向はベクトル $\begin{pmatrix} 1 \\ 1 \end{pmatrix}$ で与えられ，ダシをめんの 2 倍で評価する軸 $y = 2x$ の方向はベクトル $\begin{pmatrix} 1 \\ 2 \end{pmatrix}$ で与えられるが，ベクトルの成分がちょうど $x : y$ の評価比率に対応している．

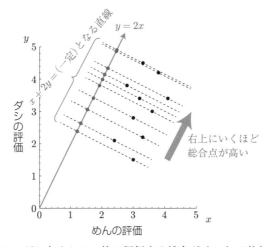

図 **6.20**　ダシをめんの 2 倍に評価する総合ポイントで考えると…

複数の評価をまとめて総合評価する場合には，評価の差をはっきりみることのできる評価軸が「よい評価軸」とされる．したがって，合計点による総合ポイントに対応する評価軸 $y = x$ とダシの評価点をめんの評価点の 2 倍に評価する総合ポイントに対応する $y = 2x$ とでは，$y = 2x$ のほうがよい評価軸ということになる．

では，どのようにすれば，「もっともよい評価軸」を見つけることができるのだろうか．評価の差をはっきりみることのできる方向というのは，図 6.17 のようなグラフ上で，全体的にみて点同士の差が大きく開く方向，ということになる．非常に大雑把な言い方をすれば，もっともよい評価軸を見つけるためには，点全体を集団でみたとき，より大きく伸びて散らばっている方向を見つけて，その方向に評価軸をとればよい，ということになる．

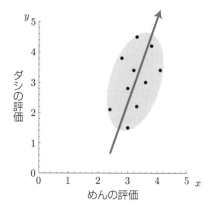

図 6.21　点の散らばりがもっとも大きい方向

　2つの評価ポイントをまとめて総合ポイントをつくるには，何か特別な「ものさし」（評価軸）が必要である．このとき，「よい」ものさし（評価軸）の条件とは，差がはっきりみえる軸，つまり，各点ができるだけ散らばる軸であることである．そこで，この軸をどの方向に引くとよいかを見つける必要がある．

▌行列を使って，もっともよい評価軸を探す

　もっともよい評価軸を見つけるには，もっとも伸びて散らばっている方向を見つければよいと述べたが，2次元的に散らばっている点全体から，どのようにしてそのような方向を見つけられるのだろうか．

　ここで行列と固有ベクトルが登場する．2次元的な点の散らばりの特徴は行列を使ってとらえることができ，さらには，固有ベクトルを用いることでもっとも散らばりが大きい方向を見つけ出すことができるのである．その方法を紹介しよう．

　以下では，例題 6.4 の 10 店のめんとダシの評価点を

$$(x_1, y_1), (x_2, y_2), (x_3, y_3), \ldots, (x_{10}, y_{10})$$

のように文字で表し（x_i がめんの評価点，y_i がダシの評価点），めんの評価点の平均を $\bar{x}$，ダシの評価点の平均を $\bar{y}$ で表す．

$$\bar{x} = \frac{x_1 + x_2 + \cdots + x_{10}}{10}$$
$$\bar{y} = \frac{y_1 + y_2 + \cdots + y_{10}}{10}$$

　これらの記号を用いると，例題 6.4 の 10 店のうどん店の評価の散らばり具合は，次の**分散共分散行列**とよばれる行列でとらえることができる．

$$\begin{pmatrix} x \text{ の分散} & x, y \text{ の共分散} \\ x, y \text{ の共分散} & y \text{ の分散} \end{pmatrix} = \begin{pmatrix} \dfrac{1}{10}\sum_{i=1}^{10}(x_i - \bar{x})^2 & \dfrac{1}{10}\sum_{i=1}^{10}(x_i - \bar{x})(y_i - \bar{y}) \\ \dfrac{1}{10}\sum_{i=1}^{10}(x_i - \bar{x})(y_i - \bar{y}) & \dfrac{1}{10}\sum_{i=1}^{10}(y_i - \bar{y})^2 \end{pmatrix}$$

分散共分散行列の左上と右下の成分は，統計学で**分散**とよばれている式である．左上の式 $\dfrac{1}{10}\sum_{i=1}^{10}(x_i - \bar{x})^2$ は，$x_1, x_2, \ldots, x_{10}$ の平均からの距離の 2 乗の平均であり，互いに遠く離れて散らばっているほど値が大きくなる（図 6.22）．つまり，x 軸方向の点数の散らばり具合を表している．同様にして，右下の式 $\dfrac{1}{10}\sum_{i=1}^{10}(y_i - \bar{y})^2$ は，y 軸方向の点数の散らばり具合を表している．

分散は，統計学において，データの「散らばり」具合を測る重要なツールである．

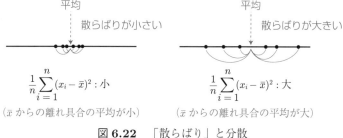

図 **6.22** 「散らばり」と分散

残りの右上と左下の式は，統計学で**共分散**とよばれる式である．共分散の $\sum$ の中の $(x_i - \bar{x})(y_i - \bar{y})$ は，その店のめんとダシの評価点 (x_i, y_i) が，平均からどのようにずれているかを表す式で，$(x_i - \bar{x})(y_i - \bar{y})$ の絶対値は，平均からどれだけ遠く離れているかを表す．また，その符号は平均からのずれの方向を表し，2 つの評価点がともに平均より上，あるいは，ともに平均より下の場合は正に，片方の評価点が平均より上でもう一方が平均より下の場合に負になる（図 6.23）．

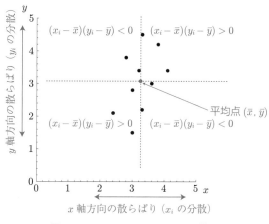

図 **6.23** $(x_i - \bar{x})(y_i - \bar{y})$ の符号

　　共分散は，$(x_i - \bar{x})(y_i - \bar{y})$ の平均をとったものなので，その値が正ならば，平均 $(\bar{x}, \bar{y})$ の右上と左下の領域に点が偏っていることを示し，値が負ならば，平均 $(\bar{x}, \bar{y})$ の左上と右下の領域に点が偏っていることを示す．とくに値が 0 のときは，偏りがないため，水平あるいは垂直方向に伸びた楕円状に点が散らばることになる．このようにして，共分散の符号によって，点の偏りに関する特徴がつかめる（図 6.24）

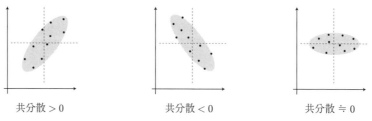

共分散 > 0　　　　共分散 < 0　　　　共分散 ≒ 0

図 6.24　共分散の符号による散らばり方の違い

詳しくは，統計学の本を参照のこと．

　　以上のことから，分散共分散行列を用いることで，点の 2 次元的な散らばり方をとらえることができるが，実はこのとき，分散共分散行列の最大の固有値に対応する固有ベクトルが，散らばりがもっとも大きい方向を表すベクトルを与えることが知られている．

分散共分散行列には，固有値がすべて 0 以上であり，それぞれの固有値に対応する固有ベクトル同士は互いに垂直になるという特徴がある．

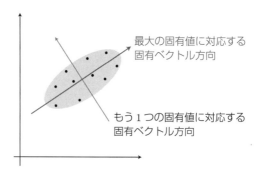

最大の固有値に対応する
固有ベクトル方向

もう 1 つの固有値に対応する
固有ベクトル方向

図 6.25　点の散らばり方と固有ベクトル

うどん店総合ランキングの決定

　　では，ここで学んだことを使って，例題 6.4 における「もっともよい軸」を求めてみよう．

分散共分散行列を求める．例題 6.4 の表から分散共分散行列を求めると次のようになる．以下，各数値は小数第三位を四捨五入したものである．

$$\begin{pmatrix} 0.22 & 0.18 \\ 0.18 & 0.83 \end{pmatrix}$$

分散共分散行列の固有値を求め，最大固有値の固有ベクトルを求める．前ページ下の行列の固有値は 0.88，0.17 であり（小数第三位を四捨五入），最大の固有値は 0.88 である．固有値 0.88 のベクトルとして $\begin{pmatrix} 0.26 \\ 0.96 \end{pmatrix}$ が求まるので，このベクトルの方向が「もっともよい」評価軸となる．実際に，この方向にとった評価軸を，x_i, y_i の平均の点 $(\bar{x}, \bar{y})$ を通るように引いてみると，図 6.26 のようになる．

固有値，固有ベクトルは，付録 B（250 ページ）で紹介しているように，Mathematica などのツールを用いてコンピュータで計算できる．左のベクトル $\begin{pmatrix} 0.26 \\ 0.96 \end{pmatrix}$ は Mathematica で求めたものである．

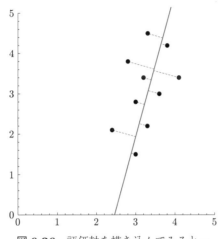

図 6.26　評価軸を描き込んでみると…

総合ランキングを求める．評価軸の方向を与えるベクトルの成分の比は評価の比率に対応しているので，x, y の評価の比率を 0.26 : 0.96 として足し合わせる式が総合点の計算式として用いられる．よって，総合点 z の計算式として

$$z = 0.26x + 0.96y$$

が得られる．この式で計算される総合点でランキング表をつくれば，表 6.8 のようになる．

左の式のように固有値最大の固有ベクトルを用いてつくった総合点を主成分得点という．長さ 1 の固有ベクトルを使った場合，評価軸上での距離が主成分得点の差と一致する．（詳しくは統計学の本を参照.）

表 6.8　うどん店総合ランキング（上位 5 位まで）

順位	店名	総合点
1	道草製麺	5.18
2	うどん本舗	5.02
3	うどん明星亭	4.38
4	谷越うどん	4.33
5	剛麺亭	4.10

　この節で紹介した，複数の評価をまとめて総合評価の軸を求める話は，統計学の分析手法の 1 つで，主成分分析とよばれている．

　　分散共分散行列がもつ固有ベクトルのうち，最大の固有値に対応する固有ベクトルは，点の散らばりをもっともうまく評価できる評価軸となっている．主成分分析における「主成分」とは，まさに最大固有値に対応する固有ベクトルのことであり，したがって，主成分分析とは，固有ベクトルを用いた分析なのである．

演習 6.10　K 先生は，計算問題と文章題の 2 種類のテストの点数から，数学の力を総合的に評価したいと思っている．8 人の生徒のテスト結果が次の表のようになっているとき，2 種類のテストの点数から総合評価ポイントを与える式をつくり，「数学総合力ランキング」をつくることを考えてみよう．計算問題と文章題のテストは，どちらも 50 点満点である．

計算問題と文章題の成績

生徒	計算問題	文章題	生徒	計算問題	文章題
A	40	34	E	30	22
B	36	20	F	34	30
C	42	28	G	30	14
D	50	36	H	42	42

(1) 表のデータを，横軸を計算問題の点数，縦軸を文章題の点数として，グラフに表してみよう．

(2) 分散共分散行列を求めてみよう．

(3) 分散共分散行列の固有値と固有ベクトルを Mathematica または Wolfram|Alpha を使って求めてみよう．

(4) (3) の結果に基づいて，A〜H の主成分得点を計算して，8 人の生徒の数学総合力ランキングを求めてみよう．

Mathematica や Wolfram|Alpha を使った固有値や固有ベクトルの求め方は付録 B（250 ページ）参照．

さらに勉強したい人のために

　行列の固有値と固有ベクトルについて，さらに詳しく勉強したい人のために，おすすめの参考書をあげておく．

　石井俊全（著），『意味が分かる線形代数』，ベレ出版．

　また，この章の最後で，主成分分析という統計手法について紹介したが，主成分分析をさらに詳しく勉強したい人のために，おすすめの参考書を 2 冊あげておく．これらは，因子分析という統計手法についての本であるが，主成分分析についても易しく解説している．

　三土修平（著），『数学の要らない因子分析入門』，日本評論社．

　松尾太加志，中村知靖（著），『誰も教えてくれなかった因子分析』，北大路書房．

第7章 微分積分

7.1 関数で現象をとらえる

例題 7.1　コーヒー 1 杯に含まれるカフェインの量は約 100 mg である．成人男性の場合，平均的には，カフェインは体内に取り込まれてから約 4 時間で体内残量が 50% になることが知られている．さて，ある男性が眠気覚ましにコーヒーを 1 杯飲んだ場合，カフェインの体内残量が 5 mg 以下になるのに何時間かかるだろうか．

この問題は，85 ページの例題 4.3 と同じ問題である．例題 4.3 と同様に，他にカフェインの入った薬や飲料などは飲まないものとする．

例題 7.2　電気自動車について，2020 年までのデータをもとに，今後の普及台数（単位：万台）が右のグラフのようになると予測されているとする．普及速度（1 年あたりの台数増加）のピークはいつで，そのときの普及速度はどれくらいだろうか．

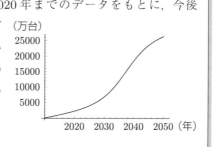

例題 7.3　最近の車は，急ブレーキ時に ABS が作動して，時間あたりの速度減少をほぼ一定に保ちながら減速し効率よく停止できる．ある車は，時速 72 km（秒速 20 m）で走行中に急ブレーキを踏むと，ABS により 3 秒で停止できる．この車が時速 72 km で走行中に急ブレーキを踏んだら，停止するまでに進む距離はどれくらいだろうか．

ABS は，アンチロックブレーキシステム (Anti-lock Braking System) の略である．ABS 作動中の速度のグラフは，下図のようにほぼ直線になる．

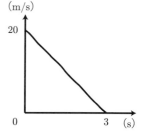

　これら 3 つの問題は，どれも関数を用いて考えることができるが，同じ数学の考え方を用いて解くことができるのだろうか．それとも，同じ関数の問題であっても考え方には違いがあるのだろうか．

3つの問題の違いについて，ここでは，これらの問題を解く際に用いる数学的考え方に着目して考えてみよう．

まず，例題 7.1 は，演習 4.1（89 ページ）でみたように，t 時間後のカフェインの体内残量 $y(\mathrm{mg})$ は，

$$y = 100 \times 0.8409^t$$

で表される．例題 7.1 で問われていることは，この関数の「値」が 5 以下になる t を求めることである．

次に，例題 7.2 はどうだろうか．ここで考えようとしているのは，普及速度のピークはいつ頃なのか，ということであるから，問題となっているのは，関数の「値」そのものではなく，値の「増え方」である．

普及速度とは，年あたりの増加台数のことであるから，普及速度がピークを迎える時期は，台数がもっとも急激に増えるところということになる．したがって，普及速度がピークとなるところを見つけるには，グラフがもっとも急に上昇するところ，つまり，もっともグラフの「傾き」が大きいところを探さなくてはならない．そして，ピーク時の普及速度を求めるためには，もっとも「傾き」が大きいところにおける「傾き」の値を求めなくてはならない．

100 × 0.8409^t ≦ 5 を，指数方程式の解き方（97 ページ）を参考にして解けば，両辺の $\log_{10}$ をとって t の 1 次不等式を解くことで，$t \geqq 17.288\cdots$ となる．

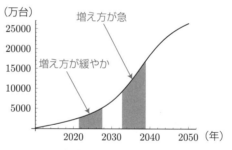

図 7.1　電気自動車の普及台数（例題 7.2）

最後に，例題 7.3 はどうだろうか．例題 7.3 を考える前に，まず，一定の速度で走行している場合を考えてみよう．たとえば，時速 50 km を保ったまま，速度一定で 2 時間走った場合，速度のグラフは次のようになる．

ずっと値が一定の関数を**定数関数**という．定数関数のグラフは横軸に平行になる．

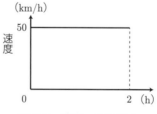

図 7.2　速度一定の場合

このとき，2時間で進んだ距離は，

$$[速度] \times [走行時間] = 50\,(\mathrm{km/h}) \times 2\,(\mathrm{h}) = 100\,(\mathrm{km})$$

であり，ちょうど，原点と，縦軸の50のところ，横軸の2のところを頂点とする長方形の面積となる．

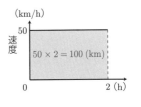

例題7.3に戻って考えてみよう．例題7.3のような状況では，速度が一定のところがない．このような場合，どうしたら進んだ距離がわかるだろうか．

速度が一定でない場合でも，時間を少しずつ区切って，その間は速度が一定だとみなせば，長方形の面積を足し合わせることで，おおまかな値を出すことができる．たとえば，1秒ごとの時間でみて，1秒間の最初の速度がその後1秒間続くとみなすと，実際の速度のグラフ（点線）に対して，図7.3のようなグラフ（実線の棒グラフ）になる．ここで，1秒ごとに速度が変化するとした場合の走行距離は，図7.3の棒グラフの面積を計算することで求められる．

> 左のような大雑把なことをして，だいたいこれくらいという値を出すことを，数学では**近似**という．

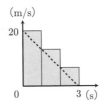

図7.3　1秒後ごとに区切ってみる

> 一定の区間ごとに定数関数となっている関数を**階段関数**という．階段関数のグラフはまさに「階段状」になっている．

1秒単位では大雑把すぎるので，時間の区切りを細かくしていってみよう．図7.4は，左から順に，1秒単位，0.5秒単位，0.1秒単位で棒グラフ近似したものである．

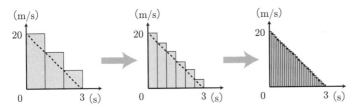

図7.4　時間の区切りを細かくすると...

このように時間の区切りを細かくしていくと，棒グラフ全体の形が例題7.3の速度のグラフと縦軸，横軸で囲まれた図形に近づいていく．よって，例題7.3で停止するまでに進む距離を求めるには，速度変化を表す関数のグラフと縦軸，横軸で囲まれた部分の面積を求めればよいということになる．

ここで，例題7.1，例題7.2，例題7.3の解き方を振り返ってみると，どれも同じ関数の問題ではあるが，例題7.1は関数の「値」，例題7.2は関数の「傾き」，例題7.3は関数のグラフで囲まれた「面積」に着目して調べる問題であり，関数の異なった側面を扱った問題と考えることができる．

7.2　関数の傾き＝微分

> **例題7.4**　下のグラフは，あるランナーのある日のジョギングの記録である．横軸に走り始めてからの時間（単位：分），縦軸には走り始めてからの距離（単位：m）をとっている．各時間における速度を調べるにはどうすればよいだろうか．
>
>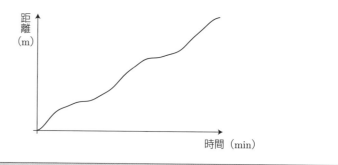

時間の単位「分」は「min」
で表される．

　速度が一定なら，距離は時間に比例するのでグラフは直線になるはずだが，例題7.4ではグラフが曲線になっているので，速度が刻一刻と変化していることになる．では，各瞬間の速度はどのように調べればよいのだろうか．

　速度は刻一刻と変化しているが，平均してどれくらいの速度が出ていたかは，「移動距離 ÷ 移動時間」で求めることができる．a分後から$a+h$分後までの平均速度（m/min）は図7.5の直角三角形の斜辺の傾きとなる．

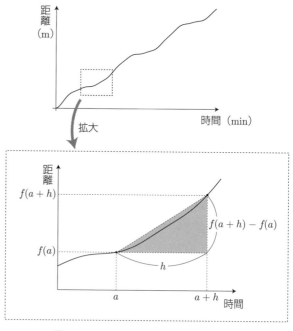

図7.5　aから$a+h$までの平均速度

　例題 7.4 のグラフで表される時間 (x 分) と距離 (y m) の関係を $y = f(x)$ と書くとき，$x = a$ から $x = a + h$ までの間の平均速度は，次の式 (7.1) で与えられる．

$$[a \text{ 分後から } a + h \text{ 分後までの間の平均速度}]$$

$$= \frac{[a \text{ 分後から } a + h \text{ 分後までの移動距離}]}{[\text{移動時間 (分)}]} \qquad (7.1)$$

$$= \frac{f(a + h) - f(a)}{h}$$

　平均速度を測る間隔 h を小さくしていくと，平均速度は，$x = a$ における瞬間的な速度に近づいていくはずである．このことを図で考えてみよう．

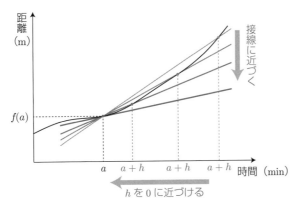

図 7.6　$x = a$ における速度と接線の傾き

　図 7.6 で，平均速度を測る間隔 h を小さくしていくと，平均速度を表す斜辺の傾きは，$x = a$ で $y = f(x)$ のグラフに接する直線の傾き，すなわち，$x = a$ での接線の傾きに近づいていくことがわかる．つまり，$x = a$ における速度は，$x = a$ における接線の傾きとなる．
　各時間における速度が接線の傾きであるから，各時間における接線の傾きの値を縦軸にとることによって，速度のグラフを描くことができる（図 7.7）．

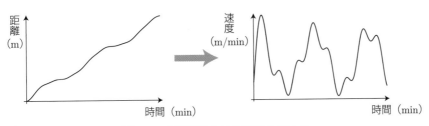

図 7.7　各時間における速度のグラフ

　関数のグラフの各 x における傾きを，その関数の x における**微分係数**とよ
ぶ．微分係数のことばを用いると，速度を表す関数は，各 x に対して，距離
を表す関数の x における微分係数を対応させる関数であるということになる．
このように，ある関数の各点での微分係数を値にもつ関数を**導関数**といい，導
関数を求めることを**微分する**という．よって，速度の関数は，距離の関数を微
分することで得られる関数であるといえる．

経済学では，$f'(a)$ の意味を
「$x = a$ から x が1増えたと
き y が $f(a)$ から $f'(a)$ だけ
増える」と解釈することがあ
る．

> 　現実の問題を関数でモデル化したとき，関数の動きがある時点
> にどういう状態にあるのかを知りたいことがある．このような場
> 面で役立つのが微分である．なぜなら，$y = f(x)$ の $x = a$ での
> 微分の値は，$x = a$ における $y = f(x)$ のグラフの接線の傾きを
> 意味しており，y は $x = a$ におけるまさにその瞬間に，その傾き
> の方向に動いているからである．

演習 7.1　新しくできた店が人気となり，あちこちにチェーン店が展開されて
いくが，全国にチェーン店が広がっていくにしたがって，当初ほどの人気がなく
なり，売れ行きの伸びにかげりがみえてくる．このチェーン店全体の1日あた
りの売り上げ総額 y（万円）が店舗数 x の関数 $y = f(x)$ で表されているとする．

(1) $y = f(x)$ はどのようなグラフになると思うか．おおまかなグラフの形を描
いてみよう．

(2) $f'(x)$ の動きについてどのようなことがいえるか．理由とともに述べてみ
よう．

(3) $f'(1000)$ は何を意味するだろうか．左上の注を参考に，$f'(1000)$ の意味を
「店舗数」「売り上げ総額」「増加額」の3つのことばを使って書いてみよう．

演習 7.2　運動の効果を測る尺度の1つとして脂肪燃焼率（時間あたりの脂肪
燃焼量）があり，脂肪燃焼率が高い運動が効果的な運動といえる．脂肪燃焼率
は，運動のきつさによって変わるが，きつすぎても軽すぎても燃焼率は低く，ほ
どほどのきつさの運動のときにもっとも高くなることが知られている．運動のき
つさを測る尺度として心拍数を用いることができるので，脂肪燃焼率は心拍数の
関数として表せるといえる．心拍数を x（単位：回/min）として，心拍数が x の
ときの脂肪燃焼率を y（単位：g/min）とすると，y は x の関数として $y = f(x)$
と表される．このとき，以下の問いを考えてみよう．

心拍数は1分あたりの拍動
の回数のことである．

(1) $f'(100)$ は何を意味するだろうか．演習 7.1(3) と同様に考えてみよう．

(2) $f'(100) = 1$ のとき，運動をもっときつくしてもよいだろうか．理由も答
えてみよう．

7.3 微分のことば

ここでは，微分についての基本的なことばと公式をまとめておこう．

7.3.1 平均変化率と微分係数

関数 $y = f(x)$ に対して，$x = a$ から $x = a + h$ まで x が変化するときの $f(x)$ の変化量 $f(a+h) - f(a)$ と x の変化量 h $(= (a+h) - a)$ の比

$$\frac{f(a+h) - f(a)}{h}$$

を **平均変化率** という．平均変化率は，$x = a$ から $x = a + h$ までの $f(x)$ の変化を直線的にとらえたときの傾きとなる（178 ページの図 7.5 参照）．

平均変化率の h を 0 に限りなく近づけたとき，$\dfrac{f(a+h) - f(a)}{h}$ がある一定の値に限りなく近づいていくならば，その値を $f'(a)$ で表して，

$$\lim_{h \to 0} \frac{f(a+h) - f(a)}{h} = f'(a)$$

と書く．$f'(a)$ を $x = a$ における **微分係数** という．$x = a$ での微分係数 $f'(a)$ は，$x = a$ における瞬間的な変化率を表し，$x = a$ における $y = f(x)$ の接線の傾きと一致する（179 ページの図 7.6 参照）．$f'(a)$ を，$y = f(x)$ の $x = a$ での **微分** ともいう．

$\lim\limits_{h \to 0} \dfrac{f(a+h) - f(a)}{h}$ を，$\dfrac{f(a+h) - f(a)}{h}$ の h を 0 に限りなく近づけたときの **極限** という．関数によっては，極限 $\lim\limits_{h \to 0} \dfrac{f(a+h) - f(a)}{h}$ が存在しない場合もある．そのようなとき，$x = a$ において **微分不可能** という．極限が存在する場合は，$x = a$ において **微分可能** という．

7.3.2 導関数

$y = f(x)$ のグラフにおいて，a を動かすと，$x = a$ での傾き，つまり，微分係数 $f'(a)$ が変化する．各点での微分係数がどう動くかを，縦軸に $f'(a)$ の値をとってグラフに表すと図 7.8 のようになる．

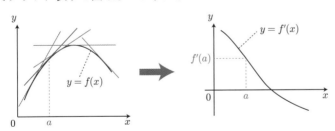

図 7.8 $y = f(x)$ のグラフ（左）と，微分係数のグラフ（右）

図 7.8 の右のグラフは，$y = f(x)$ の傾きが x によってどう変化するかを表す関数となっている．このグラフが表す関数を，数学では $f(x)$ の **導関数** とよび，$y = f'(x)$ と表す．関数 $y = f(x)$ から導関数 $y = f'(x)$ を求めることを，

関数 $y = f(x)$ を**微分する**という．$f'(x)$ を $f(x)$ の微分ということもある．

　$y = f(x)$ の導関数（微分）を表す記号はたくさんあるが，どれも同じ意味である．

具体的な関数の場合，たとえば $y = 2x^3 + 3$ のときは，$(2x^3 + 3)'$ と書くこともある．

> **微分の記号**
>
> $$y', \quad f'(x), \quad \frac{dy}{dx}, \quad \frac{df(x)}{dx}$$

　導関数をみることで，関数の値の変化についていろいろなことがわかる．

　図 7.9 に示すように，x が増えると y が増加するところでは，グラフが右肩上がりになるので，そこでの傾きは正（$y' > 0$）となる．逆に，x が増えると y が減少するところでは，グラフが右肩下がりになるので，そこでの傾きは負（$y' < 0$）となる．したがって，導関数の符号を調べることで，関数の値が増加していくのか減少していくのかを知ることができる．

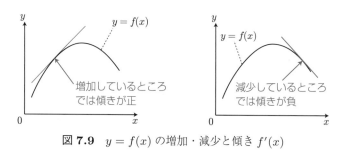

図 7.9　$y = f(x)$ の増加・減少と傾き $f'(x)$

　また，図 7.10 に示すように，関数 $y = f(x)$ の傾きは，最大値や最小値をとるところでは 0 になる．このことを利用すると，導関数が 0 になるところを調べることにより，関数の最大値や最小値を調べることができる．

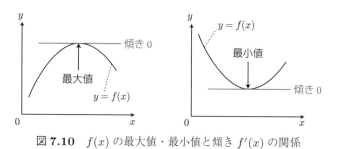

図 7.10　$f(x)$ の最大値・最小値と傾き $f'(x)$ の関係

7.3.3 2階導関数

導関数の微分を，**2階微分**または**2階導関数**とよぶ．導関数の微分は y'', $f''(x)$ などと書かれる．導関数と同様，$y = f(x)$ の2階微分を表す記号はたくさんある．

> **2階微分を表す記号**
>
> $$y'', \quad f''(x), \quad \frac{d^2y}{dx^2}, \quad \frac{d^2f(x)}{dx^2}$$

2階微分を使うことで，関数 $y = f(x)$ のグラフの傾きが最大になるところを調べることができる．傾きが最大になるところを調べるには，傾きの関数である導関数の最大値を調べればよい．関数 $y = f(x)$ の最大値を，$f'(x) = 0$ のところをみることで調べることができたのと同じように，導関数 $y = f'(x)$ の微分である2階微分 $y = f''(x)$ が0になるところを調べることで，導関数の最大値を調べることができる（図7.11）．

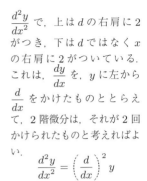

$\frac{d^2y}{dx^2}$ で，上は d の右肩に2がつき，下は d ではなく x の右肩に2がついている．これは，$\frac{dy}{dx}$ を，y に左から $\frac{d}{dx}$ をかけたものととらえて，2階微分は，それが2回かけられたものと考えればよい．

$$\frac{d^2y}{dx^2} = \left(\frac{d}{dx}\right)^2 y$$

具体的な関数の場合，たとえば $y = 2x^3 + 3$ のときは，$(2x^3 + 3)''$ と書くこともある．

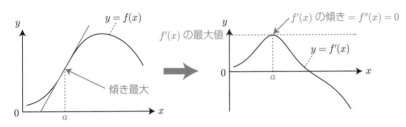

図 7.11 $y = f'(x)$ が最大のとき，$f'(x)$ の傾き $f''(x)$ は0

2階微分を使えば，関数のグラフの形状（上に膨らんでいるのか下に膨らんでいるのか）も調べることができる．図7.12に示すように，$y = f(x)$ のグラフが上に膨らんでいる（数学では**上に凸**という）ときには，傾きが減少していくので，導関数は減少し，導関数の傾きを表す2階微分は負になっている．

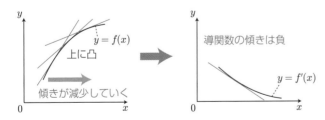

図 7.12 $y = f(x)$ のグラフの形と $f'(x)$ の増加・減少の関係 (1)

逆に，$y = f(x)$ のグラフが下に膨らんでいる（数学では**下に凸**という）ときには，傾きが増加していくので，導関数は増加し，導関数の傾きを表す2階微分は正になっている（図7.13）．

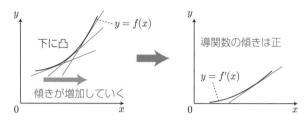

図 7.13　$y = f(x)$ のグラフの形と $f'(x)$ の増加・減少の関係 (2)

つまり，2階微分が正か負かで，グラフの曲がり方がわかることになる．

7.3.4　基本的な関数の微分

微分を用いてとらえられる現象を扱えるようになるために，基本的な関数の微分を計算できるようにしておく必要がある．

$y = x^n$ の微分

$x = a$ での微分は，a から $a + h$ までの平均変化率

$$\frac{f(a + h) - f(a)}{h}$$

の h を 0 に近づけていったときの極限値であったが，$a + h$ と書く代わりに b と書いて，a から b までの平均変化率

> $\dfrac{f(b) - f(a)}{b - a}$ の b を a に近づけていったときの極限を $\displaystyle\lim_{b \to a} \frac{f(b) - f(a)}{b - a}$ と表す．

$$\frac{f(b) - f(a)}{b - a}$$

の b を a に近づけていったときの極限値といっても同じである．

以下，a から b までの平均変化率を使って，$y = x^n$ の微分を考えてみる．

まず，$y = x^2$ の場合を考えると，

$$[x^2 \text{ の } a \text{ から } b \text{ までの平均変化率}]$$

$$= \frac{b^2 - a^2}{b - a}$$

$$= \frac{(b - a)(b + a)}{b - a} \quad \Big{)} \text{ 分子を因数分解}$$

$$= b + a$$

となる．ここで，b を a に近づけていくということは，$b = a$ に限りなく近づいていくことであるから，$b + a$ は $a + a \, (= 2a)$ に近づく．よって，a での微分係数（傾き）は $2a$ で与えられ，$(x^2)' = 2x$ となる．

$y = x^3$ の場合を考えると，

$$[x^3 \text{ の } a \text{ から } b \text{ までの平均変化率}]$$

$$= \frac{b^3 - a^3}{b - a}$$

$$= \frac{(b-a)(b^2 + ba + a^2)}{b - a} \quad \text{分子を因数分解}$$

$$= b^2 + ba + a^2$$

であるので，$y = x^2$ と同じように考えて，最後の式の b を a に置き換えた

$$a^2 + a^2 + a^2 \, (= 3a^2)$$

に近づく．よって，$(x^3)' = 3x^2$ となる．

$y = x^4$ の場合も同じようにして，

$$[x^4 \text{ の } a \text{ から } b \text{ までの平均変化率}]$$

$$= \frac{b^4 - a^4}{b - a}$$

$$= \frac{(b-a)(b^3 + b^2 a + ba^2 + a^3)}{b - a}$$

$$= b^3 + b^2 a + ba^2 + a^3$$

より，$a^3 + a^3 + a^3 + a^3 \, (= 4a^3)$ に近づくので，$(x^4)' = 4x^3$ となる．

以下，同様に考えることができるので，

$$[x^n \text{ の } a \text{ から } b \text{ までの平均変化率}]$$

$$= \frac{b^n - a^n}{b - a}$$

$$= \frac{(b-a)(b^{n-1} + b^{n-2}a + b^{n-3}a^2 + \cdots + ba^{n-2} + a^{n-1})}{b - a}$$

$$= b^{n-1} + b^{n-2}a + b^{n-3}a^2 + \cdots + ba^{n-2} + a^{n-1}$$

より，b を a に近づけると，

$$a^{n-1} + a^{n-2}a + a^{n-3}a^2 + \cdots + aa^{n-2} + a^{n-1}$$

すなわち，

$$a^{n-1} + a^{n-1} + \cdots + a^{n-1} \, (= na^{n-1})$$

に近づく．よって，$(x^n)' = nx^{n-1}$ となる．

$y = \dfrac{1}{x^n}$ の微分

これも x^n の微分と同様に a から b までの平均変化率で考える.

$y = \dfrac{1}{x}$ の場合は, $\dfrac{1}{b} - \dfrac{1}{a} = \dfrac{1}{ba}(a - b)$ であることを用いると,

$$\left[\dfrac{1}{x} \text{ の } a \text{ から } b \text{ までの平均変化率}\right]$$

$$= \dfrac{\frac{1}{b} - \frac{1}{a}}{b - a}$$

$$= \dfrac{\frac{1}{ba}(a - b)}{b - a} \quad\underset{\displaystyle \frac{1}{b} - \frac{1}{a} = \frac{1}{ba}(a-b)}{\overset{\text{分子を変形}}{}}$$

$$= -\dfrac{1}{ba}$$

より, a での微分係数(傾き)は $-\dfrac{1}{a^2}$ で与えられ, $\left(\dfrac{1}{x}\right)' = -\dfrac{1}{x^2}$ となる.

$y = \dfrac{1}{x^2}$ の場合も,

$$\left[\dfrac{1}{x^2} \text{ の } a \text{ から } b \text{ までの平均変化率}\right]$$

$$= \dfrac{\frac{1}{b^2} - \frac{1}{a^2}}{b - a}$$

$$= \dfrac{\frac{1}{b^2 a^2}(a^2 - b^2)}{b - a}$$

$$= \dfrac{\frac{1}{b^2 a^2}(a - b)(a + b)}{b - a}$$

$$= -\dfrac{a + b}{b^2 a^2}$$

より, a での微分係数は $-\dfrac{a + a}{a^2 a^2} = -\dfrac{2}{a^3}$ であり, $\left(\dfrac{1}{x^2}\right)' = -\dfrac{2}{x^3}$ となる.

$y = \dfrac{1}{x^n}$ も同じように考えていくと,

$$\left[\dfrac{1}{x^n} \text{ の } a \text{ から } b \text{ までの平均変化率}\right]$$

$$= \dfrac{\frac{1}{b^n} - \frac{1}{a^n}}{b - a}$$

$$= \dfrac{\frac{1}{b^n a^n}(a^n - b^n)}{b - a}$$

$$= \dfrac{\frac{1}{b^n a^n}(a - b)(b^{n-1} + b^{n-2}a + b^{n-3}a^2 + \cdots + ba^{n-2} + a^{n-1})}{b - a}$$

$$= -\dfrac{b^{n-1} + b^{n-2}a + b^{n-3}a^2 + \cdots + ba^{n-2} + a^{n-1}}{b^n a^n}$$

より, a での微分係数は

$$-\frac{a^{n-1}+a^{n-2}a+a^{n-3}a^2+\cdots+aa^{n-2}+a^{n-1}}{a^n a^n}$$

$$=-\frac{na^{n-1}}{a^{2n}}$$

$$=-\frac{n}{a^{n+1}}$$

となって，$\left(\dfrac{1}{x^n}\right)' = -\dfrac{n}{x^{n+1}}$ であることがわかる．

$\dfrac{1}{x^n} = x^{-n}$ を使って書き直すと，次の公式が得られる．

$$\left(x^{-n}\right)' = (-n)x^{-n-1}$$

$y = x^{\frac{m}{n}}$ の微分

正の実数 x と正の整数 m, n に対して，$x^{\frac{m}{n}}$ は，$\sqrt[n]{x^m}$ を表すが，この場合も同様に，

$$\left(x^{\frac{m}{n}}\right)' = \frac{m}{n}x^{\frac{m}{n}-1}$$

正の数 x に対して，$\sqrt[n]{x}$ は n 乗して x になる正の数を表す．

が成り立つことが知られている．

$$y = x^n \Longrightarrow y' = nx^{n-1}$$

n が自然数，整数，分数などにかかわらず成り立つ．

関数の和の微分

2 つ以上の関数を足し合わせた形の関数の微分については，一般に，

$$(\alpha f(x) + \beta g(x))' = \alpha f'(x) + \beta g'(x) \qquad (\alpha, \beta \text{ は定数})$$

が成り立つ．多項式や，多項式と $\dfrac{a}{x^n}$ の形の関数の和として表される関数の微分は，

$$\left(3x^2 + 5 - \frac{1}{x}\right)' = 3(x^2)' + (5)' - \left(\frac{1}{x}\right)' = 6x + \frac{1}{x^2}$$

定数関数は傾きが常に 0 であるから，微分は 0 となる．

のように，各項ごとに分けて微分することで計算できる．

関数の積の微分

2 つの関数をかけ合わせた形の関数の微分については，一般に，

$$(f(x)g(x))' = f'(x)g(x) + f(x)g'(x)$$

が成り立つ．たとえば，$x^3(x^2 + 3)$ の微分は，この公式を用いると，

$f(x) = x^3,\ g(x) = x^2 + 3$
として考える.

$$\{x^3(x^2+3)\}' = (x^3)'(x^2+3) + x^3(x^2+3)'$$
$$= 3x^2 \times (x^2+3) + x^3 \times 2x$$
$$= 3x^4 + 9x^2 + 2x^4$$
$$= 5x^4 + 9x^2$$

と計算される.

　この公式は図形を使って説明できる. まず, 微分の定義から,

微分の定義は 181 ページ.

$$(f(x)g(x))' = \lim_{h \to 0} \frac{f(x+h)g(x+h) - f(x)g(x)}{h}$$

$0 < f(x) < f(x+h),\ 0 < g(x) < g(x+h)$ として考える.

である. ここで右辺の分子について, $f(x)g(x)$ を, 横と縦の長さがそれぞれ $f(x)$, $g(x)$ である長方形の面積を与える式として考え, $f(x+h)g(x+h)$ も同様に考えると, $f(x+h)g(x+h) - f(x)g(x)$ は図 7.14 の青色の部分の面積を表す.

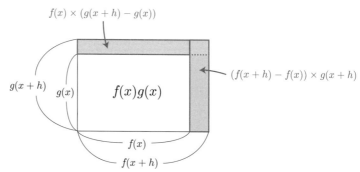

図 **7.14**　$f(x+h)g(x+h) - f(x)g(x)$ を図で表したもの

図 7.14 より,

$$f(x+h)g(x+h) - f(x)g(x)$$
$$= (f(x+h) - f(x))g(x+h) + f(x)(g(x+h) - g(x))$$

となることがわかる. これを用いると,

$\displaystyle\lim_{h \to 0} \frac{f(x+h) - f(x)}{h} = f'(x)$

$\displaystyle\lim_{h \to 0} \frac{g(x+h) - g(x)}{h} = g'(x)$

$\displaystyle\lim_{h \to 0} g(x+h) = g(x)$

に注意.

$$(f(x)g(x))' = \lim_{h \to 0} \frac{f(x+h)g(x+h) - f(x)g(x)}{h}$$
$$= \lim_{h \to 0} \frac{(f(x+h) - f(x))g(x+h) + f(x)(g(x+h) - g(x))}{h}$$
$$= \lim_{h \to 0} \left\{ \frac{f(x+h) - f(x)}{h}g(x+h) + f(x)\frac{g(x+h) - g(x)}{h} \right\}$$
$$= f'(x)g(x) + f(x)g'(x)$$

となる.

関数の商の微分

2つの関数の商の形の関数の微分については，一般に，

$$\left(\frac{f(x)}{g(x)}\right)' = \frac{f'(x)g(x) - f(x)g'(x)}{g(x)^2}$$

が成り立つ．たとえば，$\dfrac{2x}{x^2+1}$ の微分は，この公式を用いると，

$$\begin{aligned}
\left(\frac{2x}{x^2+1}\right)' &= \frac{(2x)'(x^2+1) - 2x(x^2+1)'}{(x^2+1)^2} \\
&= \frac{2(x^2+1) - 2x \times 2x}{(x^2+1)^2} \\
&= \frac{-2x^2+2}{(x^2+1)^2}
\end{aligned}$$

$f(x) = 2x,\ g(x) = x^2 + 1$ として考える．

と計算される．

この公式は，積の微分の公式から得られる．

$$\frac{f(x)}{g(x)} \cdot g(x) = f(x)$$

であるから，左辺に積の微分の公式を適用してこの両辺を微分すると

$$\left(\frac{f(x)}{g(x)}\right)' g(x) + \frac{f(x)}{g(x)} \cdot g'(x) = f'(x)$$

となる．この式を $\left(\dfrac{f(x)}{g(x)}\right)' = \cdots$ の形に整理すると，

$$\begin{aligned}
\left(\frac{f(x)}{g(x)}\right)' &= \frac{1}{g(x)}\left(f'(x) - \frac{f(x)}{g(x)} \cdot g'(x)\right) \\
&= \frac{f'(x)g(x) - f(x)g'(x)}{g(x)^2}
\end{aligned}$$

が得られる．

合成関数の微分

合成関数の微分については，一般に，

$$(f(g(x)))' = f'(g(x))g'(x)$$

が成り立つ．たとえば，$(x^2+1)^3$ の微分は，この公式を用いると，

$$\begin{aligned}
\left\{(x^2+1)^3\right\}' &= 3(x^2+1)^2 \times (x^2+1)' \\
&= 3(x^2+1)^2 \times 2x \\
&= 6x(x^2+1)^2
\end{aligned}$$

$f(X) = X^3,\ g(x) = x^2 + 1$ として，$X = g(x)$ とすると，$f(g(x)) = (x^2+1)^3$.

と計算される．

この公式が成り立つ理由を説明しよう．微分の定義から，

$$(f(g(x)))' = \lim_{h \to 0} \frac{f(g(x+h)) - f(g(x))}{h}$$

微分の定義は 181 ページ．

である．すなわち，$(f(g(x)))'$ は x が $x+h$ に変化するときの $f(g(x))$ の変化率の極限である．ここで，x が $x+h$ に変化するときの $f(g(x))$ の変化率は，x から $x+h$ への変化に対して $g(x)$ が $g(x+h)$ に変化し，$g(x)$ から $g(x+h)$ への変化に対して $f(g(x))$ が $f(g(x+h))$ に変化するととらえると，

$$\begin{bmatrix} x\text{ から }x+h\text{ への}\\ \text{変化に対する}\\ f(g(x))\text{ の変化率} \end{bmatrix} = \begin{bmatrix} x\text{ から }x+h\text{ への}\\ \text{変化に対する}\\ g(x)\text{ の変化率} \end{bmatrix} \times \begin{bmatrix} g(x)\text{ から }g(x+h)\text{ への}\\ \text{変化に対する}\\ f(g(x))\text{ の変化率} \end{bmatrix}$$

であるから，

$$\frac{f(g(x+h))-f(g(x))}{(x+h)-x} = \frac{g(x+h)-g(x)}{(x+h)-x} \times \frac{f(g(x+h))-f(g(x))}{g(x+h)-g(x)}$$

と表すことができる．左辺の極限が $(f(g(x)))'$ であるから，

$$\begin{aligned}
(f(g(x)))' &= \lim_{h\to 0} \frac{f(g(x+h))-f(g(x))}{h}\\
&= \lim_{h\to 0} \frac{g(x+h)-g(x)}{(x+h)-x} \times \lim_{h\to 0} \frac{f(g(x+h))-f(g(x))}{g(x+h)-g(x)}\\
&= g'(x) \times \lim_{b\to a} \frac{f(b)-f(a)}{b-a} \qquad (g(x)=a,\ g(x+h)=b\text{ とおく})\\
&= g'(x) \times f'(a)\\
&= g'(x) \times f'(g(x)) \qquad (g(x)=a\text{ より})
\end{aligned}$$

となる．

微分の公式（まとめ）

上にあげた公式をまとめておく．

和の微分の公式：　$(\alpha f(x) + \beta g(x))' = \alpha f'(x) + \beta g'(x)$

積の微分の公式：　$(f(x)g(x))' = f'(x)g(x) + f(x)g'(x)$

商の微分の公式：　$\left(\dfrac{f(x)}{g(x)}\right)' = \dfrac{f'(x)g(x) - f(x)g'(x)}{g(x)^2}$

合成関数の微分の公式：　$(f(g(x)))' = f'(g(x))g'(x)$

演習 **7.3**　次の関数の微分を求めてみよう．

(1) $x^3 - 3x^2 + 2x + 5$　　　(2) $5x^4 + 2x^5$

(3) $x^2 + \dfrac{3}{x}$　　　(4) $\dfrac{1}{x+1}$

7.4 微分で現象をとらえる

ここから，実際に，現実的な問題を微分を使って解決する例を紹介しよう．

7.4.1 微分でとらえる最適状態

> **例題 7.5** まんじゅうの製造販売をしている店がある．この店の従業員
> の人数とまんじゅうの1日あたりの生産量の関係を調べたところ下の表
> のようになっていたとする．
>
> 従業員数と生産量の関係
>
> | 従業員数（人） | 1 | 2 | 3 | 4 |
> |---|---|---|---|---|
> | 生産量（個） | 500 | 630 | 721 | 794 |
>
> この店で製造しているまんじゅうは1種類で，1個あたりの売値が200
> 円，1個あたりにかかる材料費が88円とし，従業員1人あたりの日当が
> 4000円であるとする．この店が，まんじゅうの生産量を増やして利益を
> 増やそうとするとき，生産量をどれくらいにすれば一番利益が増やせる
> だろうか．

利益の求め方は，例題4.7（118ページ）と同様に考えればよい．

例題4.7と同様に，製造コストには材料費と人件費のみが含まれるものと
し，製造したまんじゅうはすべてその日のうちに売り切れるものとして考えて
みると，利益を表す式は次のようになる．

[利益] = [価格] × [製造個数] − [材料費] × [製造個数] − [日当] × [従業員数]

従業員数と製造個数には表で与えられたような関係があるが，この表のデータ
によれば，およそ

$$[1日あたりの製造個数] = 500 \times \sqrt[3]{[従業員数]} \tag{7.2}$$

という関係式をみたしている．

利益を y (円)，1日あたりの製造個数を x とすると，式(7.2)より，1日あ
たりの製造個数が x になる従業員数は $\dfrac{x^3}{125000000}$ 人であることから，

$$y = 200x - 88x - 4000 \times \frac{x^3}{125000000}$$

より，利益 y は x の3次関数として次の式で表されることになる．

価格，材料費は1個あたり，
製造個数，従業員数，利益は
1日あたり，日当は1人あた
りの数を表す．

左の式もコブ・ダグラス生
産関数（219ページ参照）の
特別な場合である．$x > 0$
に対して，$\sqrt[3]{x}$ は3乗して x
になる数を表す．

$$y = 112x - 0.000032x^3$$

よって，まんじゅう店の利益を最大化する生産量を求める問題は，3 次関数 $y = 112x - 0.000032x^3$ の（$x > 0$ の範囲での）最大値を与える x を求めるという数学の問題に翻訳された．

> ── **翻訳された数学の問題** ──────────
> 　3 次関数 $y = 112x - 0.000032x^3$ の $x > 0$ の範囲での最大値を与える x を求めよ．

例題 4.7（118 ページ）では，利益 y が製造個数 x の 2 次関数となっていたため微分は必要なかった．ここでは，y が x の 3 次関数となっているため，微分が必要となっている．

関数 $y = 112x - 0.000032x^3$ の微分 y' は，

$$y' = 112 - 0.000096x^2$$

であるので，$y' = 0$ となる $x\,(>0)$ を求めるには，

$$0 = 112 - 0.000096x^2 \tag{7.3}$$

を $x > 0$ の範囲で解けばよい．方程式 (7.3) を解くと，

$$x^2 = \frac{112}{0.000096} \left(= \frac{3500000}{3} \right)$$

より，$x = \pm 500\sqrt{\dfrac{14}{3}}$ となるが，求めたいのは $x > 0$ での解なので，$x = 500\sqrt{\dfrac{14}{3}}$ となる．y' は $x < 500\sqrt{\dfrac{14}{3}}$ で正，$x > 500\sqrt{\dfrac{14}{3}}$ で負になるから，y' および y の動きは表 7.1 のようになる．

表 7.1 のことを，この関数の**増減表**という．$+$，$-$ は y' の符号，$\nearrow$ はこの範囲で y が増加していること，$\searrow$ はこの範囲で y が減少していることを表す．

表 7.1　$y = 112x - 0.000032x^3$ の $x > 0$ での値の動き

x	$\cdots$	$500\sqrt{\dfrac{14}{3}}$	$\cdots$
y'	$+$	0	$-$
y	$\nearrow$	最大	$\searrow$

　表 7.1 から，$y = 112x - 0.000032x^3$ のグラフの概形は次ページの図 7.15 のようになる．

　以上から，$y = 112x - 0.000032x^3$ は，

$$x = 500\sqrt{\frac{14}{3}} \fallingdotseq 1080.12$$

つまり，約 1080 個のとき最大になり，そのときの y の値は

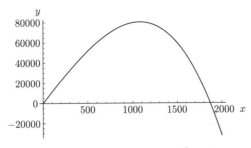

図 7.15 $y = 112x - 0.000032x^3$ のグラフ

$$y = 112 \times 500\sqrt{\frac{14}{3}} - 0.000032 \times \left(500\sqrt{\frac{14}{3}}\right)^3 \fallingdotseq 80649.2$$

となるので，利益は約 80649 円となる．また，このときに必要な従業員数は，

$$\frac{1080^3}{125000000} \fallingdotseq 10.08$$

より，約 10 人であることもわかる．

もう 1 つ，微分を使って最適な答えを求める問題を紹介しておこう．

例題 7.6 商品を扱うコストとして，発注するたびにかかる発注費と届いた商品を保管するための在庫管理費がある．1 回の発注量を大口にすれば，発注回数を減らせるため発注費は下がるが，一方で大量の在庫を抱えることになるため，在庫管理のための費用はかさむことになる．ある店では，1 年間にある商品を 1000 個仕入れている．この商品の発注にあたっては，発注量にかかわらず 1 回あたり発注費が 1000 円かかる．また，仕入れた商品の 1 年間の在庫管理費用は，平均在庫量に比例し，おおむね [平均在庫量] × 200 円となっている．このとき，発注費用と在庫管理費用を合わせた 1 年間の総費用がもっとも低くなる発注量はいくらだろうか．

例題 7.6 は，総費用を発注量の関数として表すことで解くことができる．総費用を発注量の関数として表すために，まずは，1 回の発注量を x とおいて，発注量と在庫管理費用を式で表してみよう．

1 回の発注量が x のとき，1000 個仕入れるために必要な発注回数は $\dfrac{1000}{x}$ であり，これに 1 回の発注費 1000 円をかけた $\dfrac{1000}{x} \times 1000 = \dfrac{1000000}{x}$ (円) が 1 年間の発注費用となる．

経済学では，ある量を別の何かの量を変数とする関数としてとらえるとき，その関数の値が表す量を名前につけて「○○関数」というようによび，その関数の微分を経済学独特のよび名で「限界○○」とよぶ．経済学の本では，「限界利潤」「限界費用」「限界生産力（または限界生産性）」などのことばがよく出てくるが，それぞれ，そこで扱っている「利潤関数」「費用関数」「生産関数」の微分係数を表している．

この例題のように，発注や管理にかかるコストも考慮に入れて，コストを最小化する最適な発注量のことを，経済学の分野では**経済的発注量**とよんでいる．

　また，商品の減り方が一定だと考えると，発注して仕入れた直後の在庫量
（1 回の発注量に一致）を最大値として，直線的に減少して 0 になるのを繰り
返すので，在庫量の変化は図 7.16 のようになる．

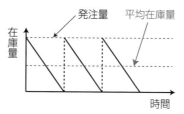

図 7.16　在庫量の変動と平均在庫量

　このとき，平均在庫量は 1 回の発注量 x のちょうど半分になるので，平均
在庫量は $\frac{x}{2}$ で表され，在庫管理費用は $\frac{x}{2} \times 200 = 100x$（円）となる．
　ここで，1 年間の総費用を y（円）とおくと，y は発注費用と在庫管理費用
の合計として，次のような関数になる．

$$y = \frac{1000000}{x} + 100x \tag{7.4}$$

以上より，1 年間の総費用がもっとも低くなる発注量を求める問題は，式 (7.4)
で表される関数 $y = \frac{1000000}{x} + 100x$ の $x > 0$ での最小値を求める数学の問題
に翻訳された．

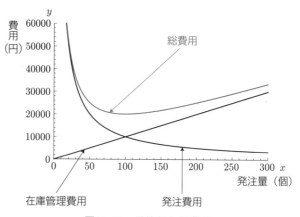

図 7.17　発注量と総費用

　式 (7.4) で表される関数のグラフは図 7.17 のようになる．総費用がもっと
も低くなるところは，総費用のグラフのもっとも低いところであるが，ここは
傾きが 0 のところである．よって，式 (7.4) の関数の微分を計算して，微分が
0 であるところを見つければよい．y を微分すると，

$$y' = \left(\frac{1000000}{x} + 100x \right)' = -\frac{1000000}{x^2} + 100$$

であるから，$y' = 0$ である x は，$-\frac{1000000}{x^2} + 100 = 0$ を解けば求まる．

$\dfrac{1000000}{x^2} = 100$ より，$1000000 = 100x^2$ であるから，$x^2 = 10000$ となって，$x = \pm 100$ が得られる．x は発注量なので，負の数にはならないから，総費用を最小にする発注量は 100 個ということになる．

　現象の最適解を見つけることは，現象を表す関数の最大値や最小値を見つけることである．関数が最大値や最小値になるところでは，傾きが 0 になっている．関数の傾きが 0 になっているところとは，微分が 0 になるところである．よって，現象の最適解は，現象を表す関数の微分が 0 であるところを求めることで見つけられる．

演習 7.4　ある工場では，1 年間にある部品を 16000 個必要とする．この部品の発注にあたっては，発注量にかかわらず 1 回あたり発注費が 1 万円かかる．また，調達した部品の 1 年間の在庫管理費用は，この工場では 1 回の発注量の 2 乗に比例しており，おおむね $\dfrac{[1\,回の発注量]^2}{100}$ 円となっている．このとき，この部品を調達するのに，発注費用と在庫管理費用を合わせた 1 年間の総費用がもっとも低くなる発注量はいくらだろうか．

7.4.2　指数関数の微分でとらえられる現象

　例題 7.2（175 ページ）のグラフを再び取り上げよう．

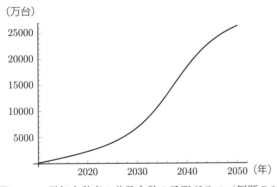

図 7.18　電気自動車の普及台数の予測グラフ（例題 7.2）

　図 7.18 のようなグラフは，最初はゆっくり増えていたのが次第に急激に増え始め，一定のピークをすぎると増え方が鈍り始めて徐々にある上限の値に近づいていくという特徴をもつ．生息面積や食物量に一定の制限がある下での生物の個体数の増加や，新商品が普及していく様子などはこのような形のグラフでとらえられる．

このような形のグラフで代表的なものに，**ロジスティック曲線**とよばれる曲線がある．ロジスティック曲線の具体的な式は，たとえば，次のような式で与えられる．

$$y = \frac{2930.3009}{e^{-0.0313395x} + 0.014854}$$

上の式は，18 世紀末〜20 世紀初頭のアメリカ合衆国の人口増加をモデル化した有名な論文 (Pearl & Reed, 1920) に登場する式で，1780 年を $x = 0$ として，1780 年から x 年後の人口を y (千人) としている．この式の中に e という文字があるが，これは，第 2 章の 48 ページで紹介した**ネイピア数**を表す e であり，小数で表すと，

$$e = 2.718281828459045235\cdots$$

となる．

48 ページで紹介したようにネイピア数 e は，

$$e = \lim_{n \to \infty}\left(1 + \frac{1}{n}\right)^n$$

として，数列の極限値で定義される数である．

例題 7.2 で考えたように，生物の個体数や新商品の普及（販売数）を表す関数について，個体数の増加速度の最大値や，普及速度（販売数の増加速度）の最大値を求めることは，関数のグラフの傾きの最大値を求めること，つまり，導関数の最大値を求めることに対応する．ロジスティック曲線を表す関数を微分するためには，$y = e^{-0.0313395x}$ のような指数関数の微分が必要である．

▌指数関数の微分公式

指数関数には $y = 2^x$, $y = 3^x$, $y = 0.8^x$ など，様々な底のものがあるが，実は，e を底とする指数関数の微分は次のようになる．

$$(e^x)' = e^x$$

演習 7.5　次のようにして，$(e^x)' = e^x$ を確かめてみよう：$x = a$ から $x = a + h$ までの e^x の平均変化率は，$e^{a+h} = e^a e^h$, $e^a = e^a e^0$ に注意すると，

$$\frac{e^{a+h} - e^a}{h} = \frac{e^a(e^h - e^0)}{h} = e^a \times \frac{e^h - e^0}{h}$$

$e^0 = 1$ なので，$\dfrac{e^h - 1}{h}$ の値を調べる．$e^{0.1}$, $e^{0.01}$ などの計算方法は付録 A (241 ページ) を参照．$\dfrac{e^h - e^0}{h}$ が $h \to 0$ で 1 に近づいていくので，$y = e^x$ の $x = 0$ における微分係数は 1 である．

となる．$h = 0.1, 0.01, 0.001, 0.0001$ に対して，$\dfrac{e^h - e^0}{h}$ を計算することで，h を 0 に近づけるとき，$\dfrac{e^h - e^0}{h}$ が 1 に近づいていくことを確かめよう．（このことにより，$\dfrac{e^{a+h} - e^a}{h}$ が e^a に近づいていくことが確かめられる．）

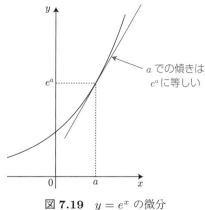

図 7.19 $y = e^x$ の微分

指数関数の微分について，よく使われる公式をまとめておこう．

$$(e^x)' = e^x$$

$$(e^{ax})' = ae^{ax} \qquad (a: \text{実数})$$

$$\left(e^{ax+b}\right)' = ae^{ax+b} \qquad (a, b: \text{実数})$$

$$(a^x)' = a^x \log_e a \qquad (a: \text{実数}, \ a > 0)$$

1つ目の公式については，前ページの演習 7.5 で扱ったので，残りの3つについて説明をしておこう．

2つ目の公式：$f(x) = e^{ax}$ とおくと，

$$\begin{aligned}
\frac{f(x+h) - f(x)}{h} &= \frac{e^{a(x+h)} - e^{ax}}{h} \\
&= e^{ax} \times \frac{e^{ah} - e^0}{h} \\
&= e^{ax} \times \frac{e^{ah} - e^0}{ah} \times a
\end{aligned}$$

$\left.\right\}$ $\dfrac{1}{h} = \dfrac{1}{ah} \times a$

となる．ここで，h を限りなく 0 に近づけるとき，ah も限りなく 0 に近づく．演習 7.5 でみたことから，$\dfrac{e^{ah} - e^0}{ah}$ が 1 に近づくので，$f'(x) = ae^{ax}$ となる．

3つ目の公式：$e^{ax+b} = a^{ax}e^b$ であり，e^b は定数であることから，

$$(e^{ax+b})' = (e^{ax}e^b)' = e^b \times (e^{ax})' = e^b \times ae^{ax} = ae^{ax+b}$$

となる．

4つ目の公式：まず，$a = e^{\log_e a}$ と書けることに注意しよう．このことから，$a^x = \left(e^{\log_e a}\right)^x = e^{(\log_e a)x}$ となるので，2つ目の公式より，

$\log_e a$ は a が e の何乗かを表すので，$a = e^{\square}$ とおくと，$\square = \log_e a$ である．底が e の対数を**自然対数**という．

$$
\begin{aligned}
(a^x)' &= \left(e^{(\log_e a)x}\right)' \\
&= (\log_e a) \times e^{(\log_e a)x} \\
&= a^x \log_e a
\end{aligned}
$$

2 つ目の公式より

$e^{(\log_e a)\,x} = a^x$ より

演習 7.6　関数 $y = \dfrac{1}{e^{-x}+1}$ について次の計算をやってみよう.

(1) 導関数 y' を求めてみよう.

(2) 2 階微分 y'' を求めてみよう.

(3) $y'' = 0$ となる x を調べて, y' がもっとも大きくなる x を求めてみよう.

▌7.4.3　三角関数の微分でとらえられる現象

第 4 章の例題 4.5（103 ページ）で, 電力需要の変動をとらえる数学モデルを三角関数で表したことを思い出そう.

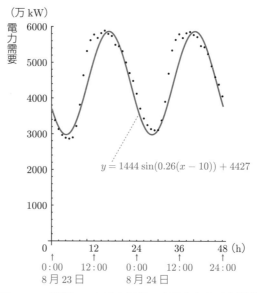

図 **7.20**　例題 4.5 の電力需要の変動を表す三角関数

電力需要の変化速度は, 電力需要の変動を表す三角関数のグラフの傾きでとらえられる. 三角関数で電力需要の変化を表したグラフ（図 7.20）で, 早朝から昼過ぎにいたるまでの傾きを観察すると, はじめは傾きが緩やかで, 次第に傾きが大きくなり, 最後は再び傾きが緩やかになるのがみてとれる. ここで, 電力需要の増加速度がいつ最大になるかという問題を考えてみると, この問題は, 三角関数のグラフで傾きが最大になるところはどこか, という問題に翻訳される. 傾きとはすなわち微分係数のことであるから, 三角関数の微分ができれば, 電力需要の増加速度が最大となる時刻を計算で求めることができる.

三角関数の傾きを調べてみる

三角関数 $y = \sin x$ のグラフの傾きを調べて，微分がどうなるかをみよう．

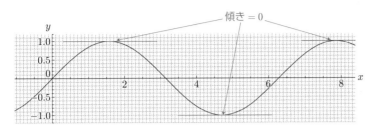

図 **7.21** $y = \sin x$ のグラフ

図 7.21 は $y = \sin x$ のグラフであるが，最大値や最小値をとるところでは傾きは 0 であるから，$x = \dfrac{\pi}{2}, \dfrac{3\pi}{2}, \dfrac{5\pi}{2}, \ldots$ では，傾きが 0 である．これら以外の点をいくつか選んで，そこでの微分係数がどうなるかを，平均変化率で h を小さくしていくことで調べてみると，表 7.2 のようになった．

図 7.21 では，縦軸横軸ともに 0.1 刻みで方眼を入れているので，グラフに接線を描き入れて傾きを調べることもできる．

表 **7.2** 各点での $h = 0.1, 0.01, 0.001$ に対する $y = \sin x$ の平均変化率

x	0	$\dfrac{\pi}{4}$	$\dfrac{3\pi}{4}$	π	$\dfrac{5\pi}{4}$
$h = 0.1$	0.99833	0.67060	-0.74126	-0.99833	-0.67060
$h = 0.01$	0.99998	0.70356	-0.71063	-0.99998	-0.70356
$h = 0.001$	1.00000	0.70675	-0.70746	-1.00000	-0.70675
x	$\dfrac{7\pi}{4}$	2π	$\dfrac{9\pi}{4}$	$\dfrac{11\pi}{4}$	3π
$h = 0.1$	0.74126	0.99833	0.67060	-0.74126	-0.99833
$h = 0.01$	0.71063	0.99998	0.70356	-0.71063	-0.99998
$h = 0.001$	0.70746	1.00000	0.70675	-0.70746	-1.00000

各 x と h の値に対して平均変化率

$$\frac{\sin(x+h) - \sin x}{h}$$

を関数電卓などで計算すればよい．関数電卓での三角関数の値の求め方は付録 A（241 ページ）参照．

表 7.2 から，各点での微分係数のおよその値がわかるので，$x = \dfrac{\pi}{2}, \dfrac{3\pi}{2}, \dfrac{5\pi}{2}, \ldots$ での微分係数が 0 であることと合わせて，プロットして曲線でつないでみると，図 7.22 のようになる．

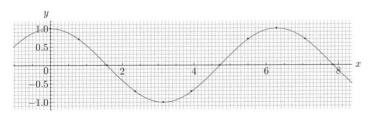

図 **7.22** $y = \sin x$ の微分のグラフ

　図 7.22 のグラフは，$y = \cos x$ のグラフにそっくりであるが，実は，$y = \sin x$ の微分は $y = \cos x$ そのものになる.

　このことを使って，106 ページで求めた例題 4.5 の電力需要の変動を表す三角関数

$$y = 1444 \sin \left(0.26(x - 10)\right) + 4427$$

を微分すると，合成関数の微分の公式（190 ページ）を用いて，

$$y' = 1444 \cos \left(0.26(x - 10)\right) \times 0.26$$
$$= 375.44 \cos \left(0.26(x - 10)\right) \tag{7.5}$$

と求められる. $y = \cos x$ は，$x = 0, 2\pi, \ldots$ で最大値 1 をとるから，式 (7.5) は，$x = 10, 34, \ldots$ で最大値 375.44 をとる. このことから，2 日とも，午前 10 時頃に電力需要の増加速度は最大になり，そのときの増加速度は 1 時間あたり 375.44 万 kW になると計算されることになる.

▌三角関数の微分

　$y = \sin x$ の微分について，もう少し数学的に詳しく説明しておこう. $y = \sin x$ の各点 a での微分は，定義にしたがって考えれば，a から $a + h$ までの平均変化率 $\dfrac{\sin(a + h) - \sin a}{h}$ の h を 0 に限りなく近づけていくときの極限値である. そこで，平均変化率を調べると，

$$[\sin x \text{ の } a \text{ から } a + h \text{ までの平均変化率}]$$
$$= \frac{\sin(a + h) - \sin a}{h}$$
$$= \frac{(\sin a \cos h + \cos a \sin h) - \sin a}{h} \quad \left.\right) \quad \text{\small $\sin(a + h)$ に加法公式を適用}$$
$$= \frac{\cos h - 1}{h} \times \sin a + \frac{\sin h}{h} \times \cos a$$

となる. ここで，$\dfrac{\cos h - 1}{h}$ と $\dfrac{\sin h}{h}$ について考えると，

$$\frac{\cos h - 1}{h} = \frac{\cos(0 + h) - \cos 0}{h}$$
$$\frac{\sin h}{h} = \frac{\sin(0 + h) - \sin 0}{h}$$

より，$\dfrac{\cos h - 1}{h}$ の h を 0 に近づけたときの極限は $y = \cos x$ の $x = 0$ での微分係数，$\dfrac{\sin h}{h}$ の h を 0 に近づけたときの極限は $y = \sin x$ の $x = 0$ での微分係数である. $y = \cos x$ は $x = 0$ で最大値 1 をとるので，そこでの微分係数は 0 であり，また，前ページの表 7.2 で確かめたことより，$y = \sin x$ の $x = 0$ での微分係数は 1 である. よって，

$$\frac{\cos h - 1}{h}\sin a + \frac{\sin h}{h}\cos a$$

は,

$$0 \cdot \sin a + 1 \cdot \cos a = \cos a$$

に近づくので, a での微分係数は $\cos a$ となり, $(\sin x)' = \cos x$ である.

三角関数の微分公式（まとめ）

三角関数の微分について, よく使われる公式をまとめておこう.

$$(\sin x)' = \cos x$$
$$(\cos x)' = -\sin x$$
$$(\tan x)' = \frac{1}{\cos^2 x}$$
$$(\sin(ax + b))' = a\cos(ax + b) \qquad (a, b: \text{実数})$$
$$(\cos(ax + b))' = -a\sin(ax + b) \qquad (a, b: \text{実数})$$

$\tan x$ の微分は, $\tan x = \dfrac{\sin x}{\cos x}$ に商の微分の公式（190 ページ）を適用することで得られる. $\sin(ax + b)$, $\cos(ax + b)$ の微分は合成関数の微分の公式（190 ページ）より得られる.

演習 7.7　$y = \cos x$ のグラフで各点での微分係数を調べて, $(\cos x)' = -\sin x$ を確かめてみよう.

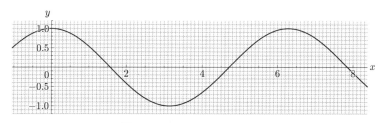

図 7.23　$y = \cos x$ のグラフ

演習 7.8　演習 4.15（107 ページ）で, 大阪湾の 2020 年 9 月 5 日の潮位変動を表す関数として次の三角関数を用いた.

$$y = 47.5\sin\left(\frac{2\pi}{12}(x - 5)\right) + 387.5$$

この三角関数を微分することで, 潮位の上昇速度が最大になるおよその時刻と, そのときの潮位の上昇速度を求めてみよう.

7.5　面積＝積分

　グラフで囲まれた部分の面積を求めることに帰着される問題は，例題 7.3 （175 ページ）のような速度と距離の問題の他にもある．次の例題を考えてみよう．

肺活量の測定は，肺いっぱいに息を吸い込んだ状態から勢いよく息を吐き出して，息を吐き切るまで装置に息を吹き込み続けることで行われる．こうして装置に吹き込まれた空気の総量が肺活量である．

> **例題 7.7**　肺活量の測定では，筒状の器具に息を吹き込み，装置に流れ込む空気の速度（1 秒あたりに流れる空気の量，単位：L/s）を計測するタイプの装置がよく使われる．次のグラフは，ある人がこの装置で肺活量を測定したときのデータをグラフにしたものである．このデータからこの人の肺活量を求めるにはどうしたらよいだろうか．
>
>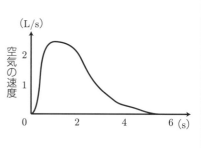

---

2 (L/s) が 3 秒間続いた場合，$2 \times 3 = 6(L)$ となる．

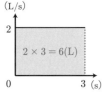

図 7.24 は，0 秒，1 秒，2 秒，3 秒，4 秒，5 秒の各時点での空気の速度が，その後の 1 秒間，変わらず一定であったとみなして棒グラフで近似したグラフである．

　時間によらず空気の速度が一定ならば，ある時間の間に流れ込んだ空気の量は，[空気の速度] × [時間] で求められる．したがって，例題 7.7 のような問題の場合も，時間を少しずつ区切って，その間は空気の速度が一定だとみなせば，棒グラフの面積で考えられるので，この方法でおおまかな値を出すことができる．

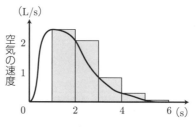

図 7.24　棒グラフによる近似

　例題 7.3 の場合と同様に，時間の区切りの幅を小さくしていくことで，棒グラフの面積は，速度のグラフで囲まれた面積に近づいていく（図 7.25）．したがって，例題 7.7 の場合も，測定を開始した 0 秒の時点から 6 秒後の測定終了（空気を吐き切って速度が 0 になっている）までの間で，グラフと横軸で囲まれた部分の面積が，吐き出された空気の総量，すなわち，この人の肺活量ということになる．

　例題 7.3，例題 7.7 の 2 つの例題でみてきたように，現実の現象の中には，

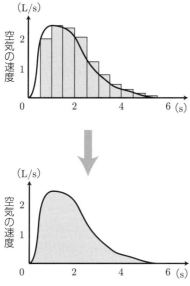

図 **7.25** 区切りの幅を小さくしていくと，グラフで囲まれた面積に近づく

グラフで囲まれた部分の面積でとらえられる現象がある.

　一般に，関数 $y = f(x)$ のグラフと x 軸ではさまれた領域の $x = a$ から $x = b$ までの面積を，数学では，

$$\int_a^b f(x)\,dx$$

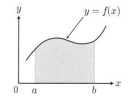

と表し，関数 $y = f(x)$ の $x = a$ から $x = b$ までの**積分**という.

　積分のことばを用いれば，例題7.3 は，x 秒後における速度 y（単位：m/s）を表す関数 $y = f(x)$ の $x = 0$ から $x = 3$ までの積分

$$\int_0^3 f(x)dx$$

を求める問題であり，例題7.7 は，x 秒後における空気の速度 y（単位：L/s）を表す関数 $y = f(x)$ の $x = 0$ から $x = 6$ までの積分

$$\int_0^6 f(x)dx$$

を求める問題である.

　　現実世界の問題の中には，量が変化する状況において，その変化する量が一定の時間でどれだけ蓄積するのかを知りたい場合がある. このような場面で役立つのが積分である. なぜならば，量の変化を関数でモデル化してとらえるとき，一定時間に蓄積した総量は関数のグラフと横軸との間にはさまれた部分の面積に対応しており，積分とはまさにこの面積を求めるためのツールだからである.

グラフで囲まれた面積が大切になる問題は他にもいろいろある.

μSv/h は 1 時間あたりの放射線量を測る単位であり，μSv は「マイクロシーベルト」と 読 む．1 μSv/h が 2 時間続くと，2 時間の放射線の総量は，$1 \times 2 = 2\,(\mu Sv)$ となる.

演習 7.9　ある地点での放射線量を長期にわたって測定したところ，計測開始時点からの毎時放射線量（単位：μSv/h）の変化を表すグラフが次のように得られた．この地点での計測開始時点から 30 日間の累積放射線量を，積分のことばを使って表してみよう.

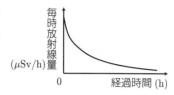

水草の排出量が日中にマイナスになっているのは，水草が日中は光合成により水中の二酸化炭素を除去するためである.

演習 7.10　水槽の中に金魚を水草と入れて飼おうとしている．下図はこれから水槽の中に入れようとしている金魚と水草の，1 分あたりの二酸化炭素排出量（単位：mg/min）の 24 時間の変化をグラフに表したものである．これらを水槽に入れるとき，二酸化炭素の量が安定するといえるかどうかを知るためには，何を調べたらよいか，積分のことばを使って表してみよう.

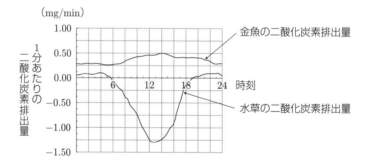

演習 7.11　ある新興企業の起業してからの月ごとの営業利益が次のグラフのように表されている.

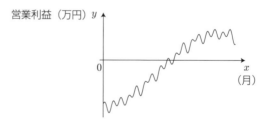

　グラフより，起業当初は赤字が続いて累積赤字が増えていたが，ある時点から月ごとの営業利益が出始めていることがわかる．x を起業時点を 0 としたときの月数，y を営業利益（単位：万円）としたとき，x と y の関係が $y = f(x)$ という関数で表されたとすると，この企業が累積赤字を解消できるのはいつになるかを，積分の言葉を使って述べてみよう.

　演習 7.9〜7.11 のように，関数で表される量の総量を考えないといけないとき，積分という考え方が役に立つ.

　現実の場面では，関数の式が具体的に求まらないことも多いが，積分とは結局，グラフと x 軸にはさまれた部分の面積なので，棒グラフによる面積近似の考え方を利用して面積の近似値を計算することで，求めたい積分の近似値を得ることができる．

演習 7.12　人間ドックなどでの内臓脂肪量の測定には，CT 検査などで撮影された腹部の断面画像が利用されている．CT で少しずつ位置をずらしながら撮影した多数の断面画像を用いて，内臓脂肪量を近似的に計測することができる．その原理は次のとおりである．

　背骨に沿った方向（体軸方向）に x 軸を設定する（単位は cm とする）．内臓脂肪を測定したい範囲が $0 \leqq x \leqq 20$ の範囲に収まっているとし，この範囲の x における内臓脂肪の断面積 (cm^2) を $F(x)$ と表すと，内臓脂肪量（体積）$V(\mathrm{cm}^3)$ は，$V = \displaystyle\int_0^{20} F(x)dx$ で求められ

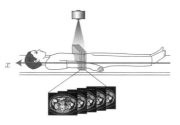

る．CT 画像を用いれば多数の x の値に対する $F(x)$ の値を求めることができ，それらを用いて上の積分の近似値を求めれば，V の近似値が得られる．

　下の表は，ある男性の内臓脂肪の断面積のデータであり，$x = 0$ の位置から 1 cm ずつずらして CT で撮影した画像から求めた内臓脂肪の断面積の値が示されている．この表のデータを用いて，$\displaystyle\int_0^{20} F(x)dx$ のおよその値を求めることで，この人の内臓脂肪の体積 V のおよその値を求めてみよう．

$x(\mathrm{cm})$	0	1	2	3	4	5	6
$F(x)(\mathrm{cm}^2)$	2.60	7.90	16.50	48.80	82.50	123.20	130.60
$x(\mathrm{cm})$	7	8	9	10	11	12	13
$F(x)(\mathrm{cm}^2)$	134.00	132.20	137.80	141.50	140.20	143.60	131.60
$x(\mathrm{cm})$	14	15	16	17	18	19	20
$F(x)(\mathrm{cm}^2)$	128.20	130.80	129.60	108.00	67.20	25.60	12.00

演習 7.13　演習 7.10 で必要となる積分のおよその値を，金魚と水草の 2 時間ごとの二酸化炭素排出量を演習 7.10 のグラフから読み取ることで求めてみよう．

7.6　微分がわかれば積分がわかる ——微積分学の基本定理

前節で，グラフで囲まれた面積，すなわち，積分を求めることに帰着される問題が，現実世界にたくさんあることをみた.

ここでは，積分計算の意味について考えるために，175 ページの例題 7.3 のグラフが直線である場合を考えてみよう.

例題 7.8　時速 72 km（秒速 20 m）で走行中のABS 装着車が急ブレーキを踏んでから停止するまでの速度が右のグラフのように直線的に変化したとする. このとき，ブレーキを踏んでから停止するまでに進む距離はどれくらいだろうか.

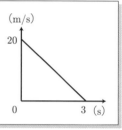

速度が直線的に変化していることから，x 秒後の車の速度 y（m/s）は

$$y = 20 - \frac{20}{3}x$$

と表される.

前節でみたように，例題 7.8 は，積分のことばを用いれば，関数 $y = 20 - \frac{20}{3}x$ と x 軸，y 軸とで囲まれた部分の面積，すなわち，

$$\int_0^3 \left(20 - \frac{20}{3}x\right) dx$$

を求める問題である.

高校で学んだように，この積分は，微分したら $20 - \frac{20}{3}x$ となる関数 $20x - \frac{10}{3}x^2$ を用いて，

$$\int_0^3 \left(20 - \frac{20}{3}x\right) dx = \left[20x - \frac{10}{3}x^2\right]_0^3$$
$$= \left(20 \times 3 - \frac{10}{3} \times 3^2\right) - \left(20 \times 0 - \frac{10}{3} \times 0^2\right)$$
$$= 30$$

と計算することができる.

ここで，関数 $y = 20x - \frac{10}{3}x^2$ の $x = 3$ での値と $x = 0$ での値の差をとることで積分 $\int_0^3 \left(20 - \frac{20}{3}x\right) dx$ が計算できるのはなぜだろうか.

$\left[20x - \frac{10}{3}x^2\right]_0^3$ は，$20x - \frac{10}{3}x^2$ に 3 を代入したものから，$20x - \frac{10}{3}x^2$ に 0 を代入したものを引いた値を意味する.

この計算で出た値は実際の値とほぼ同じだが，人間が危険を認識してからブレーキを踏むまでに 1 秒程度かかるといわれており，この間に進む距離（空走距離とよばれる）を考慮に入れると，停止までに約 50 m 進んでしまうことになる.

7.2 節（178～180 ページ）で，距離を表す関数を微分すると速度を表す関数になったことを思い出そう．$y = 20x - \dfrac{10}{3}x^2$ は，微分すると速度の関数 $y = 20x - \dfrac{10}{3}x$ になるから，距離と関係がありそうだ．確かめてみよう．

x 秒後までに進む距離を $F(x)$ で表すと，7.1 節と 7.5 節でみたことから，$F(x)$ は図 7.26 の青色の台形部分の面積になる．

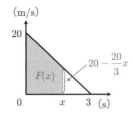

図 **7.26** x 秒後までに進む距離

この台形部分の面積を求めると，

$$F(x) = \frac{1}{2}x\left(20 + \left(20 - \frac{20}{3}x\right)\right) = 20x - \frac{10}{3}x^2$$

となり，関数 $y = 20x - \dfrac{10}{3}x^2$ は，まさに，x 秒後までに進む距離を表していることがわかる．したがって，$\left[20x - \dfrac{10}{3}x^2\right]_0^3 = F(3) - F(0)$ であり，$\left[20x - \dfrac{10}{3}x^2\right]_0^3$ が 3 秒後までに進んだ距離を求める式であることがわかる．

例題 7.8 に限らず，一般に，x 秒後の速度 (m/s) を表す関数を $f(x)$，x 秒後までに進む距離 (m) を表す関数を $F(x)$ とすると，$F'(x) = f(x)$ であり，

$$\int_a^b f(x)dx = F(b) - F(a)$$

が成り立つ．これは a 秒後から b 秒後までに進む距離が，$f(x)$ を用いれば $\int_a^b f(x)dx$，$F(x)$ を用いれば $F(b) - F(a)$ で表されるからである（図 7.27）．

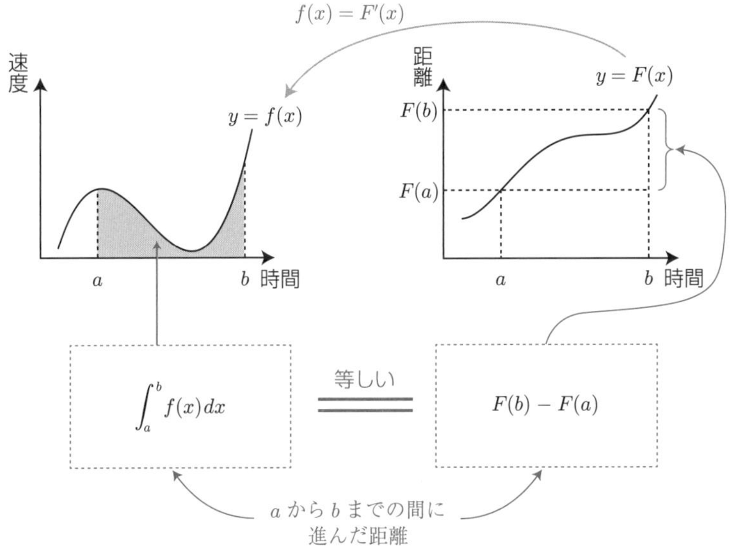

$F(3) - F(0)$ は「0 秒の時点から 3 秒後の時点までに進む距離」を表している．$F(0)$ は 0 秒の時点での距離であるから $F(0) = 0$ であることに注意．

図 **7.27** $F'(x) = f(x)$ となる関数 $F(x)$ と積分の値の関係

微積分学の基本定理を発見し
たのは，ニュートン (Isaac
Newton, 1642-1727) やラ
イプニッツ (Gottfried Wil-
helm Leibniz, 1646-1716)
である．微積分学の基本定理
が発見されるまでは，微分と
積分は互いに関係のないもの
と考えられていた．

　一般の関数に対しても，積分の値は，積分したい関数 $f(x)$ に対して，微分
したら $f(x)$ になる関数 $F(x)$ がわかれば，$F(x)$ の値の差 $F(b) - F(a)$ で簡単
に計算できる．したがって，積分の計算における主要な計算ステップは，微分
の逆操作，すなわち，微分したら $f(x)$ になる関数を求めることになる．その
意味で，「積分は微分の逆操作である」ということができる．この事実は，**微
積分学の基本定理**とよばれる．この定理の数学的な説明は次節で行う．

7.7　積分のことばと基本的な関数の積分

7.7.1　積分の用語とまとめ

$f(x)$ が負の値になる部分の
面積は，マイナスの符号を
つけて，負の面積として考え
る．

[定積分]　関数 $y = f(x)$ と x 軸ではさまれた領域の $x = a$ から $x = b$ までの
部分の面積を，$y = f(x)$ の $x = a$ から $x = b$ までの**積分**といい，

$$\int_a^b f(x)\,dx$$

で表す．この積分を一般に**定積分**という．定積分の値は，棒グラフ近似で棒グ
ラフの幅を限りなく細かくしていったときの棒グラフ全体の面積の極限値であ
る．

棒グラフ近似で棒グラフの幅
を限りなく細かくしていった
ときの面積の極限値というの
が，本来の定積分の概念であ
る「面積」に基づく，定積分
の数学的定義である．棒グラ
フ近似された面積は**リーマン
和**とよばれ，その極限として
得られる積分値は**リーマン積
分**とよばれる．リーマン積分
は，ドイツの数学者リーマン
(Georg Friedrich Bernhard
Riemann, 1826-1866) によ
ってつくられた．

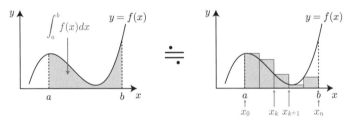

図 7.28　定積分と棒グラフ近似

　積分の記号 $\int_a^b f(x)dx$ も棒グラフの面積との関係で意味づけられる．棒グ
ラフで近似した場合の面積は，$\sum$ を用いて表される．棒グラフ化する際の
区切り方を与える x を $x_0 = a, x_1, x_2, \ldots, x_{n-1}, x_n = b$ とすると，各 k につ
いて，$x = x_k$ から $x = x_{k+1}$ までの棒グラフの面積は，棒グラフの高さが
$f(x_k)$，幅が $x_{k+1} - x_k$ であるので，

棒グラフの高さは x_k のとこ
ろでなくても，x_k と x_{k+1}
の間の他の点で考えてもよ
い．

$$f(x_k)(x_{k+1} - x_k)$$

で表される．したがって，棒グラフ全体の面積は，

$$\sum_{k=0}^{n-1} f(x_k)(x_{k+1} - x_k)$$

で与えられる．この区切りの点の個数を増やして棒グラフの幅を限りなく細
かくしていったときの棒グラフ 1 本分の面積が $f(x)dx$ で表され（つまり dx

は限りなく細かくしていった棒グラフ 1 本の幅といった意味になる），$\sum$ が $\int$ に化けて端の点 a と b が $\int$ の上下につくことで，限りなく幅が細くなった棒グラフ $f(x)dx$ を $x = a$ から $x = b$ まで集めて和をとるという意味を表している．こうしてできたのが，定積分の記号

$$\int_a^b f(x)dx$$

である．

[微積分学の基本定理]　定積分 $\displaystyle\int_a^b f(x)dx$ は，$F'(x) = f(x)$ となる関数 $F(x)$ を用いて，$F(b) - F(a)$ で計算できる．

> **微積分学の基本定理**
>
> $$F'(x) = f(x) \text{ であるとき，} \int_a^b f(x)dx = F(b) - F(a)$$

微積分学の基本定理が成り立つ理由について，数学的な説明をしておこう．

関数 $f(x)$ と $F(x)$ が $F'(x) = f(x)$ という関係になっているとする．定積分 $\displaystyle\int_a^b f(x)dx$ をリーマン和で表したときの，x_k から x_{k+1} までの棒グラフ 1 本分の幅に着目すると，この幅が小さければ，x_k から x_{k+1} までの間の $y = f(x)$ のグラフと x 軸で囲まれた部分の面積は，高さ $f(x_k)$，幅 $x_{k+1} - x_k$ の棒グラフの面積で近似される．一方，$y = F(x)$ のグラフのほうでは，幅 $x_{k+1} - x_k$ が小さければ，x_k から x_{k+1} までの間の平均変化率 $\dfrac{F(x_{k+1}) - F(x_k)}{x_{k+1} - x_k}$ は，$F(x)$ の $x = x_k$ での傾き $F'(x_k)$，すなわち，$f(x_k)$ に近い値となる．よって，

$$[x_k \text{ から } x_{k+1} \text{ までの面積}] \fallingdotseq f(x_k)(x_{k+1} - x_k) \fallingdotseq F(x_{k+1}) - F(x_k)$$

となる（図 7.29）．

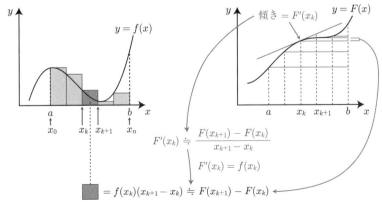

図 7.29　微積分学の基本定理の成り立ち (1)

始まりの点 a が下につき，終わりの点 b が上につくのは $\sum$ と同様．

$F(b) - F(a)$ は $[F(x)]_a^b$ という記号で表される．

$F'(x_k)$
$\fallingdotseq \dfrac{F(x_{k+1}) - F(x_k)}{x_{k+1} - x_k}$
より，
$F'(x_k)(x_{k+1} - x_k)$
$\fallingdotseq F(x_{k+1}) - F(x_k)$
であり，さらに，
$F'(x_k) = f(x_k)$ より，
$f(x_k)(x_{k+1} - x_k)$
$\fallingdotseq F(x_{k+1}) - F(x_k)$
となる．

これより，全体の面積は，

$$[x_0 \text{ から } x_n \text{ までの面積}] \fallingdotseq \sum_{k=0}^{n-1} f(x_k)(x_{k+1} - x_k)$$

$$\fallingdotseq \sum_{k=0}^{n-1} \{F(x_{k+1}) - F(x_k)\}$$

$$= F(x_n) - F(x_0)$$

で近似されることになる（図 7.30）．

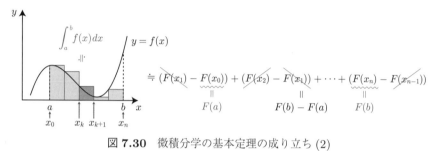

図 **7.30**　微積分学の基本定理の成り立ち (2)

　ここで，棒グラフの幅をどんどん小さくしていくと，$\fallingdotseq$ の両辺の関係がどんどん $=$ に近づいていき，

$$[x_0 \text{ から } x_n \text{ までの面積}] = F(x_n) - F(x_0)$$

$$\int_a^b f(x)dx = F(b) - F(a)$$

$x_0 = a$, $x_n = b$ に注意.

となる．

[原始関数]　関数 $y = f(x)$ に対して，$F'(x) = f(x)$ となるような関数 $F(x)$ を，$f(x)$ の**原始関数**という．$F'(x) = f(x)$ ならば，$F(x)$ に定数を加えた $F(x) + C$ という形の関数も

$$(F(x) + C)' = F'(x) = f(x)$$

より，$f(x)$ の原始関数である．

　原始関数を一般に $\int f(x)dx$ の記号で表し，$f(x)$ の**不定積分**という．すなわち，不定積分とは，関数 $f(x)$ の原始関数のことである．$F(x)$ が $f(x)$ の原始関数の 1 つであるとき，

$$\int f(x)dx = F(x) + C$$

のように定数 C をつけて表す．この C を**積分定数**という．

演習 7.14　右のグラフが表す関数 $y = f(x)$ の導関数 $y = f'(x)$ のグラフと原始関数 $y = F(x)$（すなわち，$F'(x) = f(x)$ となる関数 $F(x)$）のグラフの形として適切なものを，下の（ア）～（エ）から選んでみよう．

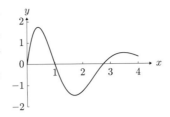

（ア）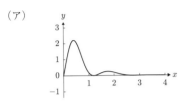

（イ）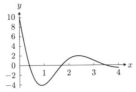

（ウ）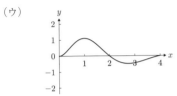

（エ）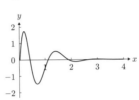

演習 7.15　泌尿器科が検査に用いる医療機器に，尿流量測定装置とよばれる装置がある．この装置は，尿量と尿流率（単位時間あたりの排尿量）を同時に測定し，横軸を経過時間として，縦軸をその時間までに排出された尿量とするグラフと，縦軸を尿流率とするグラフの2つを出力する．下の2つのグラフは，この装置を用いた検査で得られたある患者のデータである．測定に要した時間は 20 秒間であり，測定開始から 20 秒後までのデータが，1つのグラフでは尿量（mL）が時間（単位：秒）の関数として表され，もう1つでは尿流率（1秒あたりの排尿量，単位：mL/s）が時間（単位：秒）の関数として表されている．

(a)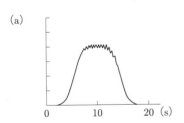

(b)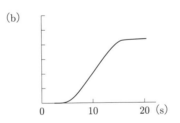

(1) どちらのグラフが尿量で，どちらが尿流率か．

(2) 上の2つのグラフはどちらかがもう一方の微分になっている．その関係を「○○は△△の微分である」で言い表してみよう．

▍7.7.2 積分の公式

関数 $f(x)$ の積分は，微分して $f(x)$ になる関数 $F(x)$ が見つかれば簡単に計算できることは，微積分学の基本定理で学んだとおりである．

微分のところで学んだ基本的な関数の微分の公式を用いれば，代表的な関数の原始関数がわかる．

たとえば，定数 $a\,(\neq 0)$ に対して，

$$(x^a)' = ax^{a-1}$$

という微分の公式があるが，この公式の右辺から左辺の関数をみれば，関数 x^a が関数 ax^{a-1} の原始関数であることを示しているので，

$$\int ax^{a-1}dx = x^a + C$$

が成り立つ（ただし，C は積分定数）．$a \neq 0$ であるから，両辺を a で割って，$a-1$ を b で置き換えることで，x^b の積分の公式

$$\int x^b dx = \frac{1}{b+1}x^{b+1} + C \quad (b \neq -1)$$

が得られる．

同様にして，他の微分の公式からも積分の公式が得られる．代表的なものを，公式のもとになる微分の公式とともにあげておく．

微分の公式	積分の公式
$(x^a)' = ax^{a-1}\quad (a \neq 0)$	$\displaystyle\int x^b dx = \frac{1}{b+1}x^{b+1} + C \quad (b \neq -1)$
$(\sin x)' = \cos x$	$\displaystyle\int \cos x\,dx = \sin x + C$
$(\cos x)' = -\sin x$	$\displaystyle\int \sin x\,dx = -\cos x + C$
$(\tan x)' = \dfrac{1}{\cos^2 x}$	$\displaystyle\int \frac{1}{\cos^2 x}\,dx = \tan x + C$
$\left(\dfrac{1}{\tan x}\right)' = -\dfrac{1}{\sin^2 x}$	$\displaystyle\int \frac{1}{\sin^2 x}\,dx = -\frac{1}{\tan x} + C$
$(e^x)' = e^x$	$\displaystyle\int e^x\,dx = e^x + C$
$(a^x)' = a^x \log_e a$	$\displaystyle\int a^x\,dx = \frac{a^x}{\log_e a} + C$

また，190 ページの微分の公式から，関数の和や積，合成関数の積分の公式が得られる．

▍和の積分の公式

関数の和の微分の公式

$$\{aF(x) + bG(x)\}' = aF'(x) + bG'(x)$$

は，$F'(x) = f(x), G'(x) = g(x)$ とおくと，

$$\{aF(x) + bG(x)\}' = af(x) + bg(x)$$

となるので，$aF(x) + bG(x)$ が $af(x) + bg(x)$ の原始関数であること，すなわち，

$$\int (af(x) + bg(x))dx = aF(x) + bG(x)$$

であることを示している．$F(x) = \displaystyle\int f(x)dx, G(x) = \int g(x)dx$ と表せるので，これより，関数の和の積分の公式

$$\int (af(x) + bg(x))dx = a \int f(x)dx + b \int g(x)dx$$

が得られる．

▍部分積分の公式

関数の積の微分の公式

$$\{f(x)g(x)\}' = f'(x)g(x) + f(x)g'(x)$$

は，$f(x)g(x)$ が $f'(x)g(x) + f(x)g'(x)$ の原始関数であること，すなわち，

$$\int (f'(x)g(x) + f(x)g'(x))dx = f(x)g(x) \tag{7.6}$$

であることを示している．和の積分の公式から，左辺が

$$\int (f'(x)g(x) + f(x)g'(x))dx = \int f'(x)g(x)dx + \int f(x)g'(x)dx \tag{7.7}$$

と分けられるので，式 (7.7) を式 (7.6) の左辺に代入して $\displaystyle\int f'(x)g(x)dx$ を右辺に移項することにより，**部分積分の公式**とよばれる次の公式が得られる．

$$\int f(x)g'(x)\,dx = f(x)g(x) - \int f'(x)g(x)dx$$

▍置換積分の公式

合成関数の微分の公式

$$\{F(g(x))\}' = F'(g(x))g'(x)$$

は，$F'(x) = f(x)$ とおくとき，$F(g(x))$ が $f(g(x))g'(x)$ の原始関数であるこ

と，すなわち，

$$\int f(g(x))g'(x)dx = F(g(x))$$

を示している．ここで，$g(x) = t$ とおくと，右辺は $F(t)$ と表せる．一方 $F(t)$ $= \int f(t)dt$ であるので，これより，**置換積分の公式**とよばれる次の公式が得られる．

$$t = g(x) \text{ のとき,} \int f(g(x))g'(x)dx = \int f(t)dt$$

▎積分の公式（まとめ）

上にあげた公式をまとめておく．

和の積分： $\displaystyle\int \{af(x) + bg(x)\}\, dx = a\int f(x)dx + b\int g(x)dx$

部分積分： $\displaystyle\int f(x)g'(x)\, dx = f(x)g(x) - \int f'(x)g(x)dx$

置換積分： $t = g(x)$ のとき，$\displaystyle\int f(g(x))g'(x)dx = \int f(t)dt$

これら3つの公式は，$f(x)$, $g(x)$ にいろいろな関数を入れて成り立つので，これによって，さらに複雑な関数の積分も可能になる．

$f(x) = e^x$, $g(x) = x^2$ として和の積分の公式を適用.

$$\int (5e^x - 6x^2)dx = 5\int e^x dx - 6\int x^2 dx$$
$$= 5e^x - 2x^3 + C$$

$f(x) = x$, $g(x) = -\cos x$ として部分積分の公式を適用.

$$\int x\sin x dx = \int x(-\cos x)'dx$$
$$= x(-\cos x) - \int 1 \cdot (-\cos x)dx$$
$$= -x\cos x + \sin x + C$$

$$\int \cos\left(3x + \frac{\pi}{2}\right)dx = \frac{1}{3}\int \left\{\cos\left(3x + \frac{\pi}{2}\right)\right\}\left(3x + \frac{\pi}{2}\right)'dx$$
$$= \frac{1}{3}\int \cos t\, dt$$
$$= \frac{1}{3}\sin t + C$$
$$= \frac{1}{3}\sin\left(3x + \frac{\pi}{2}\right) + C$$

$t = 3x + \dfrac{\pi}{2}$ とおいて置換積分

原始関数が計算できれば，定積分がその結果を用いて計算できる．前ページの計算結果から，たとえば，次のように定積分が計算できる．

$$\int_0^{\frac{\pi}{2}} x \sin x dx = [-x\cos x + \sin x]_0^{\frac{\pi}{2}} = 1 - 0 = 1$$

$$\int_0^{\frac{\pi}{3}} \cos\left(3x + \frac{\pi}{2}\right) dx = \left[\frac{1}{3}\sin\left(3x + \frac{\pi}{2}\right)\right]_0^{\frac{\pi}{3}} = -\frac{1}{3} - \frac{1}{3} = -\frac{2}{3}$$

演習 7.16　次の積分の計算をしてみよう．

(1) $\int_0^1 (x^3 - 3x^2 + 2x + 5)dx$　　　(2) $\int_1^2 (5x^4 + e^x)dx$

(3) $\int_0^\pi \sin x dx$　　　(4) $\int_0^\pi \cos\left(x - \frac{\pi}{2}\right)dx$

(5) $\int_0^1 e^{-x}dx$　　　(6) $\int_0^1 xe^{-x}dx$

演習 7.17　ある地点での放射線量を長期にわたって測定したところ，計測開始時点から x 時間後における放射線量 $y\,(\mu\mathrm{Sv/h})$ の変化が，次の式で表されることがわかった．

$$y = 1625e^{-0.008x} + 18$$

この地点での測定開始時点から 30 日間の累計放射線量を積分を用いて求めてみよう．

$\mu\mathrm{Sv/h}$ については 204 ページの注を参照．

演習 7.18　例題 4.5（103 ページ）の電力需要の変化を表す三角関数（106 ページ）の積分を用いて，8 月 23 日と 24 日の 2 日間の電力需要量の総計を求めてみよう．

さらに勉強したい人のために

　この章では，積分でとらえられる現実の現象を学んだが，このような例が紹介されているテキストとして，おすすめの参考書をあげておく．（1 冊目は第 4 章で，2 冊目は第 2 章で，すでに紹介した本である．）

　デボラ・ヒューズ=ハレット，アンドリュー・M・グレアソン，ウィリアム・G・マッカラム　ほか（著），『概念を大切にする微積分』，日本評論社．

　（微分については，第 2 章，第 3 章，第 4 章で，積分については，第 5 章，第 6 章，第 7 章，第 8 章で扱っている．）

　平井裕久，韓尚憲，皆川健多郎，丹波靖博（著），『経済・経営を学ぶための数学入門』，ミネルヴァ書房．

　（第 6 章で微分積分の基礎を，第 7 章で微分積分の応用を扱っている．）

　川西諭（著），『経済学で使う微分入門』，新生社．

統計学に現れる積分

　統計学でよく使われるものに「標準正規分布表」というものがあるが，これも積分と関係がある．

　標準正規分布というのは右のような左右対称の形のグラフで与えられる関数（確率密度関数とよばれる）で表されるデータの分布であり，x 軸とグラフの間の面積が 1 になるようになっている．

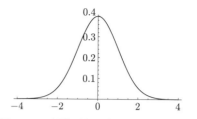

図 7.31　標準正規分布の確率密度関数

　グラフの形が左右対称なので，分布の平均値はちょうど $x = 0$ のところであり，$x = 0$ の左側の面積と右側の面積はどちらも全体の半分（$= 0.5$）になっている．

　また，$a \leqq x \leqq b$ の範囲でのグラフと x 軸との間の面積は，$a \leqq x \leqq b$ の範囲に含まれるデータ数が全データの中でどれくらいの割合であるかを示している．

　面積は積分であるから，ある範囲に含まれるデータの割合を求めるには，標準正規分布を与える関数をしかるべき範囲で積分すれば求まるが，この関数の積分は非常に難しいので，積分値の早見表がつくられている．それが「**標準正規分布表**」で

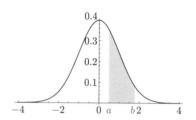

図 7.32　$a \leqq x \leqq b$ の間のデータ数の割合 $= \int_a^b f(x)dx$

ある．標準正規分布表の一部を下に示すが，この表では，x 軸上の値 z に対して，$0 \leqq x \leqq z$ の範囲の面積と $x \geqq z$ の範囲の面積の値が並べられている．

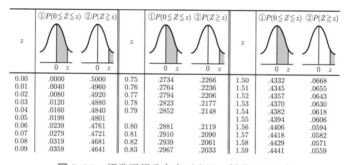

z	①$P(0 \leq Z \leq z)$	②$P(Z \geq z)$	z	①$P(0 \leq Z \leq z)$	②$P(Z \geq z)$	z	①$P(0 \leq Z \leq z)$	②$P(Z \geq z)$
0.00	.0000	.5000	0.75	.2734	.2266	1.50	.4332	.0668
0.01	.0040	.4960	0.76	.2764	.2236	1.51	.4345	.0655
0.02	.0080	.4920	0.77	.2794	.2206	1.52	.4357	.0643
0.03	.0120	.4880	0.78	.2823	.2177	1.53	.4370	.0630
0.04	.0160	.4840	0.79	.2852	.2148	1.54	.4382	.0618
0.05	.0199	.4801				1.55	.4394	.0606
0.06	.0239	.4761	0.80	.2881	.2119	1.56	.4406	.0594
0.07	.0279	.4721	0.81	.2910	.2090	1.57	.4418	.0582
0.08	.0319	.4681	0.82	.2939	.2061	1.58	.4429	.0571
0.09	.0359	.4641	0.83	.2967	.2033	1.59	.4441	.0559

図 7.33　標準正規分布表（山田・村井，2004）

　標準正規分布の確率密度関数の式は次のようなものである．

$$f(x) = \frac{1}{\sqrt{2\pi}} e^{-\frac{1}{2}x^2}$$

　この関数は x 軸の正の方向にも負の方向にも無限に広がっているので，厳密にいうと，面積が 1 というときには，$-\infty$ から ∞ までの積分を考えなくてはならない．実際，統計学でも理論上はそのようにして扱われるが，原点から遠いところでは値がほぼ 0 であり，$x = \pm 4$ の内側だけで全体の面積の 99.994% を占めるので，$x = \pm 4$ の外側は無視してもかまわない程度に小さいと思っていてよい．

第8章 多変数関数

8.1 多変数関数としてとらえられる現象

> **例題 8.1** 住宅ローンを組むとき，完済するまでの利子も含めた総返済額を決めている要因にはどんなものがあるだろうか．

　住宅を購入しようとしている人にとって，ローンをどう組むかは非常に重要な問題である．最近では，銀行のホームページでローンシミュレーションができるようになっており，「いくら借りるか」，「金利はいくらか」，「返済期間はどれくらいか」などの数値を入力すると，月々の返済金額および返済期間全体での総返済額を計算してくれ，手軽に様々なパターンのローンを検討することができる．

　ここでは，第2章42ページの演習2.13でローンの返済を考えたときと同様に，元利均等型の返済方式で返済する場合について，ローンシミュレーションを行ってみよう．借入金額が2000万円と3000万円の場合のそれぞれで，年利と返済期間の条件を変えてシミュレーションしてみた結果を次ページの表8.1に示す．

　表8.1をみると，同じ借入金額でみても，年利と返済期間が変われば総返済額が変わっていることがわかる．「いくら借りるか」はもちろんであるが，「金利はいくらか」，「返済期間を何年間に設定するか」によっても，完済までの総返済額は変わってくるのである．一方，この3つを入力すればローンシミュレーションができるということは，ローンの総返済額はこの3つで決まるということである．つまり，ローンの総返済額は，借入金額，金利，返済期間の3つの変数で決まる量であるといえる．

これらの入力に加えて，元利均等型と，もう1つの返済方式である元金均等型を選択できるようになっていたり，ボーナスからも返済するかどうかを選択できるようになっていたりする．ここでは，元利均等返済でボーナス返済なしの場合で考える．なお，元利均等返済については，42ページの説明を参照．

表 8.1　ローンの総返済額（万円）のシミュレーション結果

2000 万円借りる場合

金利＼返済期間	20 年	25 年	30 年	35 年
年 2.0%	2428	2543	2661	2783
年 2.5%	2544	2692	2845	3003
年 3.0%	2662	2845	3036	3233

3000 万円借りる場合

金利＼返済期間	20 年	25 年	30 年	35 年
年 2.0%	3642	3815	3992	4174
年 2.5%	3815	4038	4267	4504
年 3.0%	3993	4268	4553	4849

　ローンの総返済額のように，世の中には，2 つ以上の変数から決まる量がたくさんある．数学では，このように，ある量 y が 2 つ以上の変数 $x_1, x_2, \ldots$ から決まるとき，y は $x_1, x_2, \ldots$ の関数であるといい，$x_1, x_2, \ldots$ をこの関数の変数という．一口に関数といっても，変数の個数はいろいろなので，変数の個数を表すことばを頭につけて，変数が 2 個のものを 2 変数関数，変数が 3 個のものを 3 変数関数，... のようによぶ．これまで，第 4 章や第 7 章で扱ってきた関数は，x あるいは t という 1 つの変数だけから決まる量を表す関数であった．これまで扱ってきたような，変数が 1 つだけの関数は **1 変数関数** とよばれ，変数が 2 個以上の関数は，まとめて **多変数関数** とよばれる．

実際，借入金額を m 万円，年利を x%，返済期間を y 年とすると，総返済額 z 万円は次のような関数になる．

$$z = \frac{mxy}{100} \times \frac{\left(1 + \frac{x}{1200}\right)^{12y}}{\left(1 + \frac{x}{1200}\right)^{12y} - 1}$$

　ローンの例でいえば，完済までの総返済額は，借入金額，金利，返済期間の 3 つを変数とする多変数関数，この場合は，とくに 3 変数関数であるということになる．

　多変数関数の例は，これまで学んできた題材の中にもみることができる．

▌商品の売り上げ総額

　第 3 章の 3.1 節（57 ページ）で扱った，売価 120 円のクロワッサンと 180 円のベーグル，120 円のロールパン，それぞれの売り上げ個数から求められる 3 つの商品の売り上げ総額は，売り上げ総額を w とおくと，クロワッサンの売り上げ個数 x，ベーグルの売り上げ個数 y，ロールパンの売り上げ個数 z から，

$$w = 120x + 180y + 120z$$

2 個以上の変数の 1 次式で表される多変数関数として，他には，第 1 章の線形計画法のところで登場した目的関数などがある．

で求められる．つまり，売り上げ総額 w は，クロワッサンの売り上げ個数 x，ベーグルの売り上げ個数 y，ロールパンの売り上げ個数 z を変数とする 3 変数関数である．

コブ・ダグラス生産関数

第 4 章の例題 4.7（118 ページ），および，第 7 章の例題 7.5（191 ページ）では，まんじゅうの製造個数 y と従業員数 x の関係を，$y = 500\sqrt{x}$ や $y = 500\sqrt[3]{x}$ という関数として表した．これらは，経済学でよく使われるコブ・ダグラス生産関数の特別な場合である．本来のコブ・ダグラス生産関数は，生産量 P を，設備資本を表す変数 K と労働投入量（労働者数と 1 人あたりの労働時間の積などでとらえる）を表す変数 L の 2 つの変数を用いて表す 2 変数関数であり，その式は，2 つの定数 A と α を用いて，

$$P(K, L) = AK^{\alpha}L^{1-\alpha}$$

と表される．定数 A や α は，扱う現実の現象ごとにデータから定まる定数である．例題 4.7 や例題 7.5 での関数は，このコブ・ダグラス生産関数の 2 つの変数のうち，設備資本の値を固定し，労働投入量として労働者数のみを変化させる 1 変数のモデルにしたものである．

ベッカーの依存症モデルにおける満足度関数

第 2 章（52 ページ）で紹介したベッカーの依存症モデルで，前年の喫煙量に対して効用（満足度）を最大にする今年の喫煙量の関係をグラフで表したが，実は，前年の喫煙量 x と，今年の喫煙量 y と満足度 z が，$z = f(x, y)$ という 2 変数関数になっている，というのが本来のモデルである．x に対して z を最大にする y を見つけて，x に対する y の値をグラフに表したものが，52 ページの S 字曲線である．

演習 8.1　年齢，体重，身長の 3 つのデータが等しい成人男性のグループごとの平均肺活量を調べたところ，下の表のようなデータが得られた．このデータをもとに，平均肺活量はどのような身体的特徴を変数とする関数として表されるか考えてみよう．

現実の現象をモデル化する場合，変数を x, y ではなく，変数が表すものの頭文字をとるなどして，x, y 以外のアルファベットを使うことがよくある．同様に，関数を表すときも f ではなく，関数の値が表すものの頭文字を使うことがよくある．コブ・ダグラス生産関数の場合には，L が労働者（labour）の頭文字，P は生産（products）の頭文字である．K が資本（capital）を表すが，C は定数を表すのに使われることが多いためか，K を使っている．

コブ・ダグラス生産関数は，実データ上で見出された関係を表す関数として，経済学者ダグラス（Paul H. Douglas, 1892-1976）と数学者コブ（Charles W. Cobb, 1875-1949）によって導き出された．

身体的特徴と平均肺活量

年齢	体重	身長	平均肺活量	年齢	体重	身長	平均肺活量
55	70	185	3972	45	60	185	4179
30	60	185	4490	55	80	160	3435
45	80	160	3614	55	70	175	3757
30	70	160	3883	30	80	175	4247
45	50	160	3614	55	80	185	3972
55	60	175	3757	45	70	175	3953

（単位は，体重は kg，身長は cm，肺活量は cc）

8.2　2 変数関数のグラフ

　1 変数の関数のとき，x の値に対して，y 座標が $f(x)$ となる点 $(x, f(x))$ を，x 軸を横，y 軸を縦にとってプロットすることにより，グラフが直線や曲線として得られ，x と y の関係を視覚的にとらえることができた．多変数関数でも，2 変数関数の場合は，1 変数のときと同様，変数 x, y の値に対する関数の値 $z = f(x, y)$ をグラフに表すことによって，x, y と z の関係を視覚化することができる．

　2 変数関数の場合，x, y という 2 つの変数の値から z の値が決まるので，グラフは，x 軸，y 軸，z 軸の 3 つの座標軸をもつ空間で考えることになる．

　2 変数関数 $z = f(x, y)$ のグラフは，x, y の値に対して，z 座標が $f(x, y)$ となる点 $(x, y, f(x, y))$ を集めてできるものである．x, y を動かすと，(x, y) が平面上を動くが，各 (x, y) に対して，この (x, y) から高さが $z = f(x, y)$ になる点を空間の中にとっていく．このようにしてできる，座標が $(x, y, f(x, y))$ の点の集まりである図形が，2 変数関数 $z = f(x, y)$ の**グラフ**である．このグラフは，x, y が動くと高さが変わっていく点の集まりとなるので，空間の中に「面」として現れる（図 8.1）．

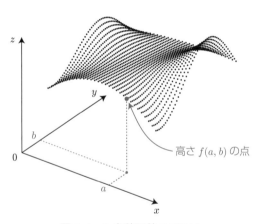

図 8.1　2 変数関数のグラフ

　上で，2 変数関数のグラフは 3 次元空間の中の曲面になることをみた．点 $(x, y, f(x, y))$ の集まりがどのような形の曲面になるのかをイメージすることは難しそうに思えるが，逆にいえば，そのグラフがイメージできれば，$f(x, y)$ が (x, y) によってどのように変化していくのかをとらえることができるようになるということである．ここでは，2 変数関数のグラフの形をイメージする方法を紹介しよう．

　グラフを考えるときによく使う方法に，2つの変数のうちの1つの値を固定してもう一方の変数だけ動かして考えるというものがある．この方法を具体的な関数で説明しよう．

　まず，$z = -x + y + 1$という2変数関数について，この関数の変数x, yのうち，yの値を固定して考えてみよう．

　たとえば，yの値を0に固定するとき，xとzの関係は，関数の式$z = -x + y + 1$に$y = 0$を代入した$z = -x + 1$になる．したがって，$y = 0$に固定してxだけを動かすと，図8.2のように，$y = 0$のところにあるx軸とz軸で座標を考えた平面上にある直線$z = -x + 1$が，この関数の動きを表している．また，yの値を5に固定すると，xとzの関係は，関数の式$z = -x + y + 1$に$y = 5$を代入した$z = -x + 6$になるので，このときは，$y = 5$のところで，x軸とz軸に平行な軸で座標をとった平面上での直線$z = -x + 6$が，この関数の動きを表している．

$z = -x + y + 1$のように，zがx, yの1次式で表されるとき，zはx, yについての**1次関数**であるという．

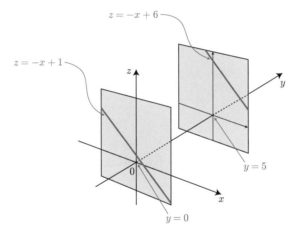

図 8.2　$y = 0$と$y = 5$における2変数関数$z = -x + y + 1$のグラフ

　同じようにして，他のyの値でも考えると，yの値を1つ固定するごとに，傾きが-1の直線が得られる．

　yの値を正の方向に動かすと，

$$y = 1 \text{のとき，} z = -x + 1 + 1 \text{ より，} z = -x + 2$$
$$y = 2 \text{のとき，} z = -x + 2 + 1 \text{ より，} z = -x + 3$$
$$y = 3 \text{のとき，} z = -x + 3 + 1 \text{ より，} z = -x + 4$$

となり，yの値が$+1$されるごとに，z切片の値が1ずつ増えていくので，yの値が1増えると，グラフはy軸方向に1だけ平行移動するとともに，z軸方向にも1だけ平行移動する．

y の値を負の方向に動かすと，

$$y = -1 \text{ のとき，} z = -x + (-1) + 1 \text{ より，} z = -x$$

$$y = -2 \text{ のとき，} z = -x + (-2) + 1 \text{ より，} z = -x - 1$$

$$y = -3 \text{ のとき，} z = -x + (-3) + 1 \text{ より，} z = -x - 2$$

となり，y の値が -1 されるごとに，z 切片の値が 1 ずつ減っていくので，y の値が 1 減ると，グラフは y 軸方向に -1 だけ平行移動するとともに，z 軸方向にも -1 だけ平行移動する．

これらに合わせて，さらに，y の値をより細かく動かしたときの直線も加えると，図 8.3 のようなグラフが得られる．すなわち，関数 $z = -x + y + 1$ のグラフとは，これらの直線の集まりであり，空間の中の「平面」となる．

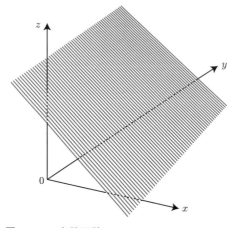

図 8.3　2 変数関数 $z = -x + y + 1$ のグラフ

同様にして，$z = -x^2 + y^2$ という 2 変数関数についても考えてみると，

$$y = -2 \text{ のとき，} z = -x^2 + (-2)^2 \text{ より，} z = -x^2 + 4$$

$$y = -1 \text{ のとき，} z = -x^2 + (-1)^2 \text{ より，} z = -x^2 + 1$$

$$y = 0 \text{ のとき，} z = -x^2 + 0^2 \text{ より，} z = -x^2$$

$$y = 1 \text{ のとき，} z = -x^2 + 1^2 \text{ より，} z = -x^2 + 1$$

$$y = 2 \text{ のとき，} z = -x^2 + 2^2 \text{ より，} z = -x^2 + 4$$

となるので，$y = 0$ に固定したときは放物線 $z = -x^2$ で，y の値が a のとき，放物線 $z = -x^2$ を z 軸方向に a^2 だけ平行移動したグラフとなる．このことから，$z = -x^2 + y^2$ のグラフは，図 8.4 のように放物線が並んだ曲面になる．

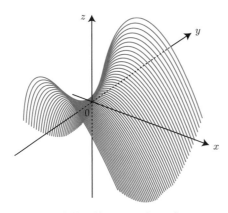

図 8.4　2変数関数 $z = -x^2 + y^2$ のグラフ

　他の関数でも，同じようにして，y の値を固定するごとに曲線が得られ，y の値が変わるにつれて曲線が形を変えながら移動していく．このようにして，並んだ曲線がくっついてできる曲面全体として $z = f(x, y)$ のグラフができる．また，この片方の変数の値を固定して考える方法は，x の値を固定して y を動かして考えても同じようにできる．x の値を固定して y を動かしたときの曲線の集まりと，y の値を固定して x を動かしたときの曲線の集まりを重ね合わせることで，「曲面」の形がよりはっきりする（図 8.5）．

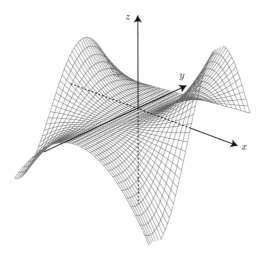

図 8.5　片方ずつ変数の値を固定してつくったグラフを重ねると…

演習 **8.2**　　この節では，2変数関数のグラフを，片方の変数の値を固定しても
う一方の変数だけ値を動かした曲線を集めたものとしてイメージする方法を説明
したが，実際に2変数関数 $z = 10 - x^2 - y^2$ のグラフの模型をつくってみるこ
とで，2変数関数のグラフについての理解を深めよう．

本書のサポートページ
https://www.kyoritsu-
pub.co.jp/bookdetail/
9784320114388 からダウン
ロードすることもできる．

(1) まず，次ページを厚紙に2倍程度に拡大してコピーし，グラフの描かれた
    10枚の方眼紙部分を切り抜く．

(2) 次に，グラフの曲線に沿って切り，グラフの上の部分をカットする．

(3) 縦の太線に沿って切り込みを入れる．上側から切り込み線が入っている
    パーツと下側から切り込み線が入っているパーツがあるので注意．

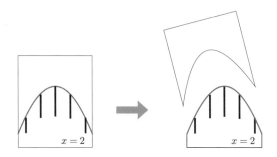

(4) 右下に $x = \square$ と書かれたグラフを x の値の順に並べる．右下に $y = \square$ と
    書かれたグラフを，$x = \square$ のグラフとは直角になるようにして，y の値の
    順に並べて，$x = 0$ と $y = 0$ が中心で組み合わさるようにして，切り込み
    線を合わせて，グラフを組み合わせる．

    完成した模型では，$y = \square$ と書かれたパーツの上部の曲線をみれば，
    $y = -2, -1, 0, 1, 2$ に固定するごとに得られる曲線が並んでできるグラフが
    みえ，$x = \square$ と書かれたパーツの上部の曲線をみれば，$x = -2, -1, 0, 1, 2$
    に固定するごとに得られる曲線が並んでできるグラフがみえる．

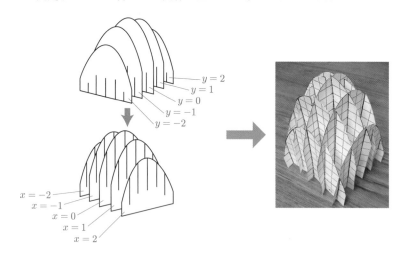

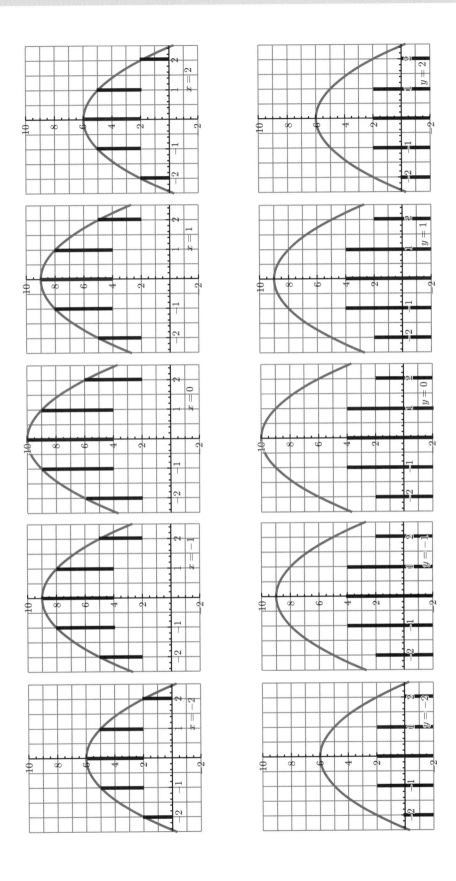

演習 **8.3**　次の2変数関数 $z = f(x, y)$ のグラフとして適切なものを，下の (a)〜(f) から選んでみよう．

(1) $f(x, y) = x \cos y$

(2) $f(x, y) = 3x^2 + 3y^2$

(3) $f(x, y) = 4x^2 - 4y^2$

(a)
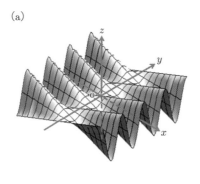

(b)
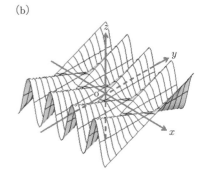

(c)
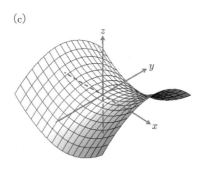

(d)
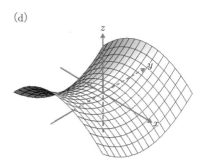

(e)
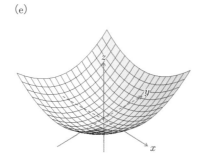

(f)
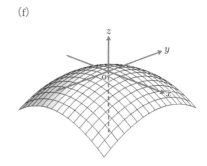

8.3　１つの変数に着目した多変数関数の動き

> 例題 **8.2**　マンションを購入するため，住宅ローンを組むことを検討している．借入金額は 2000 万円で考えているが，金利や返済期間の設定が異なるローンがたくさんあり，これらを比較検討しなければならない．借入金額 2000 万円，年利 2%，返済期間 25 年をベースに考えるとき，金利や返済期間の条件を変えたら総返済額はどれくらい変動するだろうか.

　ローンをどう組むか，という問題は，実際に家やマンションを買おうとするときに頭を悩ませる問題である．217〜218 ページでみたように，ローンの総返済額は，借入金額，金利，返済期間の３つの変数で決まる３変数関数であるから，変数の１つである借入金額の値が決まっていたとしても，残り２つの変数である金利や返済期間によって総返済額が変わってくる.

　残り２つの変数である金利や返済期間の設定を変えた場合を検討する際には，２つの変数を同時に動かして考えるのは難しい．通常は，返済期間が同じで年利の設定の違うもの同士を比較してどれくらい総返済額に違いが出るかを調べたり，年利が同じだとしても返済期間を長くして月々の返済額は減らした場合に総返済額はどれくらい変わるのかを調べたりする.

　次ページの表 8.2 は，借入金額 2000 万円に対して，金利や返済期間を変えた場合の総返済額をまとめた表である．返済期間が同じで年利の設定の違うもの同士を比較することは，この表の縦の列で値の動きをみることであり，年利が同じで返済期間を変えて比較することは，この表の横の列で値の動きをみることである.

　表 8.2 をみると，年利が 1% 上がったとき，あるいは，返済期間が 1 年延びたとき，どれくらい総返済額が変わるかは，もととなる年利と返済期間によって異なることがわかる．たとえば，年利 2%，返済期間 25 年から年利が 1% 上がると，総返済額は約 300 万円増えるが，年利 7%，返済金額 25 年から年利が 1% 上がると，総返済額は約 400 万円増えることになる．また，年利 2%，返済金額 25 年から返済期間が 1 年延びると，総返済額は 23 万円増えるだけだが，年利 7%，返済金額 25 年から返済期間が 1 年延びると，総返済額は 110 万円近く増えることになる.

　借入金額を固定して考えるとき，総返済額を，金利，返済期間の２つの変数で決まる２変数関数としてとらえていることになる．8.2 節でみたように，２変数関数はグラフで表すことができたが，上でみてきたことは，グラフで考

2020 年現在の住宅ローン金利は，20 年〜35 年の固定金利（返済期間中の金利が固定）の場合，おおむね年 1%〜2% 程度であるが，2012 年頃は年 2%〜3% 程度であった．また，「バブル期」といわれる 1980 年代後半には，住宅ローン金利は年 8% 台に達していた.

表 8.2　借入金額 2000 万円の場合の総返済額（単位：万円）

年利	返済期間										
	20 年	21 年	22 年	23 年	24 年	25 年	26 年	27 年	28 年	29 年	30 年
1%	2207	2218	2229	2240	2250	2261	2272	2283	2294	2305	2316
2%	2428	2451	2474	2497	2520	2543	2566	2590	2614	2637	2661
3%	2662	2698	2734	2771	2808	2845	2883	2921	2959	2997	3036
4%	2909	2959	3011	3062	3114	3167	3220	3274	3328	3382	3437
5%	3168	3234	3301	3369	3438	3508	3578	3648	3720	3792	3865
6%	3439	3522	3607	3692	3778	3866	3954	4043	4134	4225	4317
7%	3721	3823	3925	4029	4134	4241	4348	4457	4567	4678	4790
8%	4015	4135	4257	4380	4505	4631	4759	4888	5018	5150	5283

えると，何をみていることになるだろうか．

　図 8.6 は，表 8.2 の年利と返済期間の値を動かす幅をさらに細かくして，年利を x 軸，返済期間を y 軸にとり，x, y の各値に対する総返済額を z としてプロットしたものである．図中の 2 本の青色の曲線は，年利 x を 2% に固定して返済期間 y だけを動かしたときの総返済額 z の値の動きを示す曲線と，返済期間 y を 25 年に固定して年利 x だけを動かしたときの総返済額 z の値の動きを示す曲線を表している．

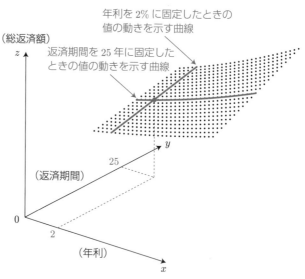

図 8.6　表 8.2 を 2 変数関数のグラフとして表す

　ここで，年利 x を 2% に固定して返済期間 y だけを動かしたときの総返済額 z の値の動きを示す曲線と，返済期間 y を 25 年に固定して年利 x だけを動かしたときの総返済額 z の値の動きを示す曲線を取り出してみよう．

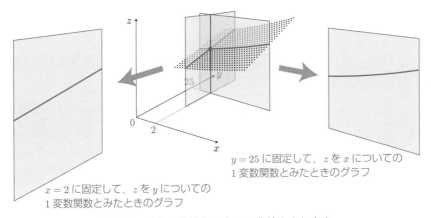

図 8.7　片方の変数を固定した曲線を取り出す

図 8.7 のように，年利 x を 2% に固定して返済期間 y だけを動かしたときの総返済額 z の値の動きを示す曲線と，返済期間 y を 25 年に固定して年利 x だけを動かしたときの総返済額 z の値の動きを示す曲線を取り出してみると，$x = 2$ に固定して，z を y についての 1 変数関数とみたときのグラフと，$y = 25$ に固定して，z を x についての 1 変数関数とみたときのグラフとなる．

　$x = 2$ に固定して，z を y についての 1 変数関数とみたときのグラフは，図 8.8 のようになり，前ページの表 8.2 で，金利が年利 2% のところに当たる横の列の数値の動きを表す．返済期間を延ばしたときの返済期間の増え方に対する総返済額の増え方の比率は，このグラフの傾き，つまり，$y = 25$ での接線の傾きでとらえられる．

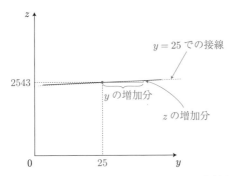

図 8.8　$x = 2$ に固定して，z を y についての 1 変数関数とみたときのグラフの傾き

　第 7 章でみたように，1 変数関数のグラフの傾きは，その関数の微分でとらえられる．金利を固定して，返済期間を変えたときの総返済額の変化は，金利を固定したときの総返済額を，返済期間を変数とする 1 変数関数とみたときの微分でとらえられるのである．

　同様にして，$y = 25$ に固定した場合も考えると，$y = 25$ に固定して，z を x についての 1 変数関数とみたときのグラフ（図 8.9）は，表 8.2 で，返済期

間が 25 年のところに当たる縦の列の数値の動きを表し，年利が上がったとき
の年利の上がり方に対する総返済額の増え方の比率は，$x = 2$ での接線の傾
き，つまり，返済期間を固定したときの総返済額を，年利を変数とする 1 変
数関数とみたときの微分でとらえられる．

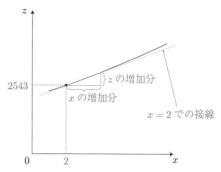

図 8.9　$y = 25$ に固定して，z を x についての 1 変数関数とみた
ときのグラフの傾き

　このように，多変数関数では，1 つの変数の値だけを動かして変化をみるこ
とで，その変数の値の変化が関数の値の変化にどのような影響を与えるかを調
べることができる．1 つの変数だけを動かしているときは，関数を 1 変数関数
としてみているため，微分を用いて関数の変化をとらえることができる．多変
数関数で，1 つの変数だけを動かして 1 変数関数とみたときの微分は，偏微分
とよばれる．

　　多変数関数としてとらえられる量は，変数の変化に対して複雑
な動きをする．たとえば，$z = f(x, y)$ という 2 変数関数であれ
ば，そのグラフは x, y, z という 3 つの座標軸をもつ空間の中で
の曲面となる．このような複雑な動きの中から，1 つの変数の影
響を調べるためには，偏微分とよばれる，変数を 1 つだけ動か
して 1 変数関数とみなしたときの微分が有効である．

8.4 偏微分のことば

■ 8.4.1 偏微分係数

2変数関数 $z = f(x,y)$ で，$x = a$, $y = b$ の状態から，$y = b$ を固定して x だけを動かすとする．$x = a$ から h だけ動かすとき，z は $f(a+h,b) - f(a,b)$ だけ変化することになるので，x の変化量に対する z の変化量の比率は

$$\frac{f(a+h,b) - f(a,b)}{h}$$

という式で与えられる．この式は，1変数関数のときの平均変化率と同じものである．ただし，本来，x, y を同時に動かすことができるところを，x だけに限定して動かしているので，**x 方向に偏った**変化率である．この x 方向に偏った変化率の h を限りなく 0 に近づけたときの極限

$$\lim_{h \to 0} \frac{f(a+h,b) - f(a,b)}{h}$$

を $(x,y) = (a,b)$ での **x に関する偏微分係数**とよぶ．

同様に，$x = a$ に固定して，y の変化だけみる場合は，

$$\frac{f(a,b+h) - f(a,b)}{h}$$

を考えることになり，h を 0 に近づけた極限

$$\lim_{h \to 0} \frac{f(a,b+h) - f(a,b)}{h}$$

を $(x,y) = (a,b)$ での **y に関する偏微分係数**とよぶ．

8.3 節でみたように，偏微分係数は，1つの変数だけを動かして1変数関数とみたときのグラフの傾きである．

極限が存在しない場合，**x** について**偏微分不可能**という．

極限が存在しない場合，**y** について**偏微分不可能**という．

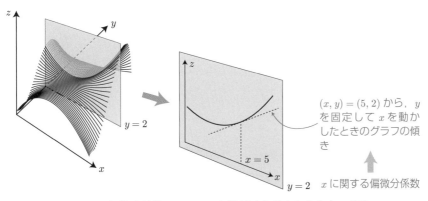

$(x,y) = (5,2)$ から，y を固定して x を動かしたときのグラフの傾き

x に関する偏微分係数

図 8.10　偏微分係数は，1つの変数だけを動かしたときの傾き

$z = f(x, y)$ の $(x, y) = (a, b)$ における x に関する偏微分係数, y に関する偏微分係数は, 次のような記号で表される.

$$x \text{ に関する偏微分係数} \cdots \quad \frac{\partial f}{\partial x}(a, b), \ \frac{\partial z}{\partial x}(a, b), \ f_x(a, b)$$

$$y \text{ に関する偏微分係数} \cdots \quad \frac{\partial f}{\partial y}(a, b), \ \frac{\partial z}{\partial y}(a, b), \ f_y(a, b)$$

3 変数関数の偏微分係数も同様に定義される. $w = f(x, y, z)$ の $(x, y, z) = (a, b, c)$ での x に関する偏微分係数は,

$$\frac{\partial f}{\partial x}(a, b, c) = \lim_{h \to 0} \frac{f(a + h, b, c) - f(a, b, c)}{h}$$

で定義され, y に関する偏微分係数は,

$$\frac{\partial f}{\partial y}(a, b, c) = \lim_{h \to 0} \frac{f(a, b + h, c) - f(a, b, c)}{h}$$

z に関する偏微分係数は,

$$\frac{\partial f}{\partial z}(a, b, c) = \lim_{h \to 0} \frac{f(a, b, c + h) - f(a, b, c)}{h}$$

と定義される.

x に関する偏微分係数は, $y = b, z = c$ に固定して, x についての 1 変数関数とみての $x = a$ での微分係数を示している.

y や z に関する偏微分係数も同様に $y = b$ および $z = c$ での微分係数を示している.

▌8.4.2　偏導関数

2 変数関数 $z = f(x, y)$ についても, 1 変数関数の導関数と同様に, 各 x, y における偏微分係数を与える関数を考えることができる. x に関する偏微分係数を対応させる関数を **x に関する偏導関数**, y に関する偏微分係数を対応させる関数を **y に関する偏導関数**という. z が 2 変数関数ならば偏導関数も 2 変数関数である. 偏導関数は次の記号で表される.

$$x \text{ に関する偏導関数} \cdots \quad \frac{\partial f}{\partial x}, \ \frac{\partial z}{\partial x}, \ f_x$$

$$y \text{ に関する偏導関数} \cdots \quad \frac{\partial f}{\partial y}, \ \frac{\partial z}{\partial y}, \ f_y$$

▌偏導関数の計算方法

2 変数関数 $z = f(x, y)$ に対して, $f_x(a, b)$ は, $y = b$ に固定して $f(x, b)$ を x の 1 変数関数とみたときの $x = a$ での微分係数と一致する. したがって, 各 x に対して, (x, b) における偏微分係数 $f_x(x, b)$ を対応させる関数は, $y = b$ に固定して $f(x, b)$ を x の 1 変数関数とみたときの導関数になる.

（例）$z = x^2 y$

$$y = 1 \text{に固定} \implies z = x^2 \implies \frac{\partial z}{\partial x} = 2x$$

$$y = 2 \text{に固定} \implies z = 2x^2 \implies \frac{\partial z}{\partial x} = 4x = 2 \cdot 2x$$

$$y = 3 \text{に固定} \implies z = 3x^2 \implies \frac{\partial z}{\partial x} = 3 \cdot 2x$$

$$\vdots \qquad\qquad \vdots \qquad\qquad \vdots$$

$$y \text{を定数を表す文字とみなして} x \text{で微分} \implies \frac{\partial(x^2 y)}{\partial x} = 2xy$$

このことから，x に関する偏導関数 f_x は，$z = f(x,y)$ の式を，y を定数と
みなして x の 1 変数関数として微分することで得られる．

同様にして，y に関する偏導関数 f_y は，$z = f(x,y)$ の式を，x を定数とみ
なして y の 1 変数関数として微分することで得られる．

（例）$z = x^2 y$

$$x = 1 \text{に固定} \implies z = y \implies \frac{\partial z}{\partial y} = 1$$

$$x = 2 \text{に固定} \implies z = 4y \implies \frac{\partial z}{\partial y} = 4$$

$$\vdots \qquad\qquad \vdots \qquad\qquad \vdots$$

$$x \text{を定数を表す文字とみなして} y \text{で微分} \implies \frac{\partial(x^2 y)}{\partial y} = x^2$$

演習 8.4　次の 2 変数関数について，x, y それぞれに関する偏導関数を計算し
てみよう．

(1) $z = x^2 + xy$　　　　　　(2) $z = e^{x+2y}$

演習 8.5　$z = f(x,y)$ が $x = a, y = b$ で最大値をとる場合，(a,b) という点は
偏微分のことばを使うとどのように説明できるか，考えてみよう．

8.5　偏微分でとらえられる現象

▍8.5.1　多変数関数の最適化問題を解く

　街中で見かける円筒型のタンクの中には，真横からみると正方形に近いシルエットをしているものが多くある．実は，タンクのあの形は，数学を用いて最適な形に設計されている．このことを次の問題を解きながら考えてみよう．

> **例題 8.3**　容量 $10\,\mathrm{m}^3$ の円筒型のタンクを，材料節約のため内側の表面積をできるだけ小さくして作りたい．半径と高さをどうしたらよいか．

タンクの壁は厚みがあるので，容積を考えるには壁の内側の寸法で考える必要がある．なお，タンクの内側は円筒型（円柱）であると仮定しているが，現実的な仮定であろう．

　タンクの内径（内側の半径）を $x\,(\mathrm{m})$，タンク内部の高さを $y\,(\mathrm{m})$ で表すと，円筒型のタンクの容量が $10\,\mathrm{m}^3$ という条件は，

$$\pi x^2 y = 10$$

で表され，タンクの内側の表面積は，

$$2\pi x^2 + 2\pi xy$$

で表される．これより，例題 8.3 は次の数学の問題に翻訳される．

> ── 問題① ──
> $\pi x^2 y = 10$ のとき，$2\pi x^2 + 2\pi xy$ を最小にする x, y の値の組を求めよ．

　$2\pi x^2 + 2\pi xy$ の値を k とおいて考える．曲線 $\pi x^2 y = 10$ 上の点 (a, b) で $2\pi x^2 + 2\pi xy$ の値が k であるということは，曲線 $\pi x^2 y = 10$ 上の点 (a, b) を曲線 $2\pi x^2 + 2\pi xy = k$ が通る，すなわち，点 (a, b) が曲線 $\pi x^2 y = 10$ と曲線 $2\pi x^2 + 2\pi xy = k$ の共有点であるということと同値である（次ページの図 8.11）．

k を動かしたときのグラフの動きを利用して制約条件付き最適化問題に視覚的にアプローチする方法は，第 1 章で学んだ線形計画法と本質的に同じ発想に基づいている．

　図 8.11 からわかるように，曲線 $2\pi x^2 + 2\pi xy = k$ が曲線 $\pi x^2 y = 10$ と共有点をもつようにしながら k の値を小さくしていくと，曲線 $2\pi x^2 + 2\pi xy = k$ が少しずつ変形しながら左に動いていき，曲線 $\pi x^2 y = 10$ と曲線 $2\pi x^2 + 2\pi xy = k$ が接するとき k が最小になる．そして，このとき，2 つの曲線の接点 (x, y) が，曲線 $2\pi x^2 + 2\pi xy = k$ 上で k の最小値を与える点となる．このことから，問題①は，次の問題②を解くことに帰着される．

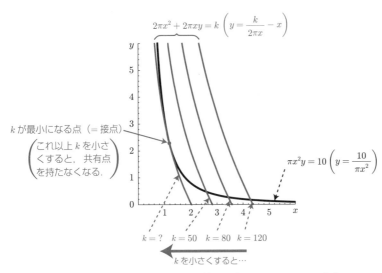

図 **8.11**　曲線 $\pi x^2 y = 10$ と曲線 $2\pi x^2 + 2\pi xy = k$ の交点

問題②

曲線 $\pi x^2 y = 10$ と曲線 $2\pi x^2 + 2\pi xy = k$ が接する k の値とそのときの接点の座標 (x, y) を求めよ.

問題②を解くために, 曲線 $\pi x^2 y = 10$ と曲線 $2\pi x^2 + 2\pi xy = k$ が接するための条件を記述しよう. 2 つの曲線が同じ点を通る状況には 2 通りあり, 1 つはその点で 2 つの曲線が接する場合, もう 1 つはその点で 2 つの曲線が交わる場合である. 2 つの曲線が接するとき, 接点における 2 つの曲線の接線は同一の直線になるが（図 8.12 左）, 2 つの曲線が交わるときは, その点における 2 つの曲線の接線は異なり, 接点で交わる 2 直線となる（図 8.12 右）.

図 **8.12**　2 つの曲線が接するとき（左）と交わるとき（右）の接線の違い

このことに注意すると, ある点 (a, b) で曲線 $\pi x^2 y = 10$ と曲線 $2\pi x^2 + 2\pi xy = k$ が接するためには, 次の 3 つの条件をみたすことが必要である.

（条件 1）　$\pi a^2 b = 10$

（条件 2）　$2\pi a^2 + 2\pi ab = k$

（条件 3）　曲線 $\pi x^2 y = 10$ の点 (a, b) における接線の傾きと曲線 $2\pi x^2 + 2\pi xy = k$ の点 (a, b) における接線の傾きが等しい.

条件 1 は点 (a, b) が曲線 $\pi x^2 y = 10$ 上の点であるという条件, 条件 2 は点 (a, b) が曲線 $2\pi x^2 + 2\pi xy = k$ 上の点であるという条件, 条件 3 は点 (a, b) で $\pi x^2 y = 10$ と曲線 $2\pi x^2 + 2\pi xy = k$ が接するという条件である.

条件 3 を具体的な式で記述することを考えよう．一般に，2 変数関数 $F(x, y)$ に対して $F(x, y) =$（定数）で定義される曲線上の点 (a, b) における接線の傾きは，$-\dfrac{F_x(a, b)}{F_y(a, b)}$ で与えられることが知られている．

このことを用いると，$g(x, y) = \pi x^2 y - 10$，$f(x, y) = 2\pi x^2 + 2\pi xy$ とおくとき，曲線 $\pi x^2 y = 10$ と曲線 $2\pi x^2 + 2\pi xy = k$ の点 (a, b) での接線の傾きはそれぞれ，$-\dfrac{g_x(a, b)}{g_y(a, b)}$，$-\dfrac{f_x(a, b)}{f_y(a, b)}$ で表されるので，条件 3 は次のように書き直される．

$$-\frac{g_x(a, b)}{g_y(a, b)} = -\frac{f_x(a, b)}{f_y(a, b)} \tag{8.1}$$

$\dfrac{a}{b} = \dfrac{c}{d}$ のとき，$c : a = d : b$ より，$c = \lambda a$ かつ $d = \lambda b$ となる定数 λ がある．

式 (8.1) は，$f_x(a, b) : g_x(a, b) = f_y(a, b) : g_y(a, b)$ を意味している．この比を定数 λ を用いて，

$$\frac{f_x(a, b)}{g_x(a, b)} = \frac{f_y(a, b)}{g_y(a, b)} = \lambda$$

と表すと，条件 3 は次の 2 つの等式で表せることがわかる．

λ はあらかじめわかっている数ではないので，第 3 の未知数として追加されている．あえて未知数を 1 つ追加することで，分数の形の等式を 2 つのシンプルな方程式に分けることができるのである．

$$f_x(a, b) - \lambda g_x(a, b) = 0, \quad f_y(a, b) - \lambda g_y(a, b) = 0 \tag{8.2}$$

$g(x, y) = \pi x^2 y - 10$，$f(x, y) = 2\pi x^2 + 2\pi xy$ より，

$$g_x(x, y) = 2\pi xy, \qquad\qquad g_y(x, y) = \pi x^2$$
$$f_x(x, y) = 4\pi x + 2\pi y, \qquad f_y(x, y) = 2\pi x$$

であるから，式 (8.2) は次の式で具体的に表される．

$$4\pi a + 2\pi b - 2\pi ab\lambda = 0, \quad 2\pi a - \pi a^2\lambda = 0$$

以上より，問題②は，次の問題③を解くことに帰着される．

ここまでみてきたことより，k を最小にする点 (a, b) は，式 (8.3)〜式 (8.5) からなる連立方程式をみたす．問題③を解くことで条件 1 と条件 3 をみたす (x, y) が求まり，それを条件 2 の左辺に代入して得られる値が k の最小値である．

問題③

x, y, λ に関する次の連立方程式を解け．

$$\begin{cases} \pi x^2 y = 10 & (8.3) \\ 4\pi x + 2\pi y - 2\pi xy\lambda = 0 & (8.4) \\ 2\pi x - \pi x^2\lambda = 0 & (8.5) \end{cases}$$

$$\begin{array}{r} 4\pi x^2 + 2\pi xy - 2\pi x^2 y\lambda = 0 \\ -)\quad 4\pi xy - 2\pi x^2 y\lambda = 0 \\ \hline 4\pi x^2 - 2\pi xy = 0 \end{array}$$

問題③を解いて，例題 8.3 の解を求めよう．式 (8.4) × x − 式 (8.5) × $2y$ により λ を消去して式を変形していくと，

$$4\pi x^2 - 2\pi xy = 0$$
$$2\pi x(2x - y) = 0$$
$$y = 2x$$

左辺を因数分解.

$x > 0$ より.

$y = 2x$ は, 高さ y が直径 $2x$ と等しいという式なので, 真横から見ると正方形になることはこの時点で導けている.

が得られる. これを式 (8.3) に代入すると,

$$2\pi x^3 = 10$$

となるから, これより,

$$x = \sqrt[3]{\dfrac{5}{\pi}}\ (= 1.1675\cdots), \quad y = 2x = 2\sqrt[3]{\dfrac{5}{\pi}}\ (= 2.3350\cdots)$$

λ を求めていないが, λ は便宜上追加した未知数なので, あえて求めなくてもよい.

が得られる. これが例題 8.3 の解になる. よって, 内側の直径と高さがともに約 $2.34\,$m の円柱となるようなタンクをつくればよいことがわかる. なお, このときの k の値 (表面積) は,

$$k = 2\pi x^2 + 2\pi xy = 2\pi \left(\sqrt[3]{\dfrac{5}{\pi}}\right)^2 + 2\pi \left(\sqrt[3]{\dfrac{5}{\pi}}\right)\left(2\sqrt[3]{\dfrac{5}{\pi}}\right) = 25.695\cdots$$

より, 約 $25.7\,$m^2 となる.

　これまで解いてきたことを振り返ると, 例題 8.3 は, $\pi x^2 y = 10$ という条件のもとで, $2\pi x^2 + 2\pi xy$ という多変数関数の最適な値 (この場合は最小値) を与える x, y を求めよという数学の問題 (問題①) を解くことで答えが得られた. 問題①のような問題は, 数学の世界では, 多変数関数の**制約条件付き最適化問題**とよばれている.

変数がみたすべき条件を与えている式を**制約条件**, 値を最適化したい関数を**目的関数**という. 問題①では, $\pi x^2 y = 10$ が制約条件, $2\pi x^2 + 2\pi xy$ が目的関数である.

　また, 例題 8.3 は, まず問題①に翻訳されたが, 問題①を図形的にとらえることで, 2 つの曲線が接する条件を求める問題 (問題②) に翻訳され, さらに, 問題②の図形的条件を代数的な条件に翻訳することで, 最終的に未知数が 3 つの連立方程式の問題 (問題③) に翻訳されて解くことができた. 現実の問題を「数学化」するだけでなく, 数学化された問題を数学の世界の中でさらに別の数学の問題に翻訳して「再数学化」していくことは, 有用な数学的思考法の 1 つである.

ラグランジュの未定乗数法——変数のマジック

　これまで学習してきた数学では, 変数を減らすことで解を見つけてきた. 逆にいうと, 変数が多くなると問題が解きにくくなる, というのが一般的な考えである. ところが, この節の前半で解いたタンクの問題をよくみてみると, 最初は x, y の 2 変数の問題 (問題①) であったのに, 最終的に答えを求めた問題③において, 新たな変数 λ が加えられ, 3 変数の問題に変わっている. しかしながら, この λ をあえて投入することで連立方程式を解くことができ, 解

を導き出している.

例題 8.3 を数学の問題に翻訳した問題①のような多変数関数の制約条件付きの最適化問題を, 問題③の形の未知数を 1 つ増やした連立方程式に帰着させて解く方法を**ラグランジュの未定乗数法**という. ここでは, ラグランジュの未定乗数法をもう一度数学的に整理しなおしてみよう.

ラグランジュの未定乗数法は, 18 世紀後半から 19 世紀初頭にかけて活躍したフランスの数学者ラグランジュ (Joseph-Louis Lagrange, 1736-1813) によって定式化された.

> ─── **制約条件付きの最適化問題** ───
>
> x, y が $g(x, y) = 0$ をみたしながら動くとき, 関数 $f(x, y)$ の値を最小化 (あるいは最大化) する (x, y) を求めよ.

$g(x, y) = 0$ を**制約条件**, $f(x, y)$ を**目的関数**という.

例題 8.3 のような問題を多変数関数の制約条件付きの最適化問題に翻訳して, ラグランジュの未定乗数法で解くときの手順をまとめると次のようになる.

> **(i)** 求めたい数を未知数として文字において制約条件と目的関数を表し, 制約条件付きの最適化問題に翻訳する.
>
> **(ii)** 制約条件が $\boldsymbol{g(x, y) = 0}$, 目的関数が $\boldsymbol{f(x, y)}$ と表されたとき, $\boldsymbol{x, y, \lambda}$ に関する次の連立方程式を解く.
>
> $$\begin{cases} g(x, y) = 0 & (8.6) \\ f_x(x, y) - \lambda g_x(x, y) = 0 & (8.7) \\ f_y(x, y) - \lambda g_y(x, y) = 0 & (8.8) \end{cases}$$
>
> **(iii)** 上の解を $\boldsymbol{f(x, y)}$ に代入して, $\boldsymbol{f(x, y)}$ の値が最小 (あるいは最大) になるものを見つける.

もとの制約条件付き最適化問題の答えは方程式 (8.6)-(8.8) をみたすが, 逆は真ではない. 一般に, 方程式 (8.6)-(8.8) の解は 1 つだけとは限らず, もとの問題の答えはその中の 1 つにすぎない. 例題 8.3 の場合は解が 1 つだけだったが, 一般には複数の解があり, その中から真の答えを見つけ出す必要がある. 式 (8.6)-(8.8) の左辺がすべて多項式である場合, 一般的に解は有限個なので, それぞれの解について目的関数の値を調べることで, 最適な値を与える解が求められる.

連立方程式 (8.6)-(8.8) の中の 3 つの方程式の左辺は, 3 変数関数

$$F(x, y, \lambda) = f(x, y) - \lambda g(x, y)$$

を λ, x, y でそれぞれ偏微分して得られる式でもある.

$$F_\lambda(x, y, \lambda) = g(x, y)$$
$$F_x(x, y, \lambda) = f_x(x, y) - \lambda g_x(x, y)$$
$$F_y(x, y, \lambda) = f_y(x, y) - \lambda g_y(x, y)$$

より, 式 (8.6)-(8.8) で定まる連立方程式は, 次の連立方程式と同じである.

$$\begin{cases} F_\lambda(x,y,\lambda) = 0 \\ F_x(x,y,\lambda) = 0 \\ F_y(x,y,\lambda) = 0 \end{cases}$$

この意味で，ラグランジュの未定乗数法は，2 変数関数の制約条件付き最適化問題を，1 つ変数を増やすことによって 3 変数関数の制約条件なしの最適化問題（すべての偏微分が 0 になる点を求める問題）に変形しているといえる．制約条件付きの最適化問題は複雑で難しいが，制約条件がない最適化問題は比較的易しい．一般に，変数を増やすと問題が難しくなると思いがちだが，ラグランジュの未定乗数法は，変数を増やすことで問題が解きやすくするという逆転の発想に基づいている．

演習 8.6　ある工場では，ある製品を 1 日に 12000 個つくっているが，これを人とロボットの共同作業で行っている．工場で働く人とロボットの数は，一方を増やしてもう一方を減らすということが可能だが，1 日の製造数 12000 に対して，工場で働く人の数 x とロボットの数 y は次の関係をみたすという．

$$20\sqrt{xy} = 12000$$

また，工場で働く人に対する人件費は 1 人 1 日あたり 9000 円，ロボットの運用コストは 1 台 1 日あたり 4000 円であるという．工場長は，1 日の製造個数 12000 をできるだけ安いコストでつくれるよう，人とロボットの数を調整したいと考えている．$20\sqrt{xy} = 12000$ という条件のもとで，$9000x + 4000y$ を最小化する x, y をラグランジュの未定乗数法を利用して求めることで，工場長の課題を解決してみよう．

> $20\sqrt{xy} = 12000$ という条件は，219 ページのコブ・ダグラス生産関数 $P(K,L) = AK^\alpha L^{1-\alpha}$ の $\alpha = \frac{1}{2}$ の場合で，$P(K,L)$ の値を固定したものと解釈することができる．

さらに勉強したい人のために

多変数関数についてさらに勉強したい人のための参考書として，次の 2 つをあげておく．1 つ目は第 7 章でも紹介した本である．どちらも例が経済学に限定されているが，数学的なことも含めて易しく丁寧に説明されているのでおすすめである．

川西諭（著），『経済学で使う微分入門』，新生社．

（多変数関数については，第 11 章以降で扱っている．）

尾山大輔，安田洋祐（編著），『[改訂版] 経済学で出る数学』，日本評論社．

（多変数関数については，第 7 章で扱っている．）

付録 A

計算ツールとしての 関数電卓

通常の電卓は，四則演算以外には平方根程度しか計算できないが，関数電卓では，様々な関数の値を計算できることに加えて，数列の $\sum$ や，微分係数，定積分を求める計算も行うことができる．

関数電卓は，機種によって少しずつ機能や使い方が異なるが，ここでは，CASIO の fx-JP700 というモデルを使って説明しよう．

その他の機種を持っている場合は，ここで紹介する機能の使い方を各機種の説明書で確認してほしい．

▌関数電卓の基本的な使い方

関数電卓では，括弧も含めて数式をすべて入力し終わってから $\boxed{=}$ キーを押すことで，計算結果が表示される．

括弧のついた式や，四則演算の混じった計算も，通常の計算順序にしたがって行われる．

$\boxed{\text{S}\Leftrightarrow\text{D}}$ キーで，小数表示への切り替えが行える．

$$\frac{15}{2} \dashrightarrow_{\boxed{\text{S}\Leftrightarrow\text{D}}} 7.5$$

関数電卓では，下のような入力位置を移動するためのキーもある．

• $2(3+2) - 5 \div 2$ を計算したい場合．

$$2(3+2) - 5 \div 2$$
$$\frac{15}{2}$$

$\boldsymbol{\frown}\boldsymbol{\frown}\boldsymbol{\triangleleft}\boldsymbol{\triangleright}$ はそれぞれ上下左右への移動を表す．これらのキーを使って，入力したい位置まで移動する．一度 $\boxed{=}$ を押して計算し終わった後でも，左キーを押すと計算式に戻るので，式を一部修正して計算をやり直すことができる．式の一部削除には $\boxed{\text{DEL}}$ キーを使う．

▌数式の入力

• $\dfrac{2}{3} + \dfrac{7}{3}$ を計算したい場合．

$$\frac{2}{3} + \frac{7}{3}$$
$$3$$

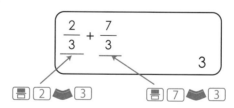

- $\sqrt{2}$ を計算したい場合.

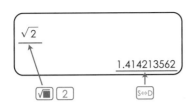

$\boxed{\sqrt{\blacksquare}}\boxed{2}\boxed{=}$ と 押 す と, 結果 は $\sqrt{2}$ と表示される. $\boxed{\text{S⇔D}}$ を押すことで, 1.414213562 と表示される.

- 2^5 を計算したい場合.

▌関数の値を求める

- $\sin 45°$ を計算したい場合.

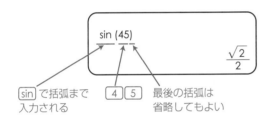

角度の単位は, 通常の設定では度 (°) になっている. ラジアンを使いたい場合は, $\overset{\text{SHIFT}}{\bullet}$ $\overset{\text{SETUP}}{\bullet}$ $\boxed{2}\boxed{2}$ の順にキーを押して, 角度の単位の設定を「弧度法 (R)」に変更する必要がある.

- $\log_{10} 100$ を計算したい場合.

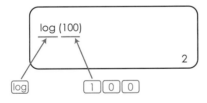

e を底とする自然対数 $\log_e$ を求めたいときは $\boxed{\text{ln}}$, e や 10 以外の底で対数を求めたいときは $\boxed{\log_\blacksquare \square}$ を使う.

- e^5 を計算したい場合.

$e^\blacksquare$ は, $\boxed{\text{ln}}$ キーの上に黄色で書かれている. これを使うためには, $\overset{\text{SHIFT}}{\bullet}$ を押してから $\boxed{\text{ln}}$ を押す必要がある.

数列の和を求める

$\sum$ は $\sum\limits_{x=\square}^{\square}(x \text{ の式})$ の形で使う. $\sum$ の変数は x に固定されていることに注意. 文字 x を入力するには，左上に黄色で $\sum\limits_{\square}^{\square}\blacksquare$ と書かれた $\boxed{x}$ のボタンを押す.

- $\sum\limits_{k=1}^{5}(2k+1)$ を計算したい場合.

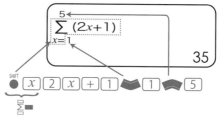

数列の積を求める

数列 $\{a_n\}$ の $n=1$ から $n=5$ までの積 $a_1 a_2 \cdots a_5$ を $\prod\limits_{k=1}^{5} a_k$ と表す. $\prod$ も変数は x に固定されており，$\prod\limits_{x=\square}^{\square}(x \text{ の式})$ の形で使う.

- $3 \cdot 5 \cdot 7 \cdot 9 \cdot 11 \left(=\prod\limits_{k=1}^{5}(2k+1)\right)$ を計算したい場合.

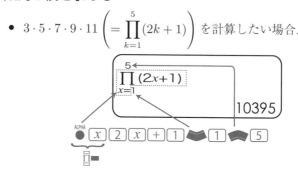

微分や積分を求める

関数電卓では，微分係数や定積分の計算もできる.

x^2 は，$\boxed{x}$ で x を入力した後 $\boxed{x^2}$ を押すことで入力できる. 同様に，x^3 は $\boxed{x}$ $\boxed{x^3}$，x^4 は $\boxed{x}$ $\boxed{x^\blacksquare}$ $\boxed{4}$ で入力できる.

- $y=x^2+1$ の $x=1$ における微分係数を計算したい場合.

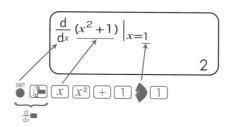

- $\int_0^1 (x^2+1)dx$ を計算したい場合.

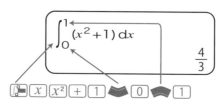

応用計算ツールとしての Mathematica

付録B

関数電卓は，様々な計算を行うことができるが，方程式を解いたり，行列の計算をしたり，グラフを描いたり，といったより高度な計算は，数式処理ソフトウェアを使う方が便利である．

ここでは，その1つである Mathematica を例に，使い方を紹介しよう．

Mathematica は有料のソフトウェアだが，ここに紹介するうちの一部の機能は，インターネット上の Wolfram|Alpha というサービスでも無料で利用できる．https://www.wolframalpha.com/
また，Mathematica 以外のものとして，Maple（有料）や Maxima（無料）などがあり，それぞれできることに違いがある．

B.1 Mathematica の使い方：はじめの一歩

インストールや，起動と終了に関する説明は，ここでは省略する．以下，Mathematica 起動後の使い方に限定して説明する．

▌Mathematica での入力方法

- 式を入力して ‬Enter‬ （あるいは ‬Shift‬ を押しながら ‬Return‬ ）を押す，が基本的な操作である．

    $1 + 1$ ‬Enter‬

  とすると，以下のように入力式と結果が表示される．

    In[1]:= $1 + 1$

    Out[1]=   2

Mathematica では，計算した順に結果を記録している．In[1] は「1番目に行った計算」を意味し，Out[1] は「1番目の計算の結果」を意味する．

▌Mathematica での四則計算

- たとえば，$2 \times (3^2 + 5) - 2 \div 3$ を計算したい場合，次のように入力する．

足し算は +，引き算は −，かけ算は ∗，割り算は / を使って入力する．割り算については，関数電卓と同様，とくに指定しなければ，割り切れない場合は分数で結果を出力する．ベキ乗の計算は，＾を使う．また，括弧の前後の ∗ は省略することができる．

$$\text{In}[2]:= \quad 2*(3\hat{} 2+5)-2/3$$

$$\text{Out}[2]= \quad \frac{82}{3}$$

- ベキ乗の指数には，小数や負の数も使える．

$$\text{In}[3]:= \quad 2\hat{} 0.5$$

$$\text{Out}[3]= \quad 1.41421$$

- 分数を小数に直すには，N というコマンドを使って次のようにする．

$$\text{In}[4]:= \quad \text{N}[3/2]$$

$$\text{Out}[4]= \quad 1.5$$

▎Mathematica での関数計算

- 三角関数や対数関数，指数関数の値を求めることもできる．Mathematica では，たとえば，Sin[x] のように，関数は大文字で始まり，変数を入れる括弧は [ ] を使う．また，関数の値を小数で表示させたいときは，N を使って，N[Sin[1]] のようにする．

三角関数は，単位をラジアンで入力する．π は，Pi で表すので，$\sin \dfrac{\pi}{4}$ を求めたいときは，Sin[Pi/4] のように入力する．

$$\text{In}[5]:= \quad \text{N}[\text{Sin}[1]]$$

$$\text{Out}[5]= \quad 0.841471$$

対数は，Log[対数の底, 対数を計算したい数] で求める．

常用対数 $\log_{10} x$ を求めたいときは，Log10 という関数を使うこともできる．また，自然対数 $\log_e x$ を求める場合は，底を省いて，Log[対数を計算したい数] とすることで計算できる．

$$\text{In}[6]:= \quad \text{Log}[10, 1000]$$

$$\text{Out}[6]= \quad 3$$

ネイピア数 e（48 ページ）は，E で表す．また，$y = e^x$ の値は，Exp[x] で求める．e^3 は，ベキ乗を用いて E＾3 と入力しても，Exp[3] と入力しても同じである．

$$\text{In}[7]:= \quad \text{N}[\text{Exp}[3]]$$
$$\text{Out}[7]= \quad 20.0855$$

または，

$$\text{In}[7]:= \quad \text{N}[\text{E}\hat{} 3]$$
$$\text{Out}[7]= \quad 20.0855$$

▎文字に数値を記憶させる

- 何度も同じ値や式を使うときは，次のようにして，文字に記憶させて（代入して）使うことができる．

In[8]:= a = 5

Out[8]= 5

In[9]:= a + 1

Out[9]= 6

「a = 5 Enter 」で, a とい
う文字の値が 5 であると記
憶される. この後で, 「a + 1
Enter 」とすると, a の値
が 5 なので,

$$a + 1 = 5 + 1$$
$$= 6$$

と計算される.

B.2 グラフを描く

Mathematica を使えば, 様々な関数のグラフを正確に描くことができる.

▌1 変数関数のグラフを描く

- 1 変数関数のグラフを描くには, Plot というコマンドを用いる. たとえ
  ば, $y = x + 2$ のグラフを表示させるには, 次のようにする.

In[1]:= Plot[x + 2, {x, −2, 3}]

Out[1]=

$\{x, −2, 3\}$ は, $−2 \leqq x \leqq 3$
の範囲でグラフを描くことを
意味する.

- 複数の関数のグラフを一枚のグラフに重ねて描くこともできる. たとえ
  ば, $y = x + 2$ と $y = 3 - \dfrac{x}{2}$ のグラフを表示させるには, 2 つの直線の式
  を { } でまとめて次のようにする.

In[2]:= Plot[{x + 2, 3 − x/2}, {x, −2, 3}]

Out[2]=

▌2 変数関数のグラフを描く

- 2 変数関数のグラフを描くには，Plot3D というコマンドを用いる．たとえば，$z = xy$ のグラフを表示させるには，次のようにする．

$\{x, -2, 2\}, \{y, -2, 2\}$ は，$-2 \leqq x \leqq 2$，$-2 \leqq y \leqq 2$ の範囲でグラフを描くことを意味する．なお，2 変数関数 $z = xy$ を入力するときは，x と y の間に ∗ を入れるか，あるいは，x と y の間に「半角スペース」を入れなければならない．

In[3]:=　Plot3D[x ∗ y, {x, −2, 2}, {y, −2, 2}]

Out[3]=

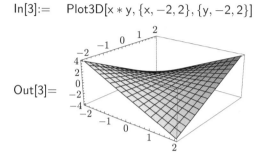

▌データをプロットする

- 実験データなどの点をプロットするには，ListPlot というコマンドを用いる．たとえば，$(x, y) = (0, 1.6), (1, 1.8), (2, 2.7), (3, 2.8), (4, 4.1)$ をプロットするには，次のようにする．

In[4]:=　ListPlot[{{0, 1.6}, {1, 1.8}, {2, 2.7}, {3, 2.8}, {4, 4.1}}]

Out[4]=

B.3　方程式を解く

▌1 次方程式を解く

- 方程式を解くには Solve を使う．たとえば，$2x + 3 = 11$ を解くには，次のようにする．

In[1]:=　Solve[2x + 3 == 11, x]

Out[1]=　{{x → 4}}

Mathematica では，通常の等号 = は代入操作を表すため，方程式を表す場合，等号は == と，等号を 2 つつなげて入力する必要がある．また，Solve の右端の x は，「x について解く」ことを意味する．出力の {{x → 4}} は，方程式の解が，$x = 4$ であることを表す．

2 次以上の方程式を解く

- 2 次以上の方程式も Solve を使って解くことができる．たとえば，2 次方程式 $x^2 + 2x - 3 = 0$ を解くには，次のようにする．

In[2]:=　Solve[x^2 + 2x − 3 == 0, x]

Out[2]=　{{x → −3}, {x → 1}}

{{x → −3}, {x → 1}} は，方程式の解が，$x = -3$ と $x = 1$ であることを表す．

連立 1 次方程式を解く

- 連立 1 次方程式も Solve を使って解くことができる．たとえば，

$$\begin{cases} 2x + 3y = 20 \\ x + y = 9 \end{cases}$$

を解くには，2 つの方程式を { } でまとめ，未知数 x, y も { } でまとめて次のようにする．

Wolfram|Alpha では「2x + 3 = 11 を解け」や「2x + 3y = 20, x + y = 9 を解け」のように日本語で入力してもよい．（等号 = も 1 つでよい．）

In[3]:=　Solve[{2x + 3y == 20, x + y == 9}, {x, y}]

Out[3]=　{{x → 7, y → 2}}

指数方程式を解く

- 指数方程式も Solve を使って解くことができる．たとえば，$2^x = 32$ を解くには，次のようにする．

In[4]:=　Solve[2^x == 32, x]

Out[4]=　{{x → 5}}

B.4 数列の和・積と極限を計算する

▌数列の和（$\sum$）を計算する

- たとえば，数列 $\{0.2^n\}$ について，第 1 項から第 10 項までの和 $\displaystyle\sum_{k=1}^{10} 0.2^k$ を計算する場合，次のようにする.

    In[1]:=   Sum[0.2^k, {k, 1, 10}]

    Out[1]=   0.25

    小数を用いて数列を表した場合，結果は近似値で出力される.

Sum の 中 の $\{k, 1, 10\}$ は，「変数 k に $k = 1$ から 10 までを代入する」ということを表しており，Sum はそれらすべてを足し合わせる．なお，Sum は数学で総和を意味する summation の省略形である.

▌数列の積（$\prod$）を計算する

- たとえば，数列 $\{2n-1\}$ について，第 1 項から第 10 項までの積 $\displaystyle\prod_{k=1}^{10}(2k-1)$ を計算する場合，次のようにする.

    In[2]:=   Product[2k − 1, {k, 1, 10}]

    Out[2]=   654729075

Product の中の $\{k, 1, 10\}$ の意味は Sum と同じ．なお，Product は数学で積を意味する.

▌数列の極限（$\lim$）を計算する

- たとえば，数列 $\{0.9^n\}$ について，極限 $\displaystyle\lim_{n\to\infty} 0.9^n$ を計算する場合，次のようにする.

    In[3]:=   Lim[0.9^n, n−> Infinity]

    Out[3]=   0

Mathematica で は，∞ を，Infinity という語で表す．$-\infty$ は，−Infinity で表される.

B.5 行列の計算をする

▌行列の積を計算する

- ドット (.) を行列の間に入れて「積」を表す．たとえば，

$$\begin{pmatrix} 1 & 2 \\ 3 & 4 \end{pmatrix}\begin{pmatrix} 1 & 1 \\ 1 & -1 \end{pmatrix}$$

    を計算するには，次のようにする.

    In[1]:=   {{1, 2}, {3, 4}}.{{1, 1}, {1, −1}}

    Out[1]=   {{3, −1}, {7, −1}}

計算結果も $\{\{3, -1\}, \{7, -1\}\}$ のような形式で出力される.

行列は {, } を使って入力する．たとえば，$\begin{pmatrix} 1 & 2 \\ 3 & 4 \end{pmatrix}$ は，$\{\{1, 2\}, \{3, 4\}\}$ のように，$\{\{1\text{ 行目 }\}, \{2\text{ 行目 }\}, \cdots\}$ と入力する．$\{\{3, -1\}, \{7, -1\}\}$ と出力されたときは，

$$\begin{pmatrix} 3 & -1 \\ 7 & -1 \end{pmatrix}$$

という行列を意味している.

- 行列とベクトルの積も同様. たとえば, $\begin{pmatrix} 1 & 2 \\ 3 & 4 \end{pmatrix}\begin{pmatrix} 1 \\ -1 \end{pmatrix}$ を計算するには, 次のようにする.

    In[2]:=　{{1, 2}, {3, 4}}.{1, −1}

    Out[2]=　{−1, −1}

- 正方行列（縦と横が同じサイズの行列）のベキ乗を計算するには, MatrixPower を使う. たとえば, $\begin{pmatrix} 1 & 2 \\ 2 & -1 \end{pmatrix}^{10}$ を計算するには次のようにする.

    In[3]:=　MatrixPower[{{1, 2}, {2, −1}}, 10]

    Out[3]=　{{3125, 0}, {0, 3125}}

- 正方行列の逆行列を計算するには, Inverse を使う. たとえば, $\begin{pmatrix} 1 & 1 \\ 2 & 3 \end{pmatrix}$ の逆行列を計算するには次のようにする.

    In[4]:=　Inverse[{{1, 1}, {2, 3}}]

    Out[4]=　{{3, −1}, {−2, 1}}

> ベクトルは, {1 つ目の成分, 2 つ目の成分, …} と入力する. たとえば, $\begin{pmatrix} 1 \\ 2 \\ 3 \end{pmatrix}$ は, {1, 2, 3} と入力する.
>
> {1, −1} は数字を横に並べているが, 縦に数字が並んだベクトルを表していることに注意.
>
> 数のベキ乗と異なり, ^ では計算できないので注意が必要.

隣接行列からネットワーク図を描く

- GraphPlot という Mathematica の関数を使うと, 隣接行列からネットワーク図を作成してくれる. たとえば, 3 人のネットワークの隣接行列

$$\begin{pmatrix} 0 & 1 & 1 \\ 1 & 0 & 1 \\ 1 & 1 & 0 \end{pmatrix}$$

からネットワーク図を作成するためには, 上の隣接行列を

$$\{\{0, 1, 1\}, \{1, 0, 1\}, \{1, 1, 0\}\}$$

で表して, 次のようにすると, ネットワーク図が出力される.

In[5]:=　GraphPlot[{{0, 1, 1}, {1, 0, 1}, {1, 1, 0}},

　　　　　　VertexLabeling−> True]

Out[5]=

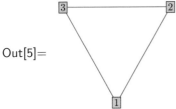

> 「VertexLabeling−>True」は, 隣接行列の各行に対応する人物に番号をつけて表示させるためのオプション設定である. これをつけない場合は, 各人物は単に「・」で表示される.

78 ページのコラムの図 3.11 は, この関数を用いて作成している.

6.5.2 項（164～166 ページ）で，2 次正方行列の固有値と固有ベクトルを手計算で求める方法を紹介したが，社会科学で現実に用いられる行列は大きなサイズになることが多いため，実際には，コンピュータを利用して計算を行うことになる．

固有値だけを求めたい場合は，Eigenvalues というコマンドを使う．また，固有ベクトルだけを求めたい場合は，Eigenvectors というコマンドを使う．

Wolfram|Alpha では「{{1, 2}, {3, 2}} の固有ベクトル」と入力してもよい．

▌固有値と固有ベクトルを計算する

- 固有値と固有ベクトルを求めるには，Eigensystem というコマンドを使う．たとえば，$\begin{pmatrix} 1 & 2 \\ 3 & 2 \end{pmatrix}$ の固有値と固有ベクトルが知りたい場合，次のようにする．

    In[6]:=　Eigensystem[{{1, 2}, {3, 2}}]

    Out[6]=　{{4, −1}, {{2, 3}, {−1, 1}}}

出力結果の左側の {4, −1} は固有値を表し，右側の {{2, 3}, {−1, 1}} は，左の各固有値に対応する固有ベクトルを表している．この場合，固有値は 4 と −1 で，固有値 4 の固有ベクトルとして $\begin{pmatrix} 2 \\ 3 \end{pmatrix}$ が，固有値 −1 の固有ベクトルとして $\begin{pmatrix} -1 \\ 1 \end{pmatrix}$ がとれることを示している．

B.6　微分・積分を求める

Mathematica を使えば，導関数や原始関数を求めることもできる．

▌微分を求める

D は，微分を表す英語 derivative の頭文字である．D の括弧内の右端の x は，x について微分する，ということを意味する．

- たとえば，$y = \sin x$ の微分を求めるには，次のようにする．

    In[1]:=　D[Sin[x], x]

    Out[1]=　Cos[x]

Mathematica では，導関数に x の値を代入することで微分係数を計算する．「式 /. x −> a」は，式の中の x に a を代入する操作を意味する．

- たとえば，$y = \sin x$ の $x = 0$ での微分係数を求めるには，次のようにする．

    In[2]:=　D[Sin[x], x] /. x −> 0

    Out[2]=　1

▌偏微分を求める

偏微分の計算では，D に，偏微分したい多変数関数と，どの変数について偏微分するかを入力することで計算できる．

- 偏微分も微分と同様に行う．たとえば，$z = xy$ を x で偏微分するには，次のようにする．

    In[3]:=　D[x ∗ y, x]

    Out[3]=　y

積分を求める

- 定積分も不定積分も，Integrate というコマンドを使う．たとえば，$y = \sin x$ を $x = 0$ から $x = \pi$ まで積分したい場合は，次のようにする．

      In[4]:=　Integrate[Sin[x], {x, 0, Pi}]

      Out[4]=　2

Wolfram|Alpha では「sin(x) を x = 0 から x = pi まで積分」と入力してもよい．（Sin[x] や Pi と入力しなくてもよい．）

- たとえば，$y = \sin x$ の原始関数を求めたい（つまり，不定積分を求めたい）場合は，次のようにする．

      In[5]:=　Integrate[Sin[x], x]

      Out[5]=　$-$Cos[x]

B.7　モデルをつくる

回帰直線を求める

Mathematica を使うと，データの関係を表す数学モデルとして最適な直線（回帰直線）を求めることができる．

- たとえば，$(x, y) = (0, 1.6), (1, 1.8), (2, 2.7), (3, 2.8), (4, 4.1)$ というデータがあるとき，x と y の関係を表す回帰直線（もっとも誤差の少ない直線）を求めるには，次のようにする．

      In[1]:=　LinearModelFit[{{0, 1.6}, {1, 1.8}, {2, 2.7}, {3, 2.8}, {4, 4.1}}, x, x]

      Out[1]=　FittedModel[1.4 + 0.6x]

この出力は，もとのデータの x, y の関係をもっともよく表す直線のモデルは，$y = 1.4 + 0.6x$ である，ということを示している（下図参照）．

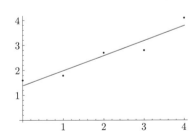

参考文献

第1章

平井裕久，韓尚憲，皆川健多郎，丹波靖博（著），『経済・経営を学ぶための数学入門』，ミネルヴァ書房，2010.（第10章10.2節）

第2章

江見圭司，江見善一，矢島彰（著），『基礎数学のI II III』，共立出版，2005.（第3章）

平井裕久，韓尚憲，皆川健多郎，丹波靖博（著），『経済・経営を学ぶための数学入門』，ミネルヴァ書房，2010.（第4章）

デボラ・ヒューズ=ハレット，アンドリュー・M・グレアソン，ウィリアム・G・マッカラムほか（著），『概念を大切にする微積分』，日本評論社，2010.（第9章）

日本数理社会学会（監修），『社会を〈モデル〉でみる―数理社会学への招待―』，勁草書房，2004.

アレルギー性疾患治療剤アレグラ錠添付書類 http://database.japic.or.jp/pdf/newPINS/00059361.pdf

Sánchez-Bayo, F. and Wyckhuys, K.A.G., Worldwide decline of the entomofauna: A review of its drivers, *Biological Conservation*, Volume 232, April 2019, pp.8-27. https://doi.org/10.1016/j.biocon.2019.01.020

第3章

日本数理社会学会（監修），『社会を〈モデル〉でみる―数理社会学への招待―』，勁草書房，2004.

金光淳（著），『社会ネットワーク分析の基礎』，勁草書房，2003.

キース・デブリン，ゲーリー・ローデン（著），『数学で犯罪を解決する』，ダイヤモンド社，2008.（第10章）

Krebs, V., Uncloaking Terrorist Networks. *First Monday*, 7(4), 2002. https://doi.org/10.5210/fm.v7i4.941

文部科学省 食品成分データベース https://fooddb.mext.go.jp

Apple Inc., Q1 2018 Unaudited Summary Data, 2018. https://www.apple.com/newsroom/pdfs/Q1_FY18_Data_Summary.pdf

Apple Inc., Q2 2018 Unaudited Summary Data, 2018. https://www.apple.com

/newsroom/pdfs/Q2_FY18_Data_Summary.pdf

Apple Inc., Q3 2018 Unaudited Summary Data, 2018. https://www.apple.com
/newsroom/pdfs/Q3FY18DataSummary.pdf

Apple Inc., Q4 2018 Unaudited Summary Data, 2018. https://www.apple.com
/newsroom/pdfs/Q4-18-Data-Summary.pdf

第4章

Shepard, R. and Metzler, J., Mental Rotation of Three-Dimensional Objects, *Science*
19 February 1971, **171**(3972), pp.701-703, DOI:10.1126/science.171.3972.701

権藤恭之, 石原治, 中里克治, 下仲順子, Leonard W. Poon, 「心的回転課題による高齢者の
認知処理速度遅延の検討」, 心理学研究, **69**(5), 1998, pp.393-400.

中村知靖, 前田忠彦, 松井仁 (著), 『心理統計法への招待』, サイエンス社, 2007.

ベングト・ウリーン (著), 『シュタイナー学校のための数学読本』, ちくま学芸文庫, 2011.

デボラ・ヒューズ=ハレット, アンドリュー・M・グレアソン, ウィリアム・G・マッカラム
ほか (著), 『概念を大切にする微積分』, 日本評論社, 2010. (第1章)

江見圭司, 江見善一, 矢島彰 (著), 『基礎数学のI II III』, 共立出版, 2005. (第5章)

鹿取廣人, 杉本敏夫, 鳥居修晃 (編), 『心理学 (第四版)』, 東京大学出版会, 2011.

相原耕治 (著), 『シンセサイザーがわかる本』, Stylenote, 2011.

高橋信之 (著), 『コンプリート SYNTH プログラミング・ブック』, リットーミュージック,
2007.

N・グレゴリー・マンキュー (著), 『マクロ経済学I (第3版)』, 東洋経済新報社, 2011.

厚生労働省, 食中毒事件一覧速報. http://www.mhlw.go.jp/topics/syokuchu/04.html

鶏卵のサルモネラ総合対策指針 (平成17年1月26日付け第8441号農林水産省消費・安全局
衛生管理課長通知) http://www.maff.go.jp/j/syouan/douei/eisei/e_kanri
_kizyun/sal/pdf/keiran_sogo.pdf

サルモネラ対策のとりくみ (JA全農たまご株式会社) http://www.jz-tamago.co.jp
/06-g.htm.

JA全農たまご株式会社, サルモネラ対策のとりくみ. https://www.jz-tamago.co.jp/wp
/wp-content/uploads/2020/03/サルモネラ対策の取り組み.pdf

農林水産省口蹄疫疫学調査チーム, 口蹄疫の疫学調査に係る中間取りまとめ—侵入経路と伝搬
経路を中心に—(平成22年11月24日). http://www.maff.go.jp/j/syouan
/douei/katiku_yobo/k_fmd/pdf/ekigaku_matome.pdf

World Health Organization Web-site: Situation updates - Pandemic (H1N1) 2009
http://www.who.int/csr/disease/swineflu/updates/en/index.html

Wikipedia, 2009年新型インフルエンザの世界的流行. http://ja.wikipedia.org/wiki
/2009年新型インフルエンザの世界的流行

国立感染症研究所感染症情報センターの感染別情報 http://idsc.nih.go.jp/disease
/influenza/index.html

Leike, A., Demonstration of the exponential decay law using beer froth, *European Jour-
nal of Physics*, **23**(2002), pp.21-26

独立行政法人水産総合研究センター, 放射性物質影響解明調査事業報告書, https://www.
fra.affrc.go.jp/eq/Nuclear_accident_effects/final_report.pdf

厚生労働省, 新型コロナウィルス (オープンデータ), https://www.mhlw.go.jp/stf
/covid-19/open-data.html

Howland, H. C., Merola S., Basarab, J. R., The allometry and scaling of the size of vertebrate eyes, *Vision Research*, Volume 44, Issue 17, August 2004, pp.2043-2065, https://www.sciencedirect.com/science/article/pii/S0042698904001646

東京電力でんき予報・電力使用実績データ（2010 年）http://www.tepco.co.jp/forecast/html/images/juyo-2010.csv

気象庁, 潮汐観測資料, http://www.data.jma.go.jp/gmd/kaiyou/db/tide/genbo/genbo.php

Iwok, I.A., Harmonic Analysis of Sunspot Numbers, *International Journal of Scientific & Engineering Research*, **4**(3), March, 2013, https://www.ijser.org/researchpaper/Harmonic-Analysis-of-Sunspot-Numbers.pdf

端末設備等規則（昭和六十年郵政省令第三十一号, 最終更新：令和元年五月十四日公布（令和元年総務省令第五号）改正）https://elaws.e-gov.go.jp/search/elawsSearch/elaws_search/lsg0500/detail?lawId=360M50001000031

第 5 章

小島寛之（著）,『使える！ 確率的思考』, ちくま新書, 2005.

小島寛之（著）,『確率的発想法』, NHK ブックス, 2004.

中妻照雄（著）,『入門ベイズ統計学』, 朝倉書店, 2007.

松原望（著）,『意思決定の基礎』, 朝倉書店, 2001.

松原望（著）,『入門ベイズ統計』, 東京図書, 2008.

Tversky, A., Kahneman, D., Evidential impact of base rates, In D. Kahneman, P. Slovic, A. Tversky (Eds.), *Judgment under uncertainty: Heuristics and biases*, Cambridge University Press, pp.153-160, 1982.

Howlader, N., Noone, A.M., Krapcho, M., Garshell, J., Neyman, N., Altekruse, S.F., Kosary, C.L., Yu, M., Ruhl, J., Tatalovich, Z., Cho, H., Mariotto, A., Lewis, D.R., Chen, H.S., Feuer, E.J., Cronin, K.A. (eds), *SEER Cancer Statistics Review, 1975-2010*, National Cancer Institute. Bethesda, MD, https://seer.cancer.gov/archive/csr/1975_2010/, based on November 2012 SEER data submission, posted to the SEER web site, April 2013.（乳がんのデータは https://seer.cancer.gov/archive/csr/1975_2010/results_merged/sect_04_breast.pdf に掲載.）

National Cancer Institute Breast Cancer Surveillance Consortium: Performance measures for 1,960,150 screening mammography examinations from 2002 to 2006 by age-based on BCSC data as of 2009. National Cancer Institute, 2012.（http://breastscreening.cancer.gov/data/performance/screening/2009/perf_age.html で公開されていたが, 新しい報告書が出ているため, 現在は閲覧不能になっている.）

Wikipedia: Bayesian search theory http://en.wikipedia.org/wiki/Bayesian_search_theory

Wikipedia: USS Scorpion(SSN-589) http://en.wikipedia.org/wiki/USS_Scorpion_(SSN-589)

Wikipedia: 1966 Palomares B-52 crash http://en.wikipedia.org/wiki/1966_Palomares_B-52_crash

Wikipedia: Air France Flight 447 http://en.wikipedia.org/wiki/Air_France_Flight_447

Hudson, L.D., Ware, B.S., Laskey, K.B., Mahoney, S.M., An Application of Bayesian Networks to Antiterrorism Risk Management for Military Planners, 2001.（https://hdl.handle.net/1920/268）

第6章

戸田光彦，中川直美，鋤柄直純，「小笠原諸島におけるグリーンアノールの生態と防除」，地球
　　環境，Vol.14, No.1, 2009. pp. 39-46.

青島正和，「オオタカの廉価な個体群動態解析」，社団法人日本環境アセスメント協会平成 19
　　年度第 4 回技術交流会報告，2007. https://www.jeas.org/modules/backnumber
　　/hokoku/tec/h19/pdf/071206-05.pdf

ムーディーズ・ジャパン株式会社，「日本の発行体におけるデフォルト率と格付遷移 1990
　　-2019 年」，（2020 年 5 月）．https://www.moodys.com/sites/products
　　/productattachments/moodysjapan/1226828.pdf

荒牧央，「45 年で日本人はどう変わったか (1)～第 10 回「日本人の意識」調査から～」，放送
　　研 究 と 調 査，第 69 巻 第 5 号，2019，pp.2-37. https://www.nhk.or.jp/bunken
　　/research/yoron/pdf/20190501_7.pdf

荒牧央，村田ひろ子，吉澤千和子，「45 年で日本人はどう変わったか (2)～第 10 回「日本人
　　の意識」調査から～」，放送研究と調査，第 69 巻第 6 号，2019，pp.62-82. https://
　　www.nhk.or.jp/bunken/research/yoron/pdf/20190601_6.pdf

第7章

藤村俊夫，「自動車の将来動向：EV が今後の主流になりうるのか」，第 6 章，2019，
　　https://www.pwc.com/jp/ja/knowledge/thoughtleadership/automotive-
　　insight/vol10.html

平井裕久，韓尚憲，皆川健多郎，丹波靖博（著），『経済・経営を学ぶための数学入門』，ミネ
　　ルヴァ書房，2010.（第 7 章）

デボラ・ヒューズ=ハレット，アンドリュー・M・グレアソン，ウィリアム・G・マッカラム
　　ほか（著），『概念を大切にする微積分』，日本評論社，2010.（第 2 章，第 4 章）

川西諭（著），『経済学で使う微分入門』，新生社，2010.（第 11 章）

N・グレゴリー・マンキュー（著），『マクロ経済学 I（第 3 版）』，東洋経済新報社，2011.

Pearl, R. and Reed, L.J., On the Rate of Growth of the Population of the United States
　　Since 1790 and its Mathematical Representation, *Proceedings of the National
　　Academy of Sciences*, Vol.6, No.6, 1920, pp.275-288.

平井裕久，韓尚憲，皆川健多郎，丹波靖博（著），『経済・経営を学ぶための数学入門』，ミネ
　　ルヴァ書房，2010.（第 7 章）

デボラ・ヒューズ=ハレット，アンドリュー・M・グレアソン，ウィリアム・G・マッカラム
　　ほか（著），『概念を大切にする微積分』，日本評論社，2010.（第 5 章）

山田剛史，村井潤一郎（著），『よくわかる心理統計』，ミネルヴァ書房，2004.

第8章

N・グレゴリー・マンキュー（著），『マクロ経済学 I（第 3 版）』，東洋経済新報社，2011.

川西諭（著），『経済学で使う微分入門』，新生社，2010. 第 11 章～第 16 章.

返済額試算シミュレーション（三井住友銀行ホームページ），https://www.smbc.co.jp
　　/kojin/jutaku_loan/ganri_sim.html

尾山大輔，安田洋祐（編著），『[改訂版] 経済学で出る数学』，日本評論社，2013. 第 7 章.

演習の解答

第1章

1.1（6ページ）

(1) 上カルビ 500 g, カルビ 500 g.

(2) 上カルビを x (g), カルビを y (g) とおくと, (1) の答えは, 直線 $x+y=1000$ と直線 $3x+2y=2500$ との交点. 下図より, (ア) では, 上カルビが減ってカルビが増え, (イ) では, 上カルビが増えてカルビが減る.

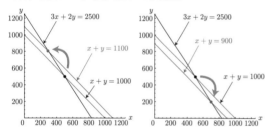

1.2（9ページ）

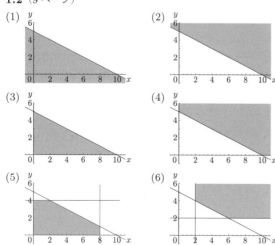

1.3（10ページ）

カラー印刷 33 ページ（白黒印刷 267 ページ）

1.4（17ページ）

(1)

	必要な時間		稼働可能時間
	スマートフォン	タブレット型	
工程 1 (h)	0.5	1	80
工程 2 (h)	1	1	90
利益 (万円/個)	2	3	

(2) 制約条件

$$\begin{cases} 0.5x + y \leqq 80 \\ x + y \leqq 90 \\ x \geqq 0 \\ y \geqq 0 \end{cases}$$

のもとで, 目的関数 $2x + 3y$ を最大にする (x, y) を探す.

(3) スマートフォンを 20 個, タブレット型携帯端末を 70 個生産するとき, 利益は最大で, このときの利益は, 250 万円である.

1.5（17ページ）

グラノーラを x(g), 牛乳を y(mL) とおく. 制約条件

$$\begin{cases} 0.3x + 1.2y \geqq 300 \\ 5.4x + 0.6y \geqq 360 \\ x \geqq 0 \\ y \geqq 0 \end{cases}$$

のもとで, $0.9x + 0.15y$ を最小にする (x, y) を探す. グラノーラ 40 g, 牛乳 240 mL のとき, 1 食あたりの朝食費で 72 円で最安となる.

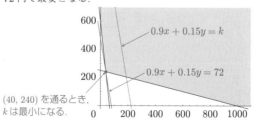

$(40, 240)$ を通るとき, k は最小になる.

1.6（18 ページ）

それぞれへの投資額を，家電メーカー A に x 万円，家電メーカー B に y 万円，医薬品メーカー C に z 万円，医薬品メーカー D に w 万円，外債に u 万円，国債に v 万円とするとき，制約条件

$$
\begin{cases}
x + y + z + w \leqq 750 \\
u + v \leqq 750 \\
x + y \leqq 0.8(x + y + z + w) \\
z + w \leqq 0.8(x + y + z + w) \\
u \leqq 200 \\
v \leqq 150 \\
x \geqq 50 \\
y \geqq 50 \\
z \geqq 50 \\
w \geqq 50 \\
u \geqq 50 \\
v \geqq 50
\end{cases}
$$

のもとで，目的関数 $0.05x + 0.06y + 0.07z + 0.06w + 0.07u + 0.03v$ を最大にする x, y, z, w, u, v を探す.

第2章

2.1（25 ページ）

数列 $\{n^2\}$ の第 7 項を求める問題.（n 段目に必要な個数を a_n とおくと，$a_n = n^2$ と表される.）

2.2（25 ページ）

等比数列 $\{100 \times 0.5^n\}$ について，$100 \times 0.5^n \leqq 5$ となる最小の n を求める問題.（飲んでから $4n$ 時間後の体内のカフェインの量を a_n とおくと，$a_n = 100 \times 0.5^n$ と表される.）

2.3（25 ページ）

等比数列 $\{0.975^n\}$ の第 30 項を求める問題.（現在の昆虫の量を 1 としたときの n 年後の昆虫の量を a_n とおくと，$a_n = (1 - 0.025)^n$ と表される.）

2.4（27 ページ）

n ヶ月目の月間給与を a_n 円とおくと，$a_n = \{750 + 5(n-1)\} \times 20 = 15000 + 100(n - 1)$ と表されるので，数列 $\{15000 + 100(n - 1)\}$ の第 1 項から第 12 項までの和を求める問題となる.

$15000 + (15000 + 100) + (15000 + 200) + (15000 + 300)$
$+ (15000 + 400) + (15000 + 500) + (15000 + 600)$
$+ (15000 + 700) + (15000 + 800) + (15000 + 900)$
$+ (15000 + 1000) + (15000 + 1100)$

より，答えは，186600 円.

2.5（32 ページ）

$\displaystyle\sum_{k=1}^{7} k^2$

2.6（32 ページ）

(1) $\displaystyle\sum_{k=1}^{5}(2k - 1)$　　(2) $\displaystyle\sum_{k=1}^{4} k^2$

(3)（左から順に）4, 8, 16　　(4)（左から順に）1, 4, 7

2.7（32 ページ）

(1) $\displaystyle\sum_{k=3}^{8} a_k = 2 + 0 + 8 + 1 + 2 + 2 = 15$

(2) $\displaystyle\sum_{k=1}^{5} a_{2k-1} = 4 + 2 + 8 + 2 + 3 = 19$

2.8（32 ページ）

2020 年 4 月 1 日時点での大阪府における 0 才から 120 才までの人口の和（2020 年 4 月 1 日時点での大阪府の総人口）

2.9（32 ページ）

(1) $\displaystyle\frac{1}{80}\sum_{k=1}^{80} t_k$　　(2) $\displaystyle\frac{1}{40}\sum_{k=1}^{40} t_{2k}$

2.10（32 ページ）

n ヶ月目の月間給与は $\{750 + 5(n - 1)\} \times 20$ 円と表されるので，

$$
\sum_{k=1}^{12}\{15000 + 100(k-1)\} = \sum_{k=1}^{12} 15000 + 100\sum_{k=1}^{12} k - \sum_{k=1}^{12} 100
$$
$$
= 15000 \times 12 + 100 \times \frac{12 \times 13}{2} - 100 \times 12
$$
$$
= 186600 \text{（円）}
$$

2.11（33 ページ）

(1)

	2015 年	2016 年
売り上げ総額（万円）	1000	$1000 \cdot 2$
人件費（万円）	500	$500 + 400$
その他経費（万円）	400	$400 + 300$

	2017 年	2018 年
売り上げ総額（万円）	$1000 \cdot 2^2$	$1000 \cdot 2^3$
人件費（万円）	$500 + 400 \cdot 2$	$500 + 400 \cdot 3$
その他経費（万円）	$400 + 300 \cdot 2$	$400 + 300 \cdot 3$

	2019 年	2020 年
売り上げ総額（万円）	$1000 \cdot 2^4$	$1000 \cdot 2^5$
人件費（万円）	$500 + 400 \cdot 4$	$500 + 400 \cdot 5$
その他経費（万円）	$400 + 300 \cdot 4$	$400 + 300 \cdot 5$

(2) $a_n = 1000 \cdot 2^{n-1} - \{500 + 400(n - 1)\}$
　　　　$- \{400 + 300(n - 1)\}$

(3) (2) より，$a_n = 1000 \cdot 2^{n-1} - 700n - 200$ と表せるので，$\displaystyle\sum_{k=1}^{6}\left(1000 \cdot 2^{k-1} - 700k - 200\right)$

(4) 4 億 7100 万円.

2.12（33 ページ）

(1) 5　　(2) -92　　(3) $\dfrac{127}{128}\left(=1-\dfrac{1}{128}\right)$

(4) 378　　(5) $\dfrac{190463}{1024}\left(=186-\dfrac{1}{1024}\right)$　　(6) 9700

2.13（42 ページ）

(1)

月	残高（万円）
0 ヶ月後	1000
1 ヶ月後	$1000 \times 1.002 - 5 = 997$
2 ヶ月後	$997 \times 1.002 - 5 = 993.994$
3 ヶ月後	$993.994 \times 1.002 - 5 = 990.982$

(2) 借りた月を 0 ヶ月後として，n ヶ月後の借入残高を a_n 万円とおくと，$a_{n+1} = 1.002a_n - 5$, $a_0 = 1000$.

(3) $a_n = 2500 - 1500 \cdot 1.002^n$

(4) 256 ヶ月後．総返済額は約 1280 万円．

(5)（ア）完済まで 347 ヶ月（約 29 年間）で，総返済額は約 1388 万円．（イ）完済まで 144 ヶ月（12 年間）で，総返済額は約 1152 万円．

2.14（42 ページ）

(1) 買い物をした月を 0 ヶ月後として，n ヶ月後の支払い残額を a_n（万円）とすると，$a_0 = 20$, $a_{n+1} = 1.01a_n - 0.5$.

(2) $a_n = 50 - 30 \times 1.01^n$

(3) 52 ヶ月後に支払いが完了し（支払い回数は 52 回），支払い総額はおよそ 26 万円．

2.15（42 ページ）

飲み始めた時点から $12n$ 時間後の体内のカフェイン量を a_n（mg）とすると，$a_{n+1} = 0.2a_n + 100$, $a_0 = 100$. $a_n = 125 - 25 \cdot 0.2^n$ より，1 日後 124 mg $(n = 2)$，2 日後 124.96 mg $(n = 4)$，3 日後 124.998 mg $(n = 6)$，10 日後約 125 mg $(n = 20)$.

2.16（42 ページ）

2017 年度末から n 年後の年度末における本州以南のニホンジカの頭数を a_n（万頭）とする．毎年 20% 増え，そこから捕獲数 60 万頭を引くと考えると，$a_0 = 244$, $a_{n+1} = 1.2a_n - 60$. $a_n = 300 - 56 \times 1.2^n$, $a_6 \fallingdotseq 132.78$, $a_7 \fallingdotseq 99.34$ より，目標達成は 2017 年度から 7 年後の 2024 年度.

2.17（46 ページ）

(1) 限りなく 0 に近づく．　　(2) 限りなく大きくなる．

(3) 限りなく 0 に近づく．

(4) 絶対値が大きくなりながら，正と負の値を交互に繰り返すので，どこにも近づかない．

(5) 限りなく 0 に近づく．　　(6) 限りなく 1 に近づく．

2.18（47 ページ）

(1) $\displaystyle\lim_{n \to \infty} 0.95^n = 0$　　(2) $\displaystyle\lim_{n \to \infty} 1.05^n = \infty$

(3) $\displaystyle\lim_{n \to \infty} (-0.9)^n = 0$　　(4) 振動する

(5) $\displaystyle\lim_{n \to \infty} \dfrac{1}{n^2} = 0$　　(6) $\displaystyle\lim_{n \to \infty}\left(1 + \dfrac{1}{n}\right) = 1$

2.19（54 ページ）

飲み始めた時点から $12n$ 時間後の体内のカフェイン量を a_n（mg）とすると，$a_{n+1} = 0.2a_n + 50$, $a_0 = 50$. $a_n = 62.5 - 12.5 \cdot 0.2^n$ より，$\displaystyle\lim_{n \to \infty} a_n = 62.5$. ずっと飲み続けると，体内のカフェインの量は 62.5 mg に近づいていく．

2.20（54 ページ）

(1) 下図より，$\displaystyle\lim_{n \to \infty} a_n = \infty$

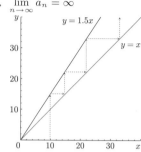

(2) 下図より，$\displaystyle\lim_{n \to \infty} a_n = 0$

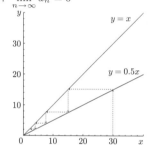

2.21（54 ページ）

(1) 下図より，$\displaystyle\lim_{n \to \infty} a_n = -\infty$

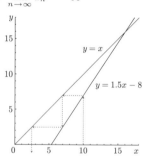

(2) 下図より，$\displaystyle\lim_{n \to \infty} a_n = 16$

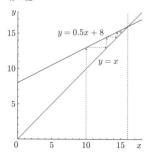

2.22（54 ページ）

$y = x$ との交点の x 座標を $x = a$ とすると，下図より，待ち人数は a に近づいていく.

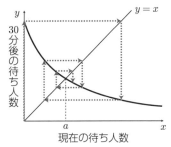

第 3 章

3.1（67 ページ）

$$\begin{pmatrix} 10 & 1 & 1 \\ 6 & 2 & 1 \\ 3 & 2 & 2 \end{pmatrix} \begin{pmatrix} 10 & 5.5 \\ 50 & 38 \\ 100 & 100 \end{pmatrix}$$

3.2（68 ページ）

$$\begin{pmatrix} 77316 & 13170 \\ 52217 & 9113 \\ 41300 & 11553 \\ 46889 & 9699 \end{pmatrix} \begin{pmatrix} 766 \\ 432 \end{pmatrix}$$

3.3（68 ページ）

$$\begin{pmatrix} 1113 & 497 & 818 & 583 \\ 1029 & 651 & 577 & 390 \\ 964 & 629 & 264 & 696 \\ 731 & 637 & 352 & 429 \end{pmatrix} \begin{pmatrix} 1 \\ 0.5 \\ 0.3 \\ 0.2 \end{pmatrix}$$

3.4（69 ページ）

(1) $\begin{pmatrix} 3 \\ 1 \\ 4 \end{pmatrix}$　　(2) $\begin{pmatrix} 1 \\ -4 \\ 1 \end{pmatrix}$　　(3) 1　(4) 0

(5) $\begin{pmatrix} 9 \\ 16 \end{pmatrix}$　(6) $\begin{pmatrix} 10 \\ 10 \\ 12 \end{pmatrix}$　(7) $\begin{pmatrix} 8 & 7 \\ 9 & 16 \end{pmatrix}$

(8) $\begin{pmatrix} 4 & 4 & 3 \\ 7 & 7 & 8 \\ 3 & 3 & 5 \end{pmatrix}$　(9) $\begin{pmatrix} 13 & 8 \\ 8 & 5 \end{pmatrix}$　(10) $\begin{pmatrix} 4 & 4 & 5 \\ 5 & 5 & 6 \\ 8 & 9 & 12 \end{pmatrix}$

3.5（69 ページ）

(1) $\begin{cases} 5x + 2y + z = 5 \\ x + y + 2z = 1 \\ 2x + z = 1 \end{cases}$

(2) $\begin{pmatrix} 2 & 3 & 1 \\ -1 & 7 & -3 \\ 3 & 2 & 2 \end{pmatrix} \begin{pmatrix} x \\ y \\ z \end{pmatrix} = \begin{pmatrix} 0 \\ 0 \\ 1 \end{pmatrix}$

3.6（79 ページ）

(1) $\begin{pmatrix} 0 & 1 & 1 & 0 & 0 \\ 1 & 0 & 0 & 1 & 0 \\ 1 & 0 & 0 & 1 & 0 \\ 0 & 1 & 1 & 0 & 1 \\ 0 & 0 & 0 & 1 & 0 \end{pmatrix}$　(2) 次数の大きい順に，次数

3…D, 次数2…A, B, C, 次数1…E.　　(3) $R^2 =$

$$\begin{pmatrix} 2 & 0 & 0 & 2 & 0 \\ 0 & 2 & 2 & 0 & 1 \\ 0 & 2 & 2 & 0 & 1 \\ 2 & 0 & 0 & 3 & 0 \\ 0 & 1 & 1 & 0 & 1 \end{pmatrix}, R^3 = \begin{pmatrix} 0 & 4 & 4 & 0 & 2 \\ 4 & 0 & 0 & 5 & 0 \\ 4 & 0 & 0 & 5 & 0 \\ 0 & 5 & 5 & 0 & 3 \\ 2 & 0 & 0 & 3 & 0 \end{pmatrix}$$

より，各メンバー間の距離は，

	A	B	C	D	E	合計
A	0	1	1	2	3	7
B	1	0	2	1	2	6
C	1	2	0	1	2	6
D	2	1	1	0	1	5
E	3	2	2	1	0	8

であるから，他メンバーへの距離の総和が小さいほうから順に，距離の総和5…D, 6…B, C, 7…A, 8…E.

3.7（79 ページ）

(1) $\begin{pmatrix} 0 & 1 & 1 & 0 & 0 \\ 1 & 0 & 1 & 0 & 0 \\ 1 & 1 & 0 & 1 & 0 \\ 0 & 0 & 1 & 0 & 1 \\ 0 & 0 & 0 & 1 & 0 \end{pmatrix}$　(2) 次数の大きい順に，次数

3…C, 次数2…A, B, D, 次数1…E.　　(3) $R^2 =$

$$\begin{pmatrix} 2 & 1 & 1 & 1 & 0 \\ 1 & 2 & 1 & 1 & 0 \\ 1 & 1 & 3 & 0 & 1 \\ 1 & 1 & 0 & 2 & 0 \\ 0 & 0 & 1 & 0 & 1 \end{pmatrix}, R^3 = \begin{pmatrix} 2 & 3 & 4 & 1 & 1 \\ 3 & 2 & 4 & 1 & 1 \\ 4 & 4 & 2 & 4 & 0 \\ 1 & 1 & 4 & 0 & 2 \\ 1 & 1 & 0 & 2 & 0 \end{pmatrix}$$

より，各メンバー間の距離は，

	A	B	C	D	E	合計
A	0	1	1	2	3	7
B	1	0	1	2	3	7
C	1	1	0	1	2	5
D	2	2	1	0	1	6
E	3	3	2	1	0	9

であるから，他メンバーへの距離の総和が小さいほうから順に，距離の総和5…C, 6…D, 7…A, B, 9…E.

3.8（80 ページ）

次数はメディチ家が6で最大，距離の総和もメディチ家

が25で最小であり，次数，距離の総和という二つの指標で
メディチ家が1位となっている．これは，メディチ家が有
力一族の婚姻ネットワークの中で中心的位置を占めているこ
とを示しており，このことがメディチ家に権力をもたらした
一因と考えられる．

第4章

4.1（89ページ）

(1) $r = 0.8409$（小数第五位を四捨五入）.

(2) 小数第二位を四捨五入すると，以下のような表になる.

t	1	2	3	4	5
y	84.1	70.7	59.5	50.0	42.0
t	6	7	8	9	10
y	35.4	29.7	25.0	21.0	17.7
t	11	12	13	14	15
t	14.9	12.5	10.5	8.8	7.4

(3)

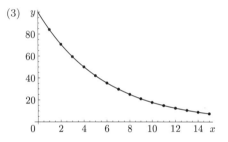

4.2（92ページ）

マイワシのグラフのデータは，0〜50(Bq/kg-wet)とい
う狭い範囲に収まっているので，通常の目盛りのグラ
フで十分であるが，コウナゴ・シラスのデータは，2〜
20000(Bq/kg-wet)という桁数が大きく違う範囲に幅広く散
らばっているため，対数目盛りが適している．

4.3（95ページ）

(1) $32, 5, 5$　　(2) $27, 3, 3$　　(3) $\dfrac{1}{8}, -3, -3$

(4) $\dfrac{1}{9}, -2, -2$

4.4（96ページ）

(1) $2, 2, \dfrac{1}{3}, \dfrac{1}{3}$　　(2) $3, 3, \dfrac{1}{3}, \dfrac{1}{3}$　　(3) $4, 4, \dfrac{1}{2}, \dfrac{1}{2}$

4.5（96ページ）

(1) 4　　(2) -2　　(3) -3　　(4) 6　　(5) 4　　(6) 0

(7) -2　　(8) $\dfrac{1}{2}$　　(9) -3

4.6（97ページ）

(1) 2　　(2) -2　　(3) 3　　(4) 3

4.7（97ページ）

(1) 2.699　　(2) -0.301　　(3) 0.05　　(4) 5000

4.8（98ページ）

(1), (2)

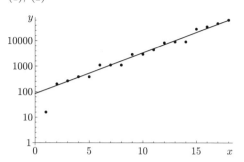

(3) (2) の直線の傾きが約 0.16，y 切片が約 85（y 切片の対
数値が約 1.93）と読み取れるとき，$\log_{10} y = \log_{10} 85 + 0.16x$ であるから，$y = 85 \times 10^{0.16x}$.

4.9（99ページ）

(1), (2)

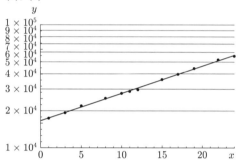

(3) (2) の直線の傾きが約 0.02，y 切片が約 16600（y 切
片の対数値が約 3.22）と読み取れるとき，$\log_{10} y = \log_{10} 16600 + 0.02x$ であるから，$y = 16600 \times 10^{0.02x}$.

4.10（100ページ）

(1) 経過時間に対するビールの泡の高さの変化が，片対数グ
ラフでほぼ直線的になっているから．

(2) 0秒後と210秒後の点を結ぶ直線を引いて考える
と，傾きが $\dfrac{0.55 - 1.15}{210} \fallingdotseq -0.00286$，$y$ 切片が $10^{1.15}$（y
切片の対数値では 1.15）と読み取れるので，$\log_{10} y = -0.00286x + 1.15$ より，$y = 10^{-0.00286x+1.15}(= 14.13 \times 0.9934^x)$.

4.11（100ページ）

(1) $10^{5.04} \fallingdotseq 109648$　　(2) (c). $10^{4.7} - 10^{4.6} \fallingdotseq 10308$

(3) 30日目〜90日目までの期間，指数関数的に増加してい
た（第1次の感染拡大期）のが，緊急事態宣言発令から約
1週間経った90日目あたりから感染者数の増加が落ち着き
はじめ，170日目まで感染者の増加が抑えられている（感
染拡大抑制期）が，緊急事態解除宣言から約40日経った
170日目あたりから再び感染拡大が始まり（第2次の感染
拡大期），その約半月後に「Go To トラベル」事業が開始
されている．その後，220日目あたりで変化が見られるが，

170 日目〜220 日目，220 日目〜300 日目それぞれで指数関数的に増加している．1 月 16 日を 1 日目とするときの x 日目の感染者数を y（人）とし，30 日目〜90 日目の期間での $\log_{10} y$ と x の関係を，傾き 0.04 で $(x, \log_{10} y) = (30, 1.5)$ を通る直線とみなすと，$\log_{10} y = 0.04(x - 30) + 1.5$ より，$y = 10^{0.04x+0.3}(= 2.0 \times 1.096^x)$，170 日目〜220 日目の期間を，傾き 0.01 で $(x, \log_{10} y) = (170, 4.3)$ を通る直線とみなすと，$\log_{10} y = 0.01(x - 170) + 4.3$ より，$y = 10^{0.01x+2.6}(= 398.1 \times 1.023^x)$，また，220 日目以降を，傾き 0.003 で $(x, \log_{10} y) = (220, 4.8)$ を通る直線とみなすと，$\log_{10} y = 0.003(x - 220) + 4.8$ より，$y = 10^{0.003x+4.14}(= 13803.8 \times 1.0069^x)$ という指数関数的な増加となっている．

4.12（101 ページ）

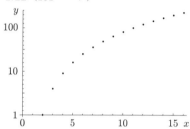

$y = x^2$ の片対数グラフ

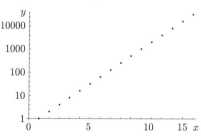

$y = 2^x$ の片対数グラフ

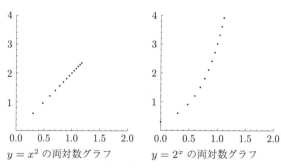

$y = x^2$ の両対数グラフ　　$y = 2^x$ の両対数グラフ

$y = x^2$ のグラフは，片対数グラフでは直線にならないが，両対数グラフでは直線になる．

4.13（101 ページ）

$\log_{10} y = 0.1170 \log_{10} x + 1.1402$ より，$y = 10^{1.1402} x^{0.1170}(= 13.81 x^{0.117})$

4.14（107 ページ）

(1) f　　(2) d　　(3) e　　(4) c　　(5) b

4.15（107 ページ）

(1), (2)

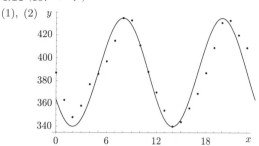

4.16（108 ページ）

ア 2.35　　イ 365　　ウ 80　　エ 12.2

4.17（109 ページ）

(1), (2) 略．

(3)

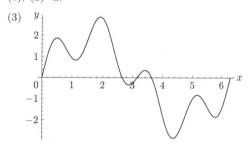

4.18（109 ページ）

周期を x とすると，$0.582 = \dfrac{2\pi}{x}$ より，$x = 10.795\cdots$．周期は約 10.8 年．

4.19（116 ページ）

$\dfrac{4.0}{10^{13}} = \dfrac{1.2}{10^{12}} \times \left(\dfrac{1}{2}\right)^{\frac{t}{5730}}$ の両辺の対数をとって方程式を解くと，$t = 9083.1$．約 9100 年前．

4.20（117 ページ）

(1)（順に）30, 16.5, 20, 28, 16.5, 20　　(2) $\dfrac{10}{16.5}$, 0.8, 10, 16.5, 0.8　　(3) 10, 16.5, 0.8, 2.24, 2 時間 15 分

4.21（120 ページ）

(1) $a = \dfrac{1}{360000}$　　(2) $y = 54x - \dfrac{3}{200}x^2$　　(3) 1800 本製造するとき，利益は 48600 円で最大となる．また，このときの従業員数は 9 人である．

4.22（120 ページ）

(1) 最大値 41（$x = -2$），最小値 -7（$x = 2$）

(2) 最大値 19（$x = 4$），最小値 -17（$x = 10$）

(3) 最大値 20（$x = 0$），最小値 -155（$x = 5$）

第5章

5.1（127 ページ）

コインを 1 回投げて表か裏が出る試行は，互いに独立であるから，裏が続けて 5 回出ても，次に表が出る確率は $\frac{1}{2}$ である．

5.2（127 ページ）

土日とも，雨が降る確率も雨が降らない確率も 50% であるから，土日とも雨の降らない確率が $0.5^2 = 0.25$（％）となり，「どちらかは雨が降る」とはいえない．

5.3（128 ページ）

どの順番で引こうと，$\frac{1}{200}$ の確率で 200 の場所のうちのどれかを引くことになるので，くじを引く順番をくじで決めることで公平性は変わらない．

5.4（128 ページ）

10 個のオマケがすべて異なる確率は，

$$\frac{59}{60} \times \frac{58}{60} \times \frac{57}{60} \times \cdots \times \frac{51}{60} \fallingdotseq 0.452$$

であるので，10 個の中に同じオマケがある確率は，

$$1 - 0.452 = 0.548.$$

5.5（128 ページ）

誰かが開けてしまう確率は 1−[100 人全員が開けない確率]で計算できる．$1 - (0.97)^{100} = 0.952\cdots$ より，95% を超える．

5.6（128 ページ）

$$\frac{[\text{合格かつ A 判定だった人の割合}]}{[\text{A 判定だった人の割合}]} = \frac{0.1 \times 0.9}{0.9 \times 0.2 + 0.1 \times 0.9}$$
$= \frac{1}{3}(= 0.333\cdots)$ より，A 判定だった人の合格する見込みは 33.3% である．

5.7（131 ページ）

目撃者が青だと言ったときに実際に青色である確率を求める．青と回答するのは，実際に青色で正しく青と回答する場合と，実際には緑色なのに青と回答する場合があることに注意すると，$\frac{0.15 \times 0.8}{0.15 \times 0.8 + 0.85 \times 0.2} = 0.4137\cdots$．よって，目撃者が見た車が本当に青色だった可能性は約 41.4% である．

5.8（132 ページ）

129〜130 ページと同様に考えると，40〜44 歳は，

$$\frac{0.00122 \times 0.734}{0.00122 \times 0.734 + (1 - 0.00122) \times (1 - 0.877)} \fallingdotseq 0.007$$

（0.7%）．同様にして，45〜49 歳は 0.013（1.3%），50〜54 歳は 0.019（1.9%），55〜59 歳は 0.027（2.7%）．

5.9（132 ページ）

(1)

	遅刻する確率	遅刻しない確率
信頼できる人の場合	$\frac{1}{10}$	$\frac{9}{10}$
信頼できない人の場合	$\frac{1}{2}$	$\frac{1}{2}$

(2) 信頼できる人である確率が $\frac{1}{2}$ であることに注意すると，

$$\frac{\frac{1}{2} \times \frac{1}{10}}{\frac{1}{2} \times \frac{1}{10} + \frac{1}{2} \times \frac{1}{2}} = \frac{1}{6}$$

(3) 信頼できる人である確率が $\frac{1}{6}$ となっていることに注意すると，

$$\frac{\frac{1}{6} \times \frac{9}{10}}{\frac{1}{6} \times \frac{9}{10} + \frac{5}{6} \times \frac{1}{2}} = \frac{9}{34}$$

(4) 信頼できる人である確率が $\frac{9}{34}$ となっていることに注意すると，

$$\frac{\frac{9}{34} \times \frac{1}{10}}{\frac{9}{34} \times \frac{1}{10} + \frac{25}{34} \times \frac{1}{2}} = \frac{9}{134}$$

5.10（133 ページ）

A を探して見つからなかったときの，B に流されている確率は，分子＝「B に流された割合」，分母＝「A にいるのに見逃した割合」＋「B に流された割合」として求められる．

$$\frac{0.3}{0.7 \times 0.2 + 0.3} \fallingdotseq 0.68$$

よって，B に流されている確率は 0.68 となるので，翌日は B を捜索したほうがよい．

第6章

6.1（141 ページ）

推移行列は $\begin{pmatrix} 0.9 & 0.2 \\ 0.1 & 0.8 \end{pmatrix}$．1 年後の生息密度は A 地区 18.2 頭/km²，B 地区 7.8 頭/km²，2 年後の生息密度は A 地区 17.9 頭/km²，B 地区 8.1 頭/km²，3 年後の生息密度は A 地区 17.7 頭/km²，B 地区 8.3 頭/km² である．（小数第二位を四捨五入）

6.2（146 ページ）

(1) $a = \frac{8}{7}x - \frac{2}{7}y, \ b = -\frac{1}{7}x + \frac{9}{7}y$

(2) $Q = \begin{pmatrix} \frac{8}{7} & -\frac{2}{7} \\ -\frac{1}{7} & \frac{9}{7} \end{pmatrix}$

(3) 略.　　　(4) 略.　　　(5) 1 年前の生息密度は A 地区 19.1 頭/km²，B 地区 6.9 頭/km²，2 年前の生息密度は A 地区 19.9 頭/km²，B 地区 6.1 頭/km²．

6.3（148 ページ）

(1) 亜成鳥と成鳥の個体数を表すベクトル $\begin{pmatrix} \text{亜成鳥} \\ \text{成鳥} \end{pmatrix}$ の推移を表す推移行列は，$\begin{pmatrix} 0.333 & 0.730 \\ 0.167 & 0.857 \end{pmatrix}$.

(2) 1 年後は亜成鳥 99 羽, 成鳥 94 羽, 2 年後は亜成鳥 101 羽, 成鳥 97 羽であり, 3 年後は亜成鳥 105 羽, 成鳥 100 羽である.（計算は小数第二位まで求め, 小数第一位を四捨五入.）

(3) $P^{-1} = \begin{pmatrix} 5.243 & -4.466 \\ -1.022 & 2.037 \end{pmatrix}$

(4) 1 年前は亜成鳥 122 羽, 成鳥 81 羽であり, 2 年前は亜成鳥 279 羽, 成鳥 40 羽である.（計算は小数第二位まで求め, 小数第一位を四捨五入.）

6.4（152 ページ）

推移行列 $P = \begin{pmatrix} 0.7 & 0.2 \\ 0.3 & 0.8 \end{pmatrix}$ と $\boldsymbol{x} = \begin{pmatrix} x \\ y \end{pmatrix}$ に対して, $P\boldsymbol{x}$, $P^2\boldsymbol{x}$, $P^3\boldsymbol{x}$ を求めると（小数となるものもそのままにしておく）, $(x, y) = (220, 180)$ のとき, $(190, 210)$, $(175, 225)$, $(167.5, 232.5)$. $(x, y) = (150, 50)$ のとき, $(115, 85)$, $(97.5, 102.5)$, $(88.75, 111.25)$. $(x, y) = (60, 180)$ のとき, $(78, 162)$, $(87, 153)$, $(91.5, 148.5)$. $(x, y) = (100, 230)$ のとき, $(116, 214)$, $(124, 206)$, $(128, 202)$.

6.5（157 ページ）

$\begin{pmatrix} 200 \\ 200 \end{pmatrix}$ は, 固有値 1 の固有ベクトル $\begin{pmatrix} 160 \\ 240 \end{pmatrix}$ と固有値 0.5 の固有ベクトル $\begin{pmatrix} 40 \\ -40 \end{pmatrix}$ の和として, $\begin{pmatrix} 200 \\ 200 \end{pmatrix} = \begin{pmatrix} 160 \\ 240 \end{pmatrix} + \begin{pmatrix} 40 \\ -40 \end{pmatrix}$ と表せるので, この傾向が続くと, 2 ヶ所の駐車場の台数は, 正門脇 160 台, 講義棟前 240 台に近づいていく.

6.6（158 ページ）

(1) $\begin{pmatrix} 0.85 & 0.70 \\ 0.15 & 0.30 \end{pmatrix}$　　(2) 略　　(3) $\begin{pmatrix} 100 \\ 70 \end{pmatrix} = 10\begin{pmatrix} 14 \\ 3 \end{pmatrix} + 40\begin{pmatrix} -1 \\ 1 \end{pmatrix}$ と表せるから, n 年後は $P^n\begin{pmatrix} 100 \\ 70 \end{pmatrix} = 10\begin{pmatrix} 14 \\ 3 \end{pmatrix} + 0.15^n \cdot 40\begin{pmatrix} -1 \\ 1 \end{pmatrix}$. n を大きくすると 0.15^n は 0 に近づくので, $P^n\begin{pmatrix} 100 \\ 70 \end{pmatrix}$ は $10\begin{pmatrix} 14 \\ 3 \end{pmatrix}$ に近づく. よって, 営業中の店舗数と空き店舗数は, それぞれ 140 と 30 に近づいていく.

6.7（158 ページ）

(1) 略　　(2) 略　　(3) $\begin{pmatrix} 65 \\ 35 \end{pmatrix} = \begin{pmatrix} 73 \\ 27 \end{pmatrix} + 8\begin{pmatrix} -1 \\ 1 \end{pmatrix}$ と表せるから, 2003 年の $5n$ 年後は $P^n\begin{pmatrix} 65 \\ 35 \end{pmatrix} = \begin{pmatrix} 73 \\ 27 \end{pmatrix} + 0.5^n \cdot 8\begin{pmatrix} -1 \\ 1 \end{pmatrix}$. n を大きくすると 0.5^n は 0 に近づくので, $P^n\begin{pmatrix} 65 \\ 35 \end{pmatrix}$ は $\begin{pmatrix} 73 \\ 27 \end{pmatrix}$ に近づく. よって, 現在中心の人と未来中心の人の割合はそれぞれ 73%, 27% に近づく.

6.8（160 ページ）

例題 6.1：固有値は 1, 0.892361, 0.847639. それぞれの固有値に対応する固有ベクトルは, 順に,

$$\begin{pmatrix} -0.526578 \\ -0.631894 \\ -0.568705 \end{pmatrix}, \begin{pmatrix} -0.5 \\ 0.809017 \\ -0.309017 \end{pmatrix}, \begin{pmatrix} -0.5 \\ -0.309017 \\ 0.809017 \end{pmatrix}.$$

6.1.3 項（グリーンアノールの個体数の推移行列）：実数の固有値は 1.19041 のみ. 固有値 1.19041 の固有ベクトルは, $\begin{pmatrix} 0.933431 \\ 0.344701 \\ 0.0954695 \\ 0.0267302 \\ 0.00763457 \end{pmatrix}$.

演習 6.1：固有値は 1, 0.7. それぞれの固有値に対応する固有ベクトルは, 順に, $\begin{pmatrix} 0.894427 \\ 0.447214 \end{pmatrix}$, $\begin{pmatrix} -0.707107 \\ 0.707107 \end{pmatrix}$.

6.2 節（表 6.5）：固有値は 1.30623 と -0.306226. それぞれの固有値に対応する固有ベクトルは, 順に, $\begin{pmatrix} 0.956172 \\ 0.292805 \end{pmatrix}$, $\begin{pmatrix} -0.60788 \\ 0.794029 \end{pmatrix}$.

演習 6.3：固有値は 1.03152 と 0.158475. それぞれの固有値に対応する固有ベクトルは, 順に, $\begin{pmatrix} -0.722511 \\ -0.691359 \end{pmatrix}$, $\begin{pmatrix} -0.972591 \\ 0.232522 \end{pmatrix}$.

6.9（161 ページ）

東口に x 台, 西口に y 台おくとして, 台数の定常状態を求めればよい.

$$\begin{cases} 0.7x + 0.1y = x \\ 0.3x + 0.9y = y \\ x + y = 200 \end{cases}$$

を解いて, $x = 50, y = 150$.

6.10（174 ページ）

(1)
(2) $\begin{pmatrix} 41.0 & 41.5 \\ 41.5 & 74.4 \end{pmatrix}$

(3) 固有値は 102.434, 12.966. 固有値 102.434 の固有ベクトルとして $\begin{pmatrix} 0.560 \\ 0.829 \end{pmatrix}$, 固有値 12.966 の固有ベクトルとして $\begin{pmatrix} -0.829 \\ 0.560 \end{pmatrix}$ がとれる.（固有値, 固有ベクトルともに小数第四位を四捨五入）　　(4) 計算問題の点数を x, 文章題の点数を y とするとき, 主成分得点の式は

$0.560x + 0.829y$ となる．A$\cdots$50.6，B$\cdots$36.7，C$\cdots$46.7，D$\cdots$57.8，E$\cdots$35.0，F$\cdots$43.9，G$\cdots$28.4，H$\cdots$58.3 より，上位から順に，H，D，A，C，F，B，E，G．

第7章

7.1（180 ページ）
(1)

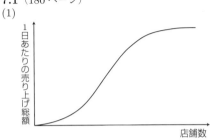

(2) 人気がどんどん上がっていく間は，店舗数の増加に対する売り上げ総額の増加の割合も上がっていくので，売り上げ総額の増加率を表す $f'(x)$ の値は大きくなっていくが，当初ほどの人気がなくなってくると，売り上げ総額の増加率が鈍り始めるので，$f'(x)$ の値は減り始める．
(3) $f'(1000)$ は，店舗数が 1000 の状態から 1 店舗増やしたときの売り上げ総額の増加額を意味する．

7.2（180 ページ）
(1) 心拍数 100 から心拍数を 1 だけ上げたとき，どれだけ脂肪燃焼率が増加するかを意味する．
(2) $f'(100)$ が正の値であるから，心拍数を上げると脂肪燃焼率も上がる．よって，もっときつくしてよい．

7.3（190 ページ）
(1) $3x^2 - 6x + 2$　　(2) $20x^3 + 10x^4$　　(3) $2x - \dfrac{3}{x^2}$
(4) $-\dfrac{1}{(x+1)^2}$

7.4（195 ページ）
2000 個．（1 回あたりの発注量を x，発注費用と在庫管理費用を合わせた 1 年間の総費用を y（円）とおくと，$y = \dfrac{16000}{x} \times 10000 + \dfrac{x^2}{100}$，$y' = -\dfrac{160000000}{x^2} + \dfrac{x}{50}$ で，$x = 2000$ のとき $y' = 0$，$x < 2000$ のとき $y' < 0$，$x > 2000$ のとき $y' > 0$．）

7.5（196 ページ）
$\dfrac{e^{0.1} - e^0}{0.1} = 1.05171$，$\dfrac{e^{0.01} - e^0}{0.01} = 1.00502$，
$\dfrac{e^{0.001} - e^0}{0.001} = 1.00050$，$\dfrac{e^{0.0001} - e^0}{0.0001} = 1.00005$．（小数第六位を四捨五入．また，$e^0 = 1$ であることに注意．）

7.6（198 ページ）
(1) $y' = \dfrac{e^{-x}}{(1 + e^{-x})^2}$　　(2) $y'' = \dfrac{e^{-x}(e^{-x} - 1)}{(1 + e^{-x})^3}$
(3) $x = 0$ のとき $y'' = 0$ で，y' が最大になる．

7.7（201 ページ）
$y = \cos x$ のグラフで傾きが -1，-0.5，0，0.5，1 となるところを調べて，傾きのグラフを描くと $y = -\sin x$ のグラフが得られる．

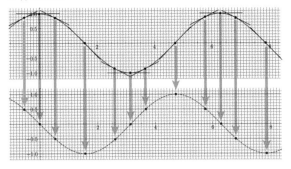

7.8（201 ページ）
午前 5 時と午後 5 時に潮位上昇速度 24.9 cm/h で最大となる．

7.9（204 ページ）
x 時間後の毎時放射線量 y（μSv/h）は x の関数であるから，$y = f(x)$ と表せる．測り始めてから 30 日間に放出された放射線の総量は，関数 $y = f(x)$ を $x = 0$ から $x = 720 (= 30 \times 24)$ まで積分した値となる．

7.10（204 ページ）
二酸化炭素の量が安定しているかどうかは，1 日全体を通してみたとき，二酸化炭素の増減が 0 であるかどうかを調べればよい．午前 0 時から x 分後における金魚の 1 分あたりの二酸化炭素排出量（mg/min）を表す関数を $f(x)$，午前 0 時から x 分後における水草の 1 分あたりの二酸化炭素排出量（mg/min）を表す関数を $g(x)$ とおく．このとき，1 日全体での水槽の中の二酸化炭素の増加量は，$f(x) + g(x)$ を $x = 0$ から $x = 1440 (= 24 \times 60)$ まで積分した値となるので，二酸化炭素の量が安定しているかどうかは，この積分値が 0 であるかどうかを調べればよい．

7.11（204 ページ）
起業時点から a ヶ月後までの累積営業利益は，$\displaystyle\int_0^a f(x)dx$ で表される．この積分値がマイナスである間は累積赤字の状態である．したがって，$\displaystyle\int_0^a f(x)dx$ がマイナスからプラスに変わる a が，累積赤字を解消できる月となる．

7.12（205 ページ）
k(cm) から $k + 1$(cm) の間の内臓脂肪の体積が $F(k) \times 1$(cm^3) で近似できることから（1 は k から $k + 1$ までの幅），$\displaystyle\int_0^{20} F(x)dx \fallingdotseq \sum_{k=0}^{19} F(k) \times 1.0 = 2.60 + 7.90 + 16.50 + \cdots + 25.60 = 1962.4$．（$\displaystyle\sum_{k=1}^{20} F(k) \times 1.0 = 1971.8$ でもよい．）

7.13（205 ページ）

0 時から 2 時間ごとの二酸化炭素排出量は，金魚が，0.28，0.28，0.27，0.27，0.35，0.43，0.45，0.50，0.40，0.40，0.40，0.35，水草が，0.05，0.08，0.10，-0.07，-0.38，-0.75，-1.25，-1.25，-0.90，-0.13，0.02，0.08 と読み取れる．演習 7.10 の解答のように $f(x)$，$g(x)$ をおくと，$\int_0^{1440}(f(x)+g(x))dx \fallingdotseq \sum_{k=0}^{11}120(f(120k)+g(120k)) = -2.4$．（グラフの値の読み取りには誤差が生じるので，値が少しずれてもよい．）

7.14（211 ページ）

導関数は（イ），原始関数は（ウ）．

7.15（211 ページ）

(1) 尿量は (b)，尿流率は (a)　　(2) (a) は (b) の微分である．

7.16（215 ページ）

(1) $\dfrac{21}{4}$　　(2) $31+e^2-e$　　(3) 2　　(4) 2

(5) $1-\dfrac{1}{e}$　　(6) $1-\dfrac{2}{e}$

7.17（215 ページ）30 日間は，$30 \times 24 = 720$（時間）なので，$y = 1625e^{-0.008x}+18$ を $x=0$ から $x=720$ まで積分すればよい．

$$\int_0^{720}(1625e^{-0.008x}+18)dx$$
$$= \left[-\frac{1625}{0.008}e^{-0.008x}+18x\right]_0^{720} = 215445\,(\mu Sv)$$

7.18（215 ページ）$y = 1444\sin(0.26(x-10))+4427$ を $x=0$ から $x=48$ まで積分すればよい．

$$\int_0^{48}(1444\sin(0.26(x-10))+4427)dx$$
$$= [-5553.85\cos(0.26(x-10))+4427x]_0^{48}$$
$$= 212725\,(\text{万 kWh})$$

（kWh はキロワット時とよむ．1 kW の電力を 1 時間消費した電力の総量を 1 kWh で表す電力量の単位である．）

第 8 章 ▬▬▬▬▬▬▬▬▬▬▬

8.1（219 ページ）

平均肺活量は，年齢が低いほど大きく，身長が高いほど大きい．体重は平均肺活量には関係しない．（一般に，成人男性については，平均肺活量 (cc) = $(27.63 - 0.112 \times$ 年齢$) \times$ 身長 (cm) という式が肺活量の予測式として用いられる（バルドウィンの標準肺活量予測式とよばれる）．つまり，平均肺活量は，年齢と身長を変数とする 2 変数関数である．）

8.2（224 ページ）　　略．

8.3（226 ページ）

(1) (a)　　(2) (e)　　(3) (c)

8.4（233 ページ）

(1) $\dfrac{\partial z}{\partial x} = 2x+y$，$\dfrac{\partial z}{\partial y} = x$　　(2) $\dfrac{\partial z}{\partial x} = e^{x+2y}$，$\dfrac{\partial z}{\partial y} = 2e^{x+2y}$

8.5（233 ページ）

$z = f(x,y)$ が $x=a$, $y=b$ で最大値をとるならば，y の値を b に固定して x だけを動かしたとき，$f(x,b)$ は $x=a$ で最大値をとり，このとき，$f(x,b)$ の $x=a$ における微分係数は 0 である．同様にして，x の値を a に固定して y だけを動かしたとき，$f(a,y)$ は $y=b$ で最大値をとり，このとき，$f(a,y)$ の $y=b$ における微分係数は 0 である．$f(x,b)$ の $x=a$ における微分係数は $f_x(a,b)$，$f(a,y)$ の $y=b$ における微分係数は $f_y(a,b)$ であるから，$z = f(x,y)$ が $x=a$, $y=b$ で最大値をとるならば，$f_x(a,b) = f_y(a,b) = 0$ となる．

8.6（239 ページ）

$f(x,y) = 9000x+4000y$, $g(x,y) = 20\sqrt{xy}-12000$ とおくと，$f_x(x,y) - \lambda g_x(x,y) = 9000 - 10\lambda\sqrt{\frac{y}{x}}$, $f_y(x,y) - \lambda g_y(x,y) = 12000 - 10\lambda\sqrt{\frac{x}{y}}$ より，

$$\begin{cases} 9000 - 10\lambda\sqrt{\frac{y}{x}} = 0 \\ 12000 - 10\lambda\sqrt{\frac{x}{y}} = 0 \\ 20\sqrt{xy} - 12000 = 0 \end{cases}$$
を解くと，$x = 400$, $y = 900$.

人を 400 人，ロボットを 900 台使うとき，製品を 12000 個つくるためのコストが最小になる．

付　表

常用対数表

常用対数表には，1.00〜9.99
までの数の常用対数値が載っ
ている．△.△▲ の対数値を
見つけるには，左端が △.△
である行と，上端が ▲ である
列をさがしてその交差すると
ころの数字をみればよい．
1 未満，あるいは，10 以上
の数の場合は，まず，その数
を △.△▲ × 10^n の形に表し
て，

$\log_{10}(\triangle.\triangle\blacktriangle \times 10^n)$

$= \log_{10} \triangle.\triangle\blacktriangle + \log_{10} 10^n$

$= \log_{10} \triangle.\triangle\blacktriangle + n$

より，$\log_{10} \triangle.\triangle\blacktriangle$ の値を
表から見つけて，それに n
を足すことで求められる．

	0	1	2	3	4	5	6	7	8	9
1.0	.0000	.0043	.0086	.0128	.0170	.0212	.0253	.0294	.0334	.0374
1.1	.0414	.0453	.0492	.0531	.0569	.0607	.0645	.0682	.0719	.0755
1.2	.0792	.0828	.0864	.0899	.0934	.0969	.1004	.1038	.1072	.1106
1.3	.1139	.1173	.1206	.1239	.1271	.1303	.1335	.1367	.1399	.1430
1.4	.1461	.1492	.1523	.1553	.1584	.1614	.1644	.1673	.1703	.1732
1.5	.1761	.1790	.1818	.1847	.1875	.1903	.1931	.1959	.1987	.2014
1.6	.2041	.2068	.2095	.2122	.2148	.2175	.2201	.2227	.2253	.2279
1.7	.2304	.2330	.2355	.2380	.2405	.2430	.2455	.2480	.2504	.2529
1.8	.2553	.2577	.2601	.2625	.2648	.2672	.2695	.2718	.2742	.2765
1.9	.2788	.2810	.2833	.2856	.2878	.2900	.2923	.2945	.2967	.2989
2.0	.3010	.3032	.3054	.3075	.3096	.3118	.3139	.3160	.3181	.3201
2.1	.3222	.3243	.3263	.3284	.3304	.3324	.3345	.3365	.3385	.3404
2.2	.3424	.3444	.3464	.3483	.3502	.3522	.3541	.3560	.3579	.3598
2.3	.3617	.3636	.3655	.3674	.3692	.3711	.3729	.3747	.3766	.3784
2.4	.3802	.3820	.3838	.3856	.3874	.3892	.3909	.3927	.3945	.3962
2.5	.3979	.3997	.4014	.4031	.4048	.4065	.4082	.4099	.4116	.4133
2.6	.4150	.4166	.4183	.4200	.4216	.4232	.4249	.4265	.4281	.4298
2.7	.4314	.4330	.4346	.4362	.4378	.4393	.4409	.4425	.4440	.4456
2.8	.4472	.4487	.4502	.4518	.4533	.4548	.4564	.4579	.4594	.4609
2.9	.4624	.4639	.4654	.4669	.4683	.4698	.4713	.4728	.4742	.4757
3.0	.4771	.4786	.4800	.4814	.4829	.4843	.4857	.4871	.4886	.4900
3.1	.4914	.4928	.4942	.4955	.4969	.4983	.4997	.5011	.5024	.5038
3.2	.5051	.5065	.5079	.5092	.5105	.5119	.5132	.5145	.5159	.5172
3.3	.5185	.5198	.5211	.5224	.5237	.5250	.5263	.5276	.5289	.5302
3.4	.5315	.5328	.5340	.5353	.5366	.5378	.5391	.5403	.5416	.5428
3.5	.5441	.5453	.5465	.5478	.5490	.5502	.5514	.5527	.5539	.5551
3.6	.5563	.5575	.5587	.5599	.5611	.5623	.5635	.5647	.5658	.5670
3.7	.5682	.5694	.5705	.5717	.5729	.5740	.5752	.5763	.5775	.5786
3.8	.5798	.5809	.5821	.5832	.5843	.5855	.5866	.5877	.5888	.5899
3.9	.5911	.5922	.5933	.5944	.5955	.5966	.5977	.5988	.5999	.6010
4.0	.6021	.6031	.6042	.6053	.6064	.6075	.6085	.6096	.6107	.6117
4.1	.6128	.6138	.6149	.6160	.6170	.6180	.6191	.6201	.6212	.6222
4.2	.6232	.6243	.6253	.6263	.6274	.6284	.6294	.6304	.6314	.6325
4.3	.6335	.6345	.6355	.6365	.6375	.6385	.6395	.6405	.6415	.6425
4.4	.6435	.6444	.6454	.6464	.6474	.6484	.6493	.6503	.6513	.6522
4.5	.6532	.6542	.6551	.6561	.6571	.6580	.6590	.6599	.6609	.6618
4.6	.6628	.6637	.6646	.6656	.6665	.6675	.6684	.6693	.6702	.6712
4.7	.6721	.6730	.6739	.6749	.6758	.6767	.6776	.6785	.6794	.6803
4.8	.6812	.6821	.6830	.6839	.6848	.6857	.6866	.6875	.6884	.6893
4.9	.6902	.6911	.6920	.6928	.6937	.6946	.6955	.6964	.6972	.6981
5.0	.6990	.6998	.7007	.7016	.7024	.7033	.7042	.7050	.7059	.7067
5.1	.7076	.7084	.7093	.7101	.7110	.7118	.7126	.7135	.7143	.7152
5.2	.7160	.7168	.7177	.7185	.7193	.7202	.7210	.7218	.7226	.7235
5.3	.7243	.7251	.7259	.7267	.7275	.7284	.7292	.7300	.7308	.7316
5.4	.7324	.7332	.7340	.7348	.7356	.7364	.7372	.7380	.7388	.7396

	0	1	2	3	4	5	6	7	8	9
5.5	.7404	.7412	.7419	.7427	.7435	.7443	.7451	.7459	.7466	.7474
5.6	.7482	.7490	.7497	.7505	.7513	.7520	.7528	.7536	.7543	.7551
5.7	.7559	.7566	.7574	.7582	.7589	.7597	.7604	.7612	.7619	.7627
5.8	.7634	.7642	.7649	.7657	.7664	.7672	.7679	.7686	.7694	.7701
5.9	.7709	.7716	.7723	.7731	.7738	.7745	.7752	.7760	.7767	.7774
6.0	.7782	.7789	.7796	.7803	.7810	.7818	.7825	.7832	.7839	.7846
6.1	.7853	.7860	.7868	.7875	.7882	.7889	.7896	.7903	.7910	.7917
6.2	.7924	.7931	.7938	.7945	.7952	.7959	.7966	.7973	.7980	.7987
6.3	.7993	.8000	.8007	.8014	.8021	.8028	.8035	.8041	.8048	.8055
6.4	.8062	.8069	.8075	.8082	.8089	.8096	.8102	.8109	.8116	.8122
6.5	.8129	.8136	.8142	.8149	.8156	.8162	.8169	.8176	.8182	.8189
6.6	.8195	.8202	.8209	.8215	.8222	.8228	.8235	.8241	.8248	.8254
6.7	.8261	.8267	.8274	.8280	.8287	.8293	.8299	.8306	.8312	.8319
6.8	.8325	.8331	.8338	.8344	.8351	.8357	.8363	.8370	.8376	.8382
6.9	.8388	.8395	.8401	.8407	.8414	.8420	.8426	.8432	.8439	.8445
7.0	.8451	.8457	.8463	.8470	.8476	.8482	.8488	.8494	.8500	.8506
7.1	.8513	.8519	.8525	.8531	.8537	.8543	.8549	.8555	.8561	.8567
7.2	.8573	.8579	.8585	.8591	.8597	.8603	.8609	.8615	.8621	.8627
7.3	.8633	.8639	.8645	.8651	.8657	.8663	.8669	.8675	.8681	.8686
7.4	.8692	.8698	.8704	.8710	.8716	.8722	.8727	.8733	.8739	.8745
7.5	.8751	.8756	.8762	.8768	.8774	.8779	.8785	.8791	.8797	.8802
7.6	.8808	.8814	.8820	.8825	.8831	.8837	.8842	.8848	.8854	.8859
7.7	.8865	.8871	.8876	.8882	.8887	.8893	.8899	.8904	.8910	.8915
7.8	.8921	.8927	.8932	.8938	.8943	.8949	.8954	.8960	.8965	.8971
7.9	.8976	.8982	.8987	.8993	.8998	.9004	.9009	.9015	.9020	.9025
8.0	.9031	.9036	.9042	.9047	.9053	.9058	.9063	.9069	.9074	.9079
8.1	.9085	.9090	.9096	.9101	.9106	.9112	.9117	.9122	.9128	.9133
8.2	.9138	.9143	.9149	.9154	.9159	.9165	.9170	.9175	.9180	.9186
8.3	.9191	.9196	.9201	.9206	.9212	.9217	.9222	.9227	.9232	.9238
8.4	.9243	.9248	.9253	.9258	.9263	.9269	.9274	.9279	.9284	.9289
8.5	.9294	.9299	.9304	.9309	.9315	.9320	.9325	.9330	.9335	.9340
8.6	.9345	.9350	.9355	.9360	.9365	.9370	.9375	.9380	.9385	.9390
8.7	.9395	.9400	.9405	.9410	.9415	.9420	.9425	.9430	.9435	.9440
8.8	.9445	.9450	.9455	.9460	.9465	.9469	.9474	.9479	.9484	.9489
8.9	.9494	.9499	.9504	.9509	.9513	.9518	.9523	.9528	.9533	.9538
9.0	.9542	.9547	.9552	.9557	.9562	.9566	.9571	.9576	.9581	.9586
9.1	.9590	.9595	.9600	.9605	.9609	.9614	.9619	.9624	.9628	.9633
9.2	.9638	.9643	.9647	.9652	.9657	.9661	.9666	.9671	.9675	.9680
9.3	.9685	.9689	.9694	.9699	.9703	.9708	.9713	.9717	.9722	.9727
9.4	.9731	.9736	.9741	.9745	.9750	.9754	.9759	.9763	.9768	.9773
9.5	.9777	.9782	.9786	.9791	.9795	.9800	.9805	.9809	.9814	.9818
9.6	.9823	.9827	.9832	.9836	.9841	.9845	.9850	.9854	.9859	.9863
9.7	.9868	.9872	.9877	.9881	.9886	.9890	.9894	.9899	.9903	.9908
9.8	.9912	.9917	.9921	.9926	.9930	.9934	.9939	.9943	.9948	.9952
9.9	.9956	.9961	.9965	.9969	.9974	.9978	.9983	.9987	.9991	.9996

三角比の表

角	正弦 (sin)	余弦 (cos)	正接 (tan)	角	正弦 (sin)	余弦 (cos)	正接 (tan)
0°	0.0000	1.0000	0.0000				
1°	0.0175	0.9998	0.0175	46°	0.7193	0.6947	1.0355
2°	0.0349	0.9994	0.0349	47°	0.7314	0.6820	1.0724
3°	0.0523	0.9986	0.0524	48°	0.7431	0.6691	1.1106
4°	0.0698	0.9976	0.0699	49°	0.7547	0.6561	1.1504
5°	0.0872	0.9962	0.0875	50°	0.7660	0.6428	1.1918
6°	0.1045	0.9945	0.1051	51°	0.7771	0.6293	1.2349
7°	0.1219	0.9925	0.1228	52°	0.7880	0.6157	1.2799
8°	0.1392	0.9903	0.1405	53°	0.7986	0.6018	1.3270
9°	0.1564	0.9877	0.1584	54°	0.8090	0.5878	1.3764
10°	0.1736	0.9848	0.1763	55°	0.8192	0.5736	1.4281
11°	0.1908	0.9816	0.1944	56°	0.8290	0.5592	1.4826
12°	0.2079	0.9781	0.2126	57°	0.8387	0.5446	1.5399
13°	0.2250	0.9744	0.2309	58°	0.8480	0.5299	1.6003
14°	0.2419	0.9703	0.2493	59°	0.8572	0.5150	1.6643
15°	0.2588	0.9659	0.2679	60°	0.8660	0.5000	1.7321
16°	0.2756	0.9613	0.2867	61°	0.8746	0.4848	1.8040
17°	0.2924	0.9563	0.3057	62°	0.8829	0.4695	1.8807
18°	0.3090	0.9511	0.3249	63°	0.8910	0.4540	1.9626
19°	0.3256	0.9455	0.3443	64°	0.8988	0.4384	2.0503
20°	0.3420	0.9397	0.3640	65°	0.9063	0.4226	2.1445
21°	0.3584	0.9336	0.3839	66°	0.9135	0.4067	2.2460
22°	0.3746	0.9272	0.4040	67°	0.9205	0.3907	2.3559
23°	0.3907	0.9205	0.4245	68°	0.9272	0.3746	2.4751
24°	0.4067	0.9135	0.4452	69°	0.9336	0.3584	2.6051
25°	0.4226	0.9063	0.4663	70°	0.9397	0.3420	2.7475
26°	0.4384	0.8988	0.4877	71°	0.9455	0.3256	2.9042
27°	0.4540	0.8910	0.5095	72°	0.9511	0.3090	3.0777
28°	0.4695	0.8829	0.5317	73°	0.9563	0.2924	3.2709
29°	0.4848	0.8746	0.5543	74°	0.9613	0.2756	3.4874
30°	0.5000	0.8660	0.5774	75°	0.9659	0.2588	3.7321
31°	0.5150	0.8572	0.6009	76°	0.9703	0.2419	4.0108
32°	0.5299	0.8480	0.6249	77°	0.9744	0.2250	4.3315
33°	0.5446	0.8387	0.6494	78°	0.9781	0.2079	4.7046
34°	0.5592	0.8290	0.6745	79°	0.9816	0.1908	5.1446
35°	0.5736	0.8192	0.7002	80°	0.9848	0.1736	5.6713
36°	0.5878	0.8090	0.7265	81°	0.9877	0.1564	6.3138
37°	0.6018	0.7986	0.7536	82°	0.9903	0.1392	7.1154
38°	0.6157	0.7880	0.7813	83°	0.9925	0.1219	8.1443
39°	0.6293	0.7771	0.8098	84°	0.9945	0.1045	9.5144
40°	0.6428	0.7660	0.8391	85°	0.9962	0.0872	11.4301
41°	0.6561	0.7547	0.8693	86°	0.9976	0.0698	14.3007
42°	0.6691	0.7431	0.9004	87°	0.9986	0.0523	19.0811
43°	0.6820	0.7314	0.9325	88°	0.9994	0.0349	28.6363
44°	0.6947	0.7193	0.9657	89°	0.9998	0.0175	57.2900
45°	0.7071	0.7071	1.0000	90°	1.0000	0.0000	

索 引

著者紹介

川添　充（かわぞえ　みつる）
　　現在　大阪府立大学高等教育推進機構 教授
　　　　　博士（理学）
　　著書　『理工系新課程 線形代数』（共著，培風館），
　　　　　『理工系新課程 線形代数演習』（共著，培風館），
　　　　　『新しい数学教育の理論と実践』（共著，ミネルヴァ書房）　など

岡本真彦（おかもと　まさひこ）
　　現在　大阪府立大学人間社会システム科学研究科 教授
　　　　　博士（心理学）
　　著書　『学校教育の心理学』（共著，北大路書房），
　　　　　『教育の方法』（共著，樹村房）　　　など

思考ツールとしての数学
第2版

Mathematics for Thinking
2nd ed.

2012年10月25日　初版1刷発行
2019年 3月25日　初版6刷発行
2021年 1月30日　第2版1刷発行

検印廃止
NDC 410
ISBN 978-4-320-11438-8

著　者　川添　充・岡本真彦 © 2021

発行者　南條光章

発行所　**共立出版株式会社**

　　　　東京都文京区小日向4丁目6番19号
　　　　電話 東京（03）3947-2511番（代表）
　　　　〒112-0006/振替口座 00110-2-57035番
　　　　URL　www.kyoritsu-pub.co.jp

印　刷　大日本法令印刷

製　本　協栄製本

一般社団法人
自然科学書協会
会員

Printed in Japan

JCOPY ＜出版者著作権管理機構委託出版物＞
本書の無断複製は著作権法上での例外を除き禁じられています．複製される場合は，そのつど事前に，
出版者著作権管理機構（TEL：03-5244-5088，FAX：03-5244-5089，e-mail：info@jcopy.or.jp）の
許諾を得てください．

酒井聡樹 著

これから論文を書く若者のために
【究極の大改訂版】

「これ論」!!

- 論文を書くにあたっての決意・心構えにはじまり，論文の書き方，文献の収集方法，投稿のしかた，審査過程についてなど，論文執筆のための技術や本質を余すところなく伝授している。
- 「大改訂増補版」のほぼすべての章を書きかえ，生態学偏重だった実例は新聞の科学欄に載るような例に置きかえ，本文中の随所に配置。
- 各章の冒頭には要点ボックスを加えるなど，どの分野の読者にとっても馴染みやすく，よりわかりやすいものとした。
- 本書は，論文執筆という長く険しい闘いを勝ち抜こうとする若者のための必携のバイブルである。

A5判・並製・326頁・定価（本体2,700円＋税）・ISBN978-4-320-00595-2

これからレポート・卒論を書く若者のために
【第2版】

「これレポ」!!

- これからレポート・卒論を書く若者全員へ贈る必読書である。理系・文系は問わず，どんな分野にも通じるよう，レポート・卒論を書くために必要なことはすべて網羅した本である。
- 第2版ではレポートに関する説明を充実させ，"大学で書くであろうあらゆるレポートに役立つ"ものとなった。
- ほとんどの章の冒頭に要点をまとめたボックスを置き，大切な部分がすぐに理解できるようにした。問題点を明確にした例も併せて表示。
- 学生だけではなく，社会人となってビジネスレポートを書こうとしている若者や，指導・教える側の人々にも役立つ内容となっている。

A5判・並製・264頁・定価（本体1,800円＋税）・ISBN978-4-320-00598-3

これから学会発表する若者のために
―ポスターと口頭のプレゼン技術―【第2版】

「これ学」!!

- 学会発表をしたことがない若者や，経験はあるものの学会発表に未だ自信を持てない若者のための入門書がさらにパワーアップ！
- 理系・文系を問わず，どんな分野にも通じる心構えを説き，真に若者へ元気と勇気を与える内容となっている。
- 3部構成から成り立っており，学会発表前に知っておきたいこと，発表内容の練り方，学会発表のためのプレゼン技術を解説する。
- 第2版では各章の冒頭に要点がおかれ，ポイントがおさえやすくなった。良い例と悪い例を対で明示することで，良い点と悪い点が明確になった。説明の見直しなどにより，わかりやすさという点でも大きく進歩した。

B5判・並製・206頁・定価（本体2,700円＋税）・ISBN978-4-320-00610-2

www.kyoritsu-pub.co.jp　　　共立出版　　　（価格は変更される場合がございます）